# Münchner Studien zur empirischen Bildungs- und Sozialisationsforschung

**Reihe herausgegeben von**

Bernhard Schmidt-Hertha, Allgemeine Pädagogik/Bildungsforschung, Ludwig-Maximilians-Universität München, München, Deutschland

Katja Scharenberg, Allgemeine Pädagogik, Ludwig-Maximilians-Universität München, München, Deutschland

In dieser Reihe werden aktuelle Arbeiten zur Bildungsforschung publiziert. Damit wird ein sichtbarer Publikationsort für Ganzschriften geschaffen, die sich mit relevanten Fragen zu Lern- und Bildungsprozessen, mit deren Bedingungen und Erträgen oder mit der Professionalisierung im Bildungsbereich tätiger Fachkräfte empirisch auseinandersetzen. Der Fokus liegt dabei auf Qualifizierungsarbeiten an Münchner Universitäten, die Fragen zu frühkindlicher Bildung, Schule, beruflicher Bildung, Hochschule oder Erwachsenenbildung aufgreifen oder auch quer zu den Bildungsbereichen liegende Themen bearbeiten. Gleichzeitig ist die Reihe auch offen für empirische Arbeiten, die jenseits von akademischen Qualifizierungsprozessen entstehen oder an Wissenschaftseinrichtungen außerhalb Münchens erarbeitet wurden. Die in dieser Reihe publizierten Bände richten sich insbesondere an Bildungsforscher*innen, aber auch an Fachkräfte und Entscheidungsträger in den unterschiedlichen Bildungsbereichen sowie an Studierende bildungswissenschaftlicher Studiengänge.

Lena Lao

# Technologieakzeptanz in der beruflichen Bildung

## Eine Mixed-Methods-Untersuchung zur Akzeptanz von Lernsoftwares und deren Einfluss auf den Lernerfolg

Springer VS

Lena Lao
Lehrstuhl für Allgemeine Pädagogik und Bildungsforschung
Ludwig-Maximilians-Universität München
München, Deutschland

Dissertation an der Ludwig-Maximilians-Universität München – Fakultät für Psychologie und Pädagogik, 2026

ISSN 3120-6115 ISSN 3120-6123 (electronic)
Münchner Studien zur empirischen Bildungs- und Sozialisationsforschung
ISBN 978-3-658-51905-6 ISBN 978-3-658-51906-3 (eBook)
https://doi.org/10.1007/978-3-658-51906-3

Die Deutsche Nationalbibliothek verzeichnet diese Publikation in der Deutschen Nationalbibliografie; detaillierte bibliografische Daten sind im Internet über https://portal.dnb.de abrufbar.



Planung/Lektorat: Marija Mann
Springer VS ist ein Imprint der eingetragenen Gesellschaft Springer Fachmedien Wiesbaden GmbH und ist ein Teil von Springer Nature.
Die Anschrift der Gesellschaft ist: Abraham-Lincoln-Str. 46, 65189 Wiesbaden, Germany

**Interessenkonflikt** Der/die Autor*in hat keine relevanten Interessenskonflikte im Zusammenhang mit dieser Publikation.

# Zusammenfassung


Berufsschulen sind aufgrund ihres engen Bezugs zur Arbeitswelt stark vom digitalen Wandel betroffen. Da digitale Technologien Teil beruflicher Tätigkeiten sind, wird auch von den Schulen erwartet, diese Entwicklungen über digitale Lernangebote im Unterricht abzubilden. Gleichzeitig zeigen Studien jedoch, dass Bildungstechnologien im Berufsschulalltag bislang kaum genutzt werden.

Forschung zur Implementierung und didaktisch sinnvollen Nutzung digitaler Angebote konzentriert sich bislang auf das Lehr- und Leitungspersonal, sodass Befunde zu Nutzungshürden lediglich aus Sicht der Lehrkräfte vorliegen. Die Perspektive der Auszubildenden als primäre Nutzergruppe bleibt hingegen weitgehend unberücksichtigt. Viele Untersuchungen beschränken sich auch auf eine deskriptive Ebene und liefern begrenzte Erkenntnisse darüber, unter welchen Bedingungen Bildungstechnologien langfristig implementiert werden können und welchen Beitrag sie zum Lernerfolg leisten.

Die Technologieakzeptanzforschung bietet hier einen geeigneten theoretischen und empirischen Rahmen, um beide Herausforderungen zu adressieren. Sie nimmt gezielt die Nutzerperspektive ein, indem sie untersucht, wie Technologien beispielsweise hinsichtlich ihrer Nützlichkeit oder Benutzerfreundlichkeit eingeschätzt werden und wie diese Einschätzungen die Akzeptanz einer Technologie beeinflussen. Akzeptanz wird dabei als zentrale Voraussetzung für eine langfristige Nutzung und erfolgreiche Implementation verstanden und kann dazu beitragen, den Lernerfolg zu fördern. Damit geht dieser Ansatz über eine rein deskriptive Betrachtung hinaus, da er individuelle Nutzungserfahrungen und deren Wirkungen differenziert analysiert.

Auf dieser Grundlage basiert die vorliegende Arbeit, die sich im Projekt „Künstliche Intelligenz in die berufliche Bildung bringen“ ansiedelt. In diesem Rahmen wurde eine Zusatzqualifikation (ZQ) zum Thema Künstliche Intelligenz für Auszubildende entwickelt und umgesetzt. Die ZQ folgte einem Blended-Learning-Format und wurde durch eine Lernsoftware begleitet, die die Lernmaterialien sowie verschiedene interaktive Lernangebote bereitstellte.

Konkret wurde untersucht, welche Faktoren die Akzeptanz der Lernsoftware von Auszubildenden beeinflussen und in welchem Zusammenhang diese Akzeptanz mit dem subjektiven Lernerfolg steht. Hierzu wurde ein Forschungsmodell entwickelt, das auf zwei etablierten Theorien basiert: der Unified Theory of Acceptance and Use of Technology (UTAUT) und dem Task-Technology-Fit-Model (TTF). Während das UTAUT-Modell vorrangig allgemeine Einschätzungen wie die wahrgenommene Nützlichkeit oder Benutzerfreundlichkeit abbildet, liegt der Fokus beim TTF-Modell auf der Passung der Lernsoftware zu den Lernanforderungen. Da die Auszubildenden die Software verpflichtend nutzen mussten, wurde das Akzeptanzverständnis zu einer mehrdimensionalen Definition weiterentwickelt. Sie umfasst sowohl die affektive und rationale Nutzerzufriedenheit als auch eine intensive Aufmerksamkeitsfokussierung auf die Software sowie die Nutzungstiefe.

Die explorative Untersuchung wurde im Rahmen eines Mixed-Methods-Designs durchgeführt, wobei der Schwerpunkt auf der quantitativen Erhebung lag. Diese war als längsschnittliche Prä-Post-Erhebung angelegt und zeigte, dass die wahrgenommene Passung von Lernsoftware und Lernanforderungen die Akzeptanz maßgeblich beeinflusste. Klassische Einflussfaktoren aus dem UTAUT-Modell zeigten in dieser Untersuchung keine signifikanten Effekte und lagen auch hinsichtlich ihrer Effektstärken im sehr kleinen Bereich. Dies legt nahe, dass in strukturierten Lernkontexten mit verpflichtender Technologienutzung andere Faktoren für die Nutzung ausschlaggebend waren: Lernende nutzten die Lernsoftware, da sie als inhaltlich passend, funktional unterstützend und zielführend im Hinblick auf die Bewältigung der Lernanforderungen bewertet wurde. Zudem ergab sich, dass sich die rationale Nutzerzufriedenheit sowie die Nutzungstiefe positiv auf den subjektiven Lernerfolg auswirkten. Beide Formen der Akzeptanz spiegeln wider, dass die Lernenden die Relevanz der Software erkennen und sich aktiv mit ihr auseinandersetzen. Akzeptanz wirkt somit lernförderlich, wenn sie mit inhaltlicher Auseinandersetzung einhergeht. Emotionale Zufriedenheit oder eine starke Aufmerksamkeitsfokussierung auf die Software gingen hingegen nicht signifikant mit einem höheren Lernerfolg einher.

Die qualitative Querschnittsuntersuchung lieferte insbesondere vertiefende Einsichten in die quantitativen Befunde. Sie verdeutlichte, welche individuellen Nutzungserfahrungen und Bedeutungszuschreibungen hinter den statistischen Zusammenhängen standen.

Für die Praxis bedeuten die Erkenntnisse dieser Arbeit, dass Bildungstechnologien frühzeitig an die Bedürfnisse und Lernziele der Zielgruppe ausgerichtet werden sollten. Auch das überarbeitete Akzeptanzverständnis erwies sich als tragfähig und sollte in zukünftigen Studien weiter überprüft werden.

# Inhaltsverzeichnis

# Abkürzungsverzeichnis

| | |
|---|---|
| ATT | Attitude |
| AUSAT | Affective User Satisfaction |
| AVE | Average Variance Extracted |
| BI | Behaviorial Intention |
| BIBB | Bundesinstitut für Berufsbildung |
| BMBF | Bundesministerium für Bildung und Forschung |
| bzw. | beziehungsweise |
| CA | Cognitive Absorption |
| CCA | Confirmatory Composite Analysis |
| CI | Continuance Intention |
| COVID-19 | coronavirus disease 2019 |
| C-TAM-TPB | Combined Technology Acceptance Model und Theory of Planned Behavior |
| CUSAT | Cognitive User Satisfaction |
| d. h. | das heißt |
| DQR | Deutscher Qualifikationsrahmen |
| DSU | Deep Structure Usage |
| dt. | Deutsch |
| e.g. | exempli gratia/example |
| EA | Einstellungsakzeptanz |
| ECDL | Europäischer Computerführerschein |
| EE | Effort Expectancy |
| et al. | et alii |
| etc. | et cetera |
| FC | Facilitating Conditions |
| ggf. | gegebenenfalls |

| | |
|---|---|
| HTMT | Heterotrait-Monotrait-Ratio |
| IDT | Innovation Diffusion Theory |
| IHK | Industrie- und Handelskammer |
| IS | Information Systems |
| IT | Information Technology |
| KI | Künstliche Intelligenz |
| KI $B^3$ | Künstliche Intelligenz in die berufliche Bildung bringen |
| LMS | Lernmanagementsystem |
| LMU | Ludwig-Maximilians-Universität München |
| MCPU | Model of PC Utilization |
| MM | Motivational Model |
| OER | Open Educational Resources |
| PE | Performance Expectancy |
| PEOU | Perceived Ease of Use |
| PLS-SEM | Partial-Least-Squares Strukturgleichungsmodell |
| PU | Perceived Usefulness |
| S. | Seite |
| SCT | Social Cognitive Theory |
| SI | Social Influence |
| SLP | Self-reported Learning Performance |
| sog. | sogenannte |
| TAM | Technology Acceptance Model |
| TAM2 | Technology Acceptance Model 2 |
| TAM3 | Technology Acceptance Model 3 |
| TPB | Theory of Planned Behavior |
| TRA | Theory of Reasoned Action |
| TTF | Task-Technology-Fit |
| TUM | Technische Universität München |
| UB | Use Behavior |
| USAT | User Satisfaction |
| UTAUT | Unified Theory of Acceptance and Use of Technology |
| UTAUT 2 | Unified Theory of Acceptance and Use of Technology 2 |
| v. a. | vor allem |
| VA | Verhaltensakzeptanz |
| VIF | Variance Inflation Factor |
| vs. | versus |
| z. B. | zum Beispiel |
| ZOERR | Zentrales Open Educational Resources-Repositorium |
| ZQ | Zusatzqualifikation |

# Abbildungsverzeichnis

# Tabellenverzeichnis

# Problemstellung, Zielsetzung und Aufbau der Arbeit

1

## 1.1 Herausforderungen der bisherigen Forschung zu Bildungstechnologien in der beruflichen Bildung

Durch seine Nähe zur Arbeitswelt ist das Berufsbildungssystem besonders stark und in unmittelbarer Weise vom technologischen Wandel betroffen (Hähn & Ratermann-Busse, 2020). Keine andere Schulart in Deutschland steht unter einem vergleichbar hohen Druck, Bildungstechnologien in den Unterricht zu integrieren wie die beruflichen Schulen (Hähn & Ratermann-Busse, 2020; Seufert & Scheffler, 2016; Wilbers, 2012). So konstatiert die Kultusminister Konferenz (2017): „Dem didaktischen Prinzip der Praxisrelevanz folgend, müssen ferner künftige, durch die fortschreitende Digitalisierung ausgelöste Entwicklungen in der Arbeitswelt zeitnah in den Unterricht an beruflichen Schulen Eingang finden" (S. 20).

Trotz des zunehmenden Bedeutungszuwachses schreitet der Einzug von Bildungstechnologien in die Berufsschulen nur zögerlich voran. Entsprechend liegt die Nutzung digitaler Lernangebote in der beruflichen Bildung deutlich unter dem internationalen Durchschnitt (Ball, 2020; Hähn & Ratermann-Busse, 2020; Härtel et al., 2018b; Schmid et al., 2017). Dies kann dazu führen, dass Auszubildende weniger Gelegenheit erhalten, digitale Kompetenzen im berufsschulischen Kontext zu entwickeln und sich auf digital geprägte Arbeitsprozesse vorzubereiten (Seufert & Scheffler, 2016).

Um zu verstehen, wie eine erfolgreiche Implementierung und Nutzung von Bildungstechnologien gefördert werden kann, ist die Berücksichtigung der Perspektiven aller beteiligten Akteure der beruflichen Bildung entscheidend.



L. Lao, *Technologieakzeptanz in der beruflichen Bildung*, Münchner Studien zur empirischen Bildungs- und Sozialisationsforschung,
https://doi.org/10.1007/978-3-658-51906-3_1

Besonders relevant ist dabei die Sichtweise der Auszubildenden, da sie als zentrale Nutzergruppe digitale Lernangebote unmittelbar im Lernprozess nutzen. Die Berücksichtigung ihrer Perspektive kann dazu beitragen, dass bereitgestellte Technologien nicht nur technisch verfügbar sind, sondern auch aktiv im Unterricht eingesetzt und akzeptiert werden.

Jedoch richtet sich der Untersuchungsfokus bisheriger Studien, die sich mit dem Einsatz von Bildungstechnologien in beruflichen Schulen beschäftigen, nahezu ausschließlich auf das Lehr- und Leitungspersonal. Entsprechend dominieren Befunde zu Nutzungs- und Implementationshürden (z. B. fehlender technischer Support) aus Sicht des pädagogischen Personals (Schmid et al., 2017). Weitgehend offen bleibt hingegen, wie Auszubildende selbst den Einsatz von Bildungstechnologien im Unterricht bewerten, etwa in Bezug auf deren Nützlichkeit oder Benutzerfreundlichkeit. Dabei ist gerade diese Perspektive besonders gewinnbringend: Wie Auszubildende digitale Angebote erleben, einschätzen und nutzen, kann wichtige Hinweise auf Gelingensbedingungen und Barrieren einer erfolgreichen Implementierung liefern.

Gleichzeitig beschränken sich viele Untersuchungen zum Einsatz digitaler Medien in der beruflichen Bildung bislang auf einer deskriptiven Ebene. Im Vordergrund stehen meist Fragen nach der Medienart, der Nutzungshäufigkeit und den Einsatzfeldern (Hähn & Ratermann-Busse, 2020). Diese oberflächliche Sichtweise greift jedoch zu kurz, um vertiefte Erkenntnisse darüber zu gewinnen, unter welchen Bedingungen Bildungstechnologien langfristig implementiert werden können und wie ihr Einsatz einen Mehrwert für den Lernerfolg der Auszubildenden darstellen kann.

Der Ansatz der Technologieakzeptanz bietet einen geeigneten theoretischen und empirischen Rahmen, um beide Herausforderungen aufzugreifen. Er nimmt gezielt die Perspektive der Nutzer:innen ein und untersucht, wie eine Technologie z. B. hinsichtlich ihrer Nützlichkeit oder Benutzerfreundlichkeit eingeschätzt wird und inwiefern diese Einschätzungen die Akzeptanz einer Technologie beeinflussen (Venkatesh et al., 2003). Die Technologieakzeptanzforschung geht davon aus, dass die Akzeptanz eine zentrale Voraussetzung für die langfristige Nutzung und erfolgreiche Implementation ist und sich positiv auf die Leistung der Nutzer:innen auswirken kann (Venkatesh et al., 2003). Damit geht dieser Ansatz über eine rein deskriptive Untersuchung des Einsatzes von Technologien hinaus. Er ermöglicht eine differenzierte Analyse individueller Nutzungserfahrungen und bietet eine tiefgründigere Analyse, wie sie in bisherigen Untersuchungen der beruflichen Bildung häufig nicht vorgenommen wurde.

Vor diesem Hintergrund steht im Zentrum der vorliegenden Arbeit die bislang vernachlässigte Perspektive der Auszubildenden sowie konkret ihre Technologieakzeptanz und deren Einfluss auf den Lernerfolg. Mit diesem Untersuchungsfokus sollen evidenzbasierte Erkenntnisse gewonnen werden, die eine gezieltere und lernförderliche Implementierung von Bildungstechnologien in der beruflichen Bildung ermöglichen.

## 1.2 Zielsetzung und Aufbau der Arbeit

Das übergeordnete Ziel dieser Arbeit ist es, die Technologieakzeptanz in der beruflichen Bildung und ihren Einfluss auf den subjektiv wahrgenommenen Lernerfolg der Lernenden zu untersuchen. Bei den Lernenden handelt es sich um Auszubildende, die im Rahmen des Projekts „Künstliche Intelligenz in die berufliche Bildung bringen“ (KI B3) an der Zusatzqualifikation (ZQ) zu Künstlicher Intelligenz teilnahmen. Konkret soll ein umfassender Erklärungsansatz für die Akzeptanz der eingesetzten Lernsoftware im Kontext dieser ZQ entwickelt werden. Dazu werden sowohl die Einflussfaktoren auf die Akzeptanz und deren zeitliche Entwicklung als auch der Zusammenhang zwischen den Akzeptanzkonstrukten und dem subjektiven Lernerfolg analysiert.

Darüber hinaus zielt die Arbeit auf eine theoretische Weiterentwicklung des Akzeptanzbegriffs ab. Anstelle eines linearen Verständnisses, das Akzeptanz vorrangig als Verhaltensintention und eindimensionales Nutzungsverhalten auffasst, wird ein differenziertes Akzeptanzverständnis eingeführt. Dieses ist erfahrungsbasiert und kognitiv geprägt und soll insbesondere Kontexten mit verpflichtender Nutzung einer Technologie besser gerecht werden.

Um diese Ziele zu erreichen, wird ein zweistufiges Forschungsmodell entwickelt, das theoretische Konzepte aus der Unified Theory of Acceptance and Use of Technology (UTAUT) und dem Task-Technology-Fit-Model (TTF) kombiniert. Seine Überprüfung erfolgt in einer Mixed-Methods-Untersuchung.

Die Untersuchung geht somit der folgenden zentralen Forschungsfrage nach, die im weiteren Verlauf der Arbeit für die quantitative und qualitative Erhebung jeweils weiter präzisiert wird:

> Welche Faktoren haben einen Einfluss auf die Akzeptanz der Lernsoftware von Lernenden, die an der Zusatzqualifikation *Künstliche Intelligenz und maschinelles Lernen* des KI B3-Projekts teilnehmen, und wie beeinflusst diese Akzeptanz den subjektiv wahrgenommenen Lernerfolg?

Um diese Forschungsfrage adäquat zu beantworten und die Zielsetzung systematisch zu verfolgen, ist die Arbeit wie folgt aufgebaut. Die Arbeit beginnt zunächst mit Kapitel 2, das das Projekt vorstellt, auf dessen Datengrundlage die vorliegende Untersuchung basiert. Neben einer allgemeinen Einordnung von ZQ in der beruflichen Bildung wird dabei insbesondere die eingesetzte Lernsoftware näher beschrieben.

Kapitel 3 widmet sich dem theoretischen Hintergrund der Arbeit. Nach einer begrifflichen Klärung des Akzeptanzbegriffs werden zentrale Annahmen des UTAUT- und des TTF-Modells erläutert, die dem Forschungsmodell dieser Arbeit zugrunde liegen. Eine kritische Auseinandersetzung mit bestehenden Akzeptanzmodellen sowie eine theoretische Einordnung des Konstrukts Lernerfolg schließen das Kapitel ab.

Darauf aufbauend wird in Kapitel 4 ein Überblick über den aktuellen Forschungsstand gegeben und die bestehenden Forschungslücken identifiziert. Kapitel 5 stellt das entwickelte Forschungsmodell vor, definiert die Modellkonstrukte kontextspezifisch und formuliert die zentralen Forschungsfragen und Hypothesen.

Kapitel 6 beschreibt das methodische Vorgehen der Mixed-Methods-Untersuchung. Es umfasst die Darstellung des Erhebungsdesigns, der eingesetzten Skalen sowie die Auswertungsverfahren für den quantitativen und qualitativen Teil der Untersuchung.

In Kapitel 7 und 8 werden die Ergebnisse der quantitativen und qualitativen Analyse präsentiert. Kapitel 9 führt diese Befunde zusammen und interpretiert sie im Kontext der theoretischen Grundlagen und bisheriger empirischer Studien. Darauf folgt eine kritische Reflexion der Untersuchung, bevor Implikationen für Praxis, Theorie und zukünftige Forschung die Arbeit abrunden.

# 2 Das Projekt „Künstliche Intelligenz in die berufliche Bildung bringen“

## 2.1 Projektbeschreibung

Ausgangspunkt des Projekts „Künstliche Intelligenz in die berufliche Bildung bringen“ (KI B3) waren die aktuellen Entwicklungen im Bereich der künstlichen Intelligenz (KI). Als disruptive Schlüsseltechnologie durchdringt KI zunehmend sämtliche Bereiche der Gesellschaft und manifestiert sich damit zu einem festen Bestandteil der heutigen Lebens- und Arbeitswelt (Bundesministerium für Wirtschaft und Energie, 2019). Potentielle Auswirkungen von KI sind bisher besonders für die ökonomische Wertschöpfungskette intensiv beleuchtet und erforscht worden. So wird etwa prognostiziert, dass das deutsche BIP allein durch den Einsatz von KI bis zum Jahr 2030 um 11.3 % steigen könnte, was einer zusätzlichen Wertschöpfung von etwa 430 Milliarden Euro entspricht (PricewaterhouseCoopers International, 2018). Trotz dieser positiven Effekte sehen viele Unternehmen KI eher als Risiko und weniger als Chance (bitkom, 2023). Diese skeptische Haltung kann insbesondere auf den Informationsbedarf zurückgeführt werden, der in Bezug auf den Nutzen und möglichen Anwendungsgebieten von KI besteht (Bundesministerium für Wirtschaft und Energie, 2018). Wichtige Multiplikatoren und Aufklärungsträger sind dabei qualifizierte KI-Fachkräfte, an denen es jedoch mangelt (bitkom, 2023). Um den aktuellen und auch zukünftigen Bedarf an KI-kompetenten Fach- und Führungskräften zu decken, müssen frühzeitig die Grundlagen geschaffen werden, indem etwa KI-Themen auch in die berufliche Bildung integriert werden. Während KI-relevante Themen derzeit vorwiegend im akademischen Bereich vermittelt werden, hat sich bisher KI als Lehr- und Lerninhalt weder in beruflichen Schulen noch in Ausbildungsbetrieben etabliert.



L. Lao, *Technologieakzeptanz in der beruflichen Bildung*, Münchner Studien zur empirischen Bildungs- und Sozialisationsforschung,
https://doi.org/10.1007/978-3-658-51906-3_2

Das KI B3-Projekt zielte darauf ab, diese Lücke zu schließen und bisher fehlende Qualifikationsmöglichkeiten zu KI-Kompetenzen in der beruflichen Aus- und Weiterbildung bereitzustellen. An diesem Projekt, das von Dezember 2020 bis November 2024 lief und vom Bundesministerium für Bildung und Forschung (BMBF) gefördert wurde, beteiligten sich insgesamt sechs Verbundpartner (Lao et al., 2024):

- Industrie- und Handelskammer (IHK) Reutlingen (Verbundkoordination)
- IHK Karlsruhe
- IHK Region Stuttgart
- Universität Stuttgart, Institut für Maschinelle Sprachverarbeitung
- Technische Universität München (TUM), Lehrstuhl für Software Engineering
- Ludwig-Maximilians-Universität München (LMU), Lehrstuhl für Allgemeine Pädagogik und Bildungsforschung

Die Verbundpartner brachten sich mit ihrer jeweiligen Expertise in das Projekt ein und waren für unterschiedliche Teilprojekte zuständig, wobei die LMU die wissenschaftliche Begleitung und Evaluation verantwortete. Um das Ziel der Integration von KI in die berufliche Ausbildung und Höhere Berufsbildung zu erreichen, wurde im Projektzeitraum die ZQ *Künstliche Intelligenz und Maschinelles Lernen* entwickelt. Daneben wurden branchenübergreifende Kurse konzipiert und erprobt, bei denen nach erfolgreicher Teilnahme der Abschluss Berufsspezialist (Kompetenzniveau 5 des Deutschen Qualifikationsrahmens (DQR)) oder Bachelor Professional (Kompetenzniveau 6 des DQR) erworben wurde (Lao et al., 2024). Im Fokus dieser Arbeit steht die ZQ, sodass im Folgenden ausschließlich auf diese Qualifizierungsmaßnahme näher eingegangen wird.

Die ZQ ist branchenübergreifend konzipiert und richtet sich an Auszubildende aus gewerblich-technischen und kaufmännischen Ausbildungsberufen. Sie vermittelt den Teilnehmenden Basiskompetenzen und Grundlagenwissen, die für das Verständnis von KI und KI-gestützten Prozessen ausschlaggebend sind. Zentral ist es, dass die Auszubildenden nach Abschluss der ZQ den Stellenwert von Daten für KI-Anwendungen im Unternehmenskontext erkennen und dabei auch die Grenzen und Risiken von KI berücksichtigen. Die Lerninhalte werden im Rahmen von vier Modulen vermittelt (Lao et al., 2024):

- In **Modul A** beschäftigen sich die Teilnehmenden mit den Grundbegriffen künstlicher Intelligenz.
- In **Modul B** werden die Auszubildenden für die Chancen, Herausforderungen und ethischen Aspekten der KI sensibilisiert.

- **Modul C** vermittelt die notwendigen Kompetenzen für den Umgang mit Daten.
- Gegenstand von **Modul D** sind die Grundbegriffe von Datenanalyse und maschinellem Lernen.

Da derzeit KI-Themen überwiegend in Hochschulen gelehrt werden, wurden die entsprechenden akademischen Curriculumsinhalte durch die Universität Stuttgart neu aufbereitet und an die Zielgruppe didaktisch und methodisch angepasst. Die konzipierten Lehr- und Lernmaterialien sowie die Lernsoftware stehen auch nach Projektende als Open Educational Resources (OER) auf der Plattform *Zentrales OER-Repositorium der Hochschulen in Baden-Württemberg (ZOERR)* der breiten Öffentlichkeit zur Verfügung (Lao et al., 2024).

Grundsätzlich kann die ZQ an unterschiedlichen Bildungsinstitutionen umgesetzt werden wie etwa in den Ausbildungsbetrieben, an Berufsschulen oder in den Bildungshäuser der IHKs. Im Projektkontext wurden die ZQ überwiegend an Berufsschulen durchgeführt. Didaktisch kam, wie im Rahmenlehrplan empfohlen, ein Blended-Learning-Format zum Einsatz, das selbstgesteuerte Lernphasen mit der Lernsoftware und Präsenz- bzw. Live-Online-Treffen kombinierte, wobei die Selbstlernphasen überwogen (IHK Reutlingen, 2024). Obwohl die Nutzung der Lernsoftware formal nicht vorgeschrieben war, waren sämtliche Lerninhalte und -materialien ausschließlich über sie zugänglich, sodass ihre Nutzung faktisch verpflichtend war. Für die Bearbeitung aller Module sind insgesamt 100 Unterrichtseinheiten mit je 45 Minuten vorgesehen. Der Abschluss der ZQ erfolgt durch eine 60-minütige schriftliche Prüfung an den IHKs der beteiligten Modellregionen. Die im Rahmen der Evaluation durchgeführten Kurse dauerten zwischen einem halben und einem ganzen Schuljahr (Lao et al., 2024).

## 2.2 Zusatzqualifikation

Durch die Digitalisierung, die Arbeitsprozesse und -aufgaben verändert, entstehen neue Qualifikationsanforderungen, was besonders bei Ausbildungsberufen kurzfristige Anpassungsbedarfe hervorruft (Conein & Zinke, 2019). Die Überarbeitung und Modifikation von Ausbildungsordnungen erfordern jedoch einen hohen zeitlichen und personellen Aufwand, sodass Neuordnungsverfahren oder auch die Schaffung neuer Berufsprofile als ungeeignet erachtet werden (Conein & Zinke, 2019). Eine Möglichkeit, um diesen Herausforderungen zu begegnen und eine zusätzliche Differenzierung zu ermöglichen, sind ZQ. Sie bieten einen flexiblen und unkomplizierten Ansatz, um auf die dynamischen Anforderungen der digitalisierten Arbeitswelt zu reagieren.

Der Begriff ZQ umfasst in der beruflichen Bildung sämtliche Qualifizierungsmaßnahmen, die über die Mindestanforderungen der Berufsabschlussprüfung eines Ausbildungsberufs hinausgehen (Waldhausen & Werner, 2005). Waldhausen und Werner (2005) definieren ZQ anhand folgender Kriterien:

- Sie ergänzen bzw. erweitern die duale Berufsausbildung durch zusätzliche Inhalte, die nicht in der Ausbildungsordnung des jeweiligen Ausbildungsberufes vorgeschrieben sind;
- sie finden während der Berufsausbildung statt oder beginnen unmittelbar nach Abschluss der Ausbildung, also maximal ein halbes Jahr später;
- sie können zertifiziert werden;
- sie weisen einen zeitlichen Mindestumfang auf (keine Tagesseminare). (S. 9)

Auch das Bundesinstitut für Berufsbildung (BIBB) definiert Mindeststandards für ZQ. So soll diese eine zeitliche Dauer von mindestens 80 bis 100 Stunden aufweisen und durch einen Bildungsträger, einen Betrieb oder eine Kammer zertifiziert werden (Annen & Paulini-Schlottau, 2009). ZQ unterliegen formellen Regelungen, werden geprüft und separat bescheinigt. ZQ werden von Ausbildungsbetrieben optional angeboten und können auch von den Auszubildenden freiwillig erworben werden (Schwarz, 2019).

Insgesamt können vier verschiedene Typen von ZQ unterschieden werden (siehe **Abbildung *2.1***). Im Rahmen von horizontalen ZQ werden die beruflichen Kenntnisse und Fertigkeiten berufsspezifisch (z. B. E-Business im Einzelhandel) oder berufsübergreifend (z. B. Controlling für kaufmännische Ausbildungsberufe) vertieft und erweitert (Annen & Paulini-Schlottau, 2009; Ministerium für Schule und Weiterbildung des Landes Nordrhein-Westfalen, 2017). Vertikale ZQ bauen auf bestehenden beruflichen Qualifikationen auf, zielen jedoch darauf ab auf Führungspositionen vorzubereiten (Annen & Paulini-Schlottau, 2009). Daneben stehen den Auszubildenden auch berufsunabhängige ZQ zur Auswahl, z. B. der Europäische Computerführerschein (ECDL) oder Projektmanagement (Annen & Paulini-Schlottau, 2009). Kodifizierte ZQ sind in Ausbildungsordnungen verankert und Teil des betrieblichen Ausbildungsplans (Conein & Zinke, 2019).

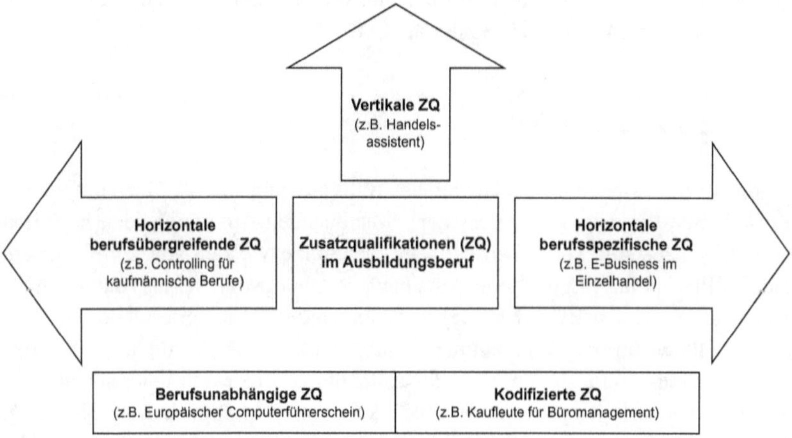


**Abbildung 2.1** Typen von Zusatzqualifikationen. (Eigene Darstellung nach Annen & Paulini-Schlottau, 2009, S. 23)

ZQ sind „an der Schnittstelle zwischen Aus- und Weiterbildung" (Gutschow & Lorig, 2022, S. 27) positioniert und tragen maßgeblich dazu bei, die beiden Bildungsbereiche miteinander zu verknüpfen. Sie fördern den Erhalt der Beschäftigungsfähigkeit und unterstreichen damit die Bedeutung des lebenslangen Lernens (Annen & Paulini-Schlottau, 2009). Für Auszubildende haben sich ZQ „als wichtiges Instrument zur Flexibilisierung, Differenzierung und Individualisierung" (Panschar et al., 2020, S. 17) der beruflichen Ausbildung etabliert. Sie ermöglichen es Auszubildenden ihre berufliche Entwicklung individuell und nach ihren persönlichen Interessen zu gestalten und zeigen ihnen Karriereperspektiven jenseits eines Studiums auf (Gutschow & Lorig, 2022; Panschar et al., 2020).

Die Möglichkeit, sich über die Ausbildung hinaus zu qualifizieren, kommt auch der Arbeitgeberattraktivität zugute. Mit ZQ eröffnen Betriebe ihren Auszubildenden aussichtsreiche Karrieremöglichkeiten und können so ihre Ausbildungsqualität steigern (Ministerium für Schule und Weiterbildung des Landes Nordrhein-Westfalen, 2017; Weiterer et al., 2017). Zusätzlich tragen ZQ durch ihre Zukunftsorientierung und Anpassungsfähigkeit an aktuelle Entwicklungen zur Qualitätssicherung im Betrieb bei und helfen dem Unternehmen, seinen Fachkräftebedarf langfristig zu sichern und wettbewerbsfähig zu bleiben (Ministerium für Schule und Weiterbildung des Landes Nordrhein-Westfalen, 2017). Ein kritischer Aspekt von ZQ ist allerdings die mögliche berufliche Benachteiligung von

Auszubildenden, die aus unterschiedlichen Gründen keine ZQ erwerben können oder wollen (Annen & Paulini-Schlottau, 2009).

## 2.3 Lernsoftware

Für die ZQ entwickelten die Universität Stuttgart und die TUM eine adaptive Lernsoftware, die den Lernprozess der teilnehmenden Auszubildenden begleiten und unterstützen soll. Diese Lernsoftware bietet eine Vielzahl von Lernformaten, darunter PDF-Folien, Lernvideos, verschiedene Übungs- und Programmieraufgaben sowie interaktive Bücher, in denen Übungen bereits integriert sind. Darüber hinaus stellt sie diverse Kommunikationsmöglichkeiten zur Verfügung, wie etwa ein Diskussionsforum, in dem sich die Teilnehmenden sowohl untereinander als auch mit den Lehrpersonen austauschen konnten. Das sog. Jupyter Notebook bietet den Lernenden die Möglichkeit, Programmierkenntnisse durch praktische Anwendung direkt umzusetzen. Sie integriert ausführbaren und modifizierbaren Code mit lehrbuchartigem Text, wodurch die Auszubildenden ihre Fähigkeiten praxisorientiert vertiefen können (Lao et al., 2024).

Die Adaptivität der Lernsoftware spiegelt sich in der Anpassung des Schwierigkeitsgrads der Übungsaufgaben, der Bereitstellung individueller Lernpfade sowie der Darbietung personalisierter Lernformate wider. Sie leitet die Lernenden systematisch durch die Kapitel, indem ein neues Kapitel erst freigeschaltet wird, sobald der theoretische Input und die Übungsaufgaben des aktuellen Kapitels vollständig bearbeitet sind. Diese sequentielle Freigabe der Inhalte soll eine Überforderung der Lernenden verhindern. Die Kapitel werden visuell in einer Kachellandschaft dargestellt, die ihre Farbe ändert, wenn ein neues Kapitel zugänglich wird. Gleichzeitig haben die Lernenden die Möglichkeit, Kapitel zu überspringen, falls ihnen Inhalte bereits bekannt sind. Die Übungsaufgaben werden automatisch ausgewertet und der Bearbeitungsstatus der Kapitel systematisch erfasst, was den aktuellen Lernfortschritt sichtbar macht und eine transparente Lernentwicklung ermöglicht (Lao et al., 2024). Darüber hinaus passt die Lernsoftware die Übungsaufgaben und Lernformate an den individuellen Lernfortschritt und die spezifischen Bedürfnisse der Auszubildenden an, sodass die unterschiedlichen Lernanforderungen der Teilnehmenden optimal berücksichtigt werden. Weitere unterstützende Elemente wie Push-Benachrichtigungen erinnern die Lernenden an noch zu bearbeitende Kapitel oder Übungen. Zusätzlich fördern Gamification-Elemente wie digitale Lernabzeichen nach erfolgreichem Kapitelabschluss die Motivation der Lernenden (Lao et al., 2024).

Um den teilnehmenden Berufsschulen die Installation und Nutzung der Lernsoftware möglichst einfach und niedrigschwellig zu gestalten, wurde die Lernsoftware in das häufig genutzte Lernmanagementsystem (LMS) Moodle als Moodle-Kurs eingebettet (Lao et al., 2024). Als typisches LMS fungiert Moodle als Plattform zur Nutzer- und Kursverwaltung, über die Lerninhalte bereitgestellt, verwaltet und von Lernenden bearbeitet werden können (Schulmeister, 2005). Bei der untersuchten Lernsoftware handelt es sich jedoch nicht um einen herkömmlichen Moodle-Kurs, sondern um eine speziell entwickelte, adaptive Lernanwendung, die Moodle als technische und organisatorische Infrastruktur nutzt. Die didaktische Logik und Adaptivität der Lernsoftware, wie etwa die schrittweise Freischaltung von Kapiteln oder die spielerische und interaktive Aufbereitung der Inhalte, sind in Moodle in diesem Umfang nicht standardmäßig vorhanden. Daher mussten entsprechende Plug-ins[1] eigens durch die Universität Stuttgart und die TUM entwickelt werden (Lao et al., 2024). Durch diese spezifischen Erweiterungen geht die Lernsoftware in ihrer didaktischen und technischen Gestaltung über die Standardfunktionen von Moodle hinaus. Die Lernsoftware stellt daher ein eigenständiges, adaptives Lernsystem innerhalb des LMS dar und unterscheidet sich damit von einem herkömmlichen Moodlekurs.

[1] „Bei einem Plug-in handelt es sich um eine Software-Komponente, die optional an eine andere Software angeschlossen wird und diese um notwendige, weitere Funktionen ergänzt, die ursprünglich nicht in der Hauptanwendung unterstützt wurden." (IT.Service-Network, 2025).

# Theoretischer Hintergrund 3

Das folgende Kapitel gibt einen Überblick über den theoretischen Rahmen dieser Arbeit. Es beginnt mit einer Darstellung der Grundlagen der Akzeptanz in Abschnittt 3.1, in welche der Akzeptanzbegriff und allgemeine Akzeptanzmodelle (3.1.1) sowie der Technologieakzeptanzbegriff (3.1.2 und 3.1.3) erörtert werden.

Abschnitt 3.2 geht detailliert auf die theoretischen Grundkonzepte ein, die nahezu allen Technologieakzeptanzmodellen zugrunde liegen (3.2.1), und beleuchtet die spezifischen Modelle der Technologieakzeptanz, die in dieser Arbeit verwendet werden. Hierzu gehören die Unified Theory of Acceptance and Use of Technology und das Task-Technology-Fit-Model (3.2.2 und 3.2.3).

In Abschnitt 3.3 erfolgt eine kritische Auseinandersetzung mit den Technologieakzeptanzmodellen (3.3.1) und die Diskussion alternativer Konstrukte als potentielle Lösungsansätze (3.3.2).

Abschließend widmet sich Abschnitt 3.4 dem Konzept des Lernerfolgs. Hier wird der Begriff allgemein definiert, lerntheoretisch eingeordnet (3.4.1) und die Methoden seiner empirischen Messung (3.4.2) sowie seine Spezifizierung in der beruflichen Bildung (3.4.3) erläutert.

## 3.1 Theoretische Grundlagen der Akzeptanz

### 3.1.1 Akzeptanzbegriff und allgemeine Akzeptanzmodelle

Der Akzeptanzbegriff war zunächst kein Terminus, der wissenschaftlichen Diskursen entsprungen ist. Vielmehr fand er in der Alltagssprache rege Anwendung und wurde in den 1980er Jahren in vielen Bereichen der Gesellschaft wie etwa



L. Lao, *Technologieakzeptanz in der beruflichen Bildung*, Münchner Studien zur empirischen Bildungs- und Sozialisationsforschung,
https://doi.org/10.1007/978-3-658-51906-3_3

im Marketing oder in der Politik zu einem „Modewort“ (Lucke, 1995, S. 33). So wurde die Ablehnung von neuen Produkten oder politischen Entscheidungen mit einer fehlenden Akzeptanz unter Kunden bzw. der Wählerschaft begründet (Lucke, 1995).

Eine erste wissenschaftliche Auseinandersetzung mit dem Akzeptanzbegriff erfolgte noch in derselben Dekade im Zuge der raschen Entwicklung technischer Geräte und deren Einzug in viele Lebensbereiche (Olbrecht, 2010; Schäfer & Keppler, 2013). Die Einführung neuer und zahlreicher Technologien am Arbeitsplatz und in privaten Haushalten führte zu kontroversen gesellschaftlichen Debatten, die letztlich den Eindruck einer feindlichen Einstellung in der Bevölkerung gegenüber technologischen Neuerungen vermittelten. Hieraus entwickelte sich die Akzeptanzforschung, die das Ziel verfolgte, Faktoren der Technologieakzeptanz zu bestimmen und hilfreiche Erkenntnisse für die Praxis zu generieren. Obwohl ein Großteil der empirischen Arbeiten aus dieser Zeit einen starken Bezug zu Technologien aufweisen, ist der Begriff der Akzeptanz nicht ausnahmslos mit Technologieakzeptanz gleichzustellen. So findet auch in den wissenschaftlichen Disziplinen der Psychologie oder der Soziologie eine intensive Auseinandersetzung mit diesem Konstrukt statt, indem z. B. die Akzeptanz von neuen therapeutischen Ansätzen untersucht wurde (Olbrecht, 2010). Die theoretische und empirische Kenntnislage deutet jedoch darauf hin, dass die nicht-technische Akzeptanzforschung bisher nur eine untergeordnete Rolle spielt.

Die breit gefächerte und multidisziplinäre Verwendung des Akzeptanzkonstrukts hat eine Fülle an Begriffsverständnissen zur Folge, die sich insbesondere in wissenschaftlichen Diskursen je nach Forschungsgebiet und Fragestellung stark unterscheiden (Lucke, 1995). Nach Müller-Böling und Müller (1986) wird der Akzeptanzbegriff auch häufig mit anderen Ausdrücken wie „Einstellung, Attitude, Benutzeradäquanz, Akzeptabilität, [und] Adoption“ (S. 18) vermischt. Vor diesem Hintergrund gibt es für den Begriff der Akzeptanz in der wissenschaftlichen Literatur keine einstimmige und allgemein anerkannte Definition (Quiring, 2006). Weitgehender Konsens besteht allerdings darüber, dass Akzeptanz bzw. Akzeptieren mit Begriffen wie Anerkennen, Annehmen, Bejahen, Zustimmen oder Einwilligen paraphrasiert werden kann (Hüsing et al., 2002; Lucke, 1995). So bedeutet Akzeptanz für Schäfer und Keppler (2013), „dass jemand (bzw. ein näher zu definierendes Akzeptanzsubjekt) etwas (das Akzeptanzobjekt) innerhalb der jeweiligen Rahmen- oder Ausgangsbedingungen (Akzeptanzkontext) akzeptiert oder annimmt“ (S. 16).

Im Folgenden wird das in der Literatur am häufigsten anzutreffende Akzeptanzmodell von Müller-Böling und Müller (1986) dargestellt.

Müller-Böling und Müller (1986) kritisieren, dass Akzeptanz in vielen Arbeiten eindimensional als Einstellung, Handlungsbereitschaft oder beobachtbares Verhalten gefasst wird. Sie selbst vertreten jedoch die Ansicht, dass die Handlungsbereitschaft Teil der Einstellungen ist, sodass sie die Akzeptanz als „zweidimensionales Phänomen [auffassen], das eine Einstellungs- und Verhaltenskomponente aufweist“ (Müller-Böling & Müller, 1986, S. 25).

Dabei besteht die nicht beobachtbare Einstellungsakzeptanz, die sich auf die Einstellung eines Menschen gegenüber der Nutzung des Akzeptanzobjekts bezieht, aus einer affektiven, kognitiven und konativen Komponente (Müller-Böling & Müller, 1986). Die affektive Komponente oder „der Gefühlsfaktor“ (Müller-Böling & Müller, 1986, S. 25) umfasst die durch ein Akzeptanzobjekt ausgelösten motivational-emotionalen Aspekte, die relativ dauerhaft bestehen bleiben. Die kognitive Komponente entsteht durch eine Kosten-Nutzen-Abwägung des Akzeptanzobjekts „unter Berücksichtigung des persönlichen Kontexts. Es werden also aufgrund persönlicher Ideen und Vorstellungen die Vor- und Nachteile der neuen Technologie gegeneinander abgewogen“ (Bürg et al., 2005, S. 5). Die konative Komponente beschreibt als dritte Einstellungsdimension die nicht beobachtbare, habituelle Verhaltensbereitschaft einer Person, also die Absicht sich der Einstellung entsprechend verhalten zu wollen, ohne jedoch, dass das Verhalten tatsächlich auftreten muss (Müller-Böling & Müller, 1986). Nach Solomon (2013) entsteht diese Diskrepanz zwischen der Einstellung einer Person und ihrem tatsächlichen Verhalten, indem Einstellungen häufig in anderen Lebenssituationen entstehen als die Ausführung von Verhaltensweisen. Der Zusammenhang zwischen Einstellung und Verhalten wird „umso schwächer, je länger der Zeitraum zwischen der Einstellungsmessung und dem Verhalten, das sie bewerten soll, ist“ (Solomon, 2013, S. 295).

Müller-Böling und Müller (1986) weiten den Akzeptanzbegriff um einen Aktivitätsaspekt – der Verhaltensakzeptanz – aus. Definiert wird die zweite Akzeptanzdimension als tatsächliches und beobachtbares Verhalten und bezieht sich darauf, dass ein Akzeptanzobjekt beispielsweise durch (häufige) Nutzung aktiv angenommen wird. Von einem zweidimensionalen Verständnis von Akzeptanz ausgehend entwickelten Müller-Böling und Müller (1986) ein Benutzerakzeptanzmodell (siehe **Tabelle 3.1**).

**Tabelle 3.1** Benutzertypen entsprechend Verhaltens- und Einstellungsakzeptanz. (Darstellung nach Müller-Böling & Müller, 1986, S. 28)

| | | **Verhaltensakzeptanz** | |
|---|---|---|---|
| | | Ja | Nein |
| **Einstellungsakzeptanz** | Ja | (1) Überzeugte:r<br>(2) Benutzer:in | (3) Verhinderte:r<br>(4) Benutzer:in |
| | Nein | (5) Gezwungene:r<br>(6) Benutzer:in | (7) Überzeugte:r<br>(8) Nicht-Benutzer:in |

Innerhalb dieses Modells gehen sie von vier möglichen Kombinationen aus, die bei der Interaktion zwischen Einstellungs- und Verhaltensakzeptanz auftreten können. Stehen Einstellung und Verhalten in Übereinstimmung (siehe (1)), ist der:die Nutzer:in vom Akzeptanzobjekt überzeugt und akzeptiert es „in jeder Hinsicht" (Müller-Böling & Müller, 1986, S. 27). Beim zweiten Fall „verhinderte:r Benutzer:in" ist eine positive Einstellungsakzeptanz gegeben, nicht aber auch eine positive Verhaltensakzeptanz. Dieser Zustand kann entstehen, wenn der:die Nutzer:in das Akzeptanzobjekt nicht nutzen darf oder nicht über die entsprechenden Nutzungsvoraussetzungen (z. B. Kenntnisse, Kompetenzen) verfügt (Müller-Böling & Müller, 1986). Beim dritten Fall „gezwungene:r Benutzer:in" wird das Akzeptanzobjekt „einstellungsmäßig abgelehnt" (Müller-Böling & Müller, 1986, S. 28), wobei die Verhaltensakzeptanz jedoch durch eine obligatorische Nutzung des Objekts etwa durch Vorgesetzte herbeigeführt wird. Der vierte Fall stellt den:die „überzeugte:r Nicht-Benutzer:in" dar und tritt ein, wenn sowohl die Einstellungs- als auch die Verhaltensakzeptanz fehlt (Müller-Böling & Müller, 1986).

Müller-Böling und Müller (1986) erweitern ihr Akzeptanzmodell um Faktoren, die die Einstellungs- und Verhaltensakzeptanz beeinflussen können (siehe **Abbildung 3.1**). Auf die Einstellungsakzeptanz hat dabei die Benutzeradäquanz einen Einfluss, die zustande kommt, wenn physische, psychische und aufgabenbezogene Bedürfnisse durch das Akzeptanzobjekt erfüllt werden. Die Benutzeradäquanz richtet sich nach „den individuellen Bedürfnissen unterschiedlicher Benutzer" (Müller-Böling & Müller, 1986, S. 31). Da die Bedürfnisse je nach Individuum unterschiedlich stark ausgeprägt sein können, ist die Benutzeradäquanz damit auch sehr variabel.

Die Verhaltensakzeptanz wird von Restriktionen bzw. Freiräume naturgesetzlicher (z. B. geistige oder körperliche Behinderung), systemtechnischer (z. B. Inkompatibilitäten oder fehlende Nutzungsvoraussetzungen) oder verhaltensmäßiger Art (z. B. soziale Einflüsse) beeinflusst (Müller-Böling & Müller, 1986).

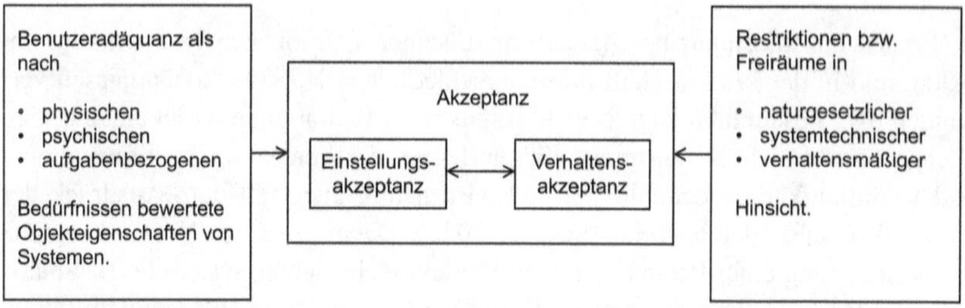


**Abbildung 3.1** Akzeptanzmodell von Müller-Böling und Müller. (Eigene Darstellung nach Müller-Böling & Müller, 1986, S. 31)

**Akzeptanzobjekt, -subjekt und -kontext**

Für eine strukturierte Auseinandersetzung mit dem Akzeptanzbegriff und einer angemessenen Untersuchung des Akzeptanzkonstrukts ist darüber hinaus die Differenzierung zwischen Akzeptanzsubjekt, -objekt und -kontext notwendig (Hüsing et al., 2002).

Akzeptanz hat immer einen Bezug zu einem bestimmten Objekt und „bezeichnet die Annahme von etwas Angebotenem, Vorhandenem oder Vorgeschlagenem" (Schäfer & Keppler, 2013, S. 19). Neben konkreten Gegenständen können auch Entscheidungen, Personen, Meinungen oder Werte Akzeptanzobjekte darstellen.

Das Akzeptanzsubjekt stellt die Instanz dar, die etwas akzeptiert. Sie „entwickelt eine auf […] das Akzeptanzobjekt bezogene Einstellung einschließlich einer fallweise aktivierbaren Verhaltensdisposition, die gegebenenfalls in beobachtbares Verhalten mündet" (Schäfer & Keppler, 2013, S. 17). Dabei kann ein Akzeptanzsubjekt eine Einzelperson, eine Gruppe oder die Gesellschaft als Ganzes umfassen, sodass in diesem Zusammenhang auch häufig eine Differenzierung zwischen individueller, organisatorischer und gesellschaftlicher Akzeptanz vorgenommen wird.

Der Akzeptanzkontext bezeichnet das soziale und kulturelle Umfeld, „innerhalb dessen ein Akzeptanzsubjekt ein Akzeptanzobjekt wahrnimmt [und] bewertet" (Schäfer & Keppler, 2013, S. 22).

### 3.1.2 Technologieakzeptanz allgemein

Während der Akzeptanzbegriff aufgrund seiner heterogenen Verwendung im Alltag und in der Wissenschaft mit unterschiedlichen Begriffsverständnissen verbunden ist, beschränkt sich der Terminus der Technologieakzeptanz auf den Technologiebereich. So entsprang dieser Begriff der Forschung zu Informations- und Kommunikationstechnologien und wird häufig auch mit dem Ausdruck der Nutzerakzeptanz gleichgesetzt (Dorsch, 2022). Dabei wird mit Nutzerakzeptanz „die Einstellung einer Person zu einem Produkt/technischen System (z. B. Smartphone) oder Teile eines Systems (z. B. die Start-/Stop-Automatik in einem Pkw)" (Dorsch, 2022) bezeichnet.

Im Rahmen der Technologieakzeptanz kann zwar eine Eingrenzung vorgenommen werden. Wie beim allgemeinen Akzeptanzbegriff handelt es sich jedoch auch hierbei um kein in sich zusammenhängendes Forschungsgebiet. Nach Schäfer und Keppler (2013) können Forschungs- und Diskussionsstränge identifiziert werden, „die sich mit unterschiedlichen Aspekten wie der individuellen Nutzerakzeptanz größerer und kleinerer technischer Artefakte (etwa Mobiltelefone, Bürotechnik, Software) bis hin zur gesellschaftlichen Akzeptanz neuer und/oder risikobehafteter Technologien (etwa Kernenergie, Gentechnik [...]) befassen" (S. 7). Eine Gesamtbetrachtung der derzeitigen Technologieakzeptanzforschung lässt auf zwei zentrale Zielvorstellungen schließen, die innerhalb dieses Forschungsgebiets verfolgt werden. So „dient sie dem besseren Verständnis von Akzeptanzphänomenen" (Schäfer & Keppler, 2013, S. 9), indem Faktoren und Determinanten ermittelt werden, die für die Entwicklung von Technologieakzeptanz förderlich oder eher hinderlich sind. Daneben soll mithilfe der ermittelten Ergebnisse die Einführung von technischen Neuerungen so gestaltet werden, dass diese bei den Individuen auf maximale Akzeptanz treffen (Schäfer & Keppler, 2013).

Obwohl es auch für den Technologieakzeptanzbegriff keine einheitliche Definition gibt und je nach Forschungsvorhaben variiert, stützt sich die Mehrzahl der empirischen Arbeiten auf die Unterscheidung zwischen Einstellungs- und Verhaltensakzeptanz. So definiert beispielsweise Olbrecht (2010) im Rahmen seiner Untersuchung zur Akzeptanz von E-Learning-Systemen den Terminus als „eine relativ dauerhafte kognitive und affektive Wahrnehmungskomponente, gekoppelt mit einer positiven Reaktionsbereitschaft gegenüber den E-Learning-Systemen [bzw. einer Technologie] (Einstellungsebene) sowie eine Verhaltenskomponente, die eine tatsächliche Nutzung des Systems [bzw. der Technologie] impliziert (Verhaltensebene)" (S. 20).

### 3.1.3 Technologieakzeptanz in dieser Arbeit

Aus dem Vorangegangenen wird ersichtlich, dass sowohl dem allgemeinen Akzeptanzbegriff als auch dem Technologieakzeptanzbegriff aufgrund der Heterogenität der Verwendungszwecke und der Forschungsstränge variierende Begriffsverständnisse zugrunde liegen. Allen (Technologie-) Akzeptanzdefinitionen ist jedoch gemeinsam, dass zwischen einer Einstellungs- und Verhaltensakzeptanz ausgegangen wird (Müller-Böling & Müller, 1986). Somit hat sich sowohl in der allgemeinen Akzeptanzforschung als auch in der Technologieakzeptanzforschung die dichotome Ausprägung des Akzeptanzbegriffs in eine einstellungs- und verhaltensbezogene Komponente durchgesetzt, sodass auch in der vorliegenden Arbeit dieses Akzeptanzverständnis herangezogen wird.

Technologieakzeptanz bezieht sich in der vorliegenden Arbeit konkret auf die Akzeptanz der Lernsoftware und wird wie folgt definiert: Die Akzeptanz der Lernsoftware drückt die positive Einstellung, konkret die Zufriedenheit der Teilnehmenden gegenüber der Lernsoftware (Einstellungsakzeptanz). Sie äußert sich auch auf der Verhaltensebene, die eine tatsächliche Nutzung der Lernsoftware im Lernprozess impliziert (Verhaltensakzeptanz). Eine Erläuterung, aus welchen Konstrukten sich die Einstellungs- und Verhaltensakzeptanz in dieser Arbeit zusammensetzen, erfolgt in Abschnitt 5.1.2.

Für eine vertiefte Auseinandersetzung mit der Akzeptanz der Lernsoftware ist die Bestimmung von Akzeptanzsubjekt, -objekt und -kontext notwendig. In der vorliegenden Untersuchung stellen Teilnehmende der ZQ *Künstliche Intelligenz und Maschinelles Lernen*, die im Rahmen des KI $B^3$-Projekts angeboten werden, die Akzeptanzsubjekte dar. Das Akzeptanzobjekt umfasst die Lernsoftware, die in der ZQ zur Unterstützung der Lernprozesse eingesetzt wird. Insgesamt findet die Untersuchung im Kontext der beruflichen Ausbildung statt (Akzeptanzkontext). Weiterhin zeichnet sich der Kontext durch den Lernort aus, welcher die Berufsschulen der kaufmännischen und gewerblich-technischen Fachrichtung umfasst.

## 3.2 Technologieakzeptanzmodelle

### 3.2.1 Theoretische Fundierung von Technologieakzeptanzmodellen

Die Theory of Reasoned Action, die Theory of Planned Behavior und das Technology Acceptance Model stellen die grundlegenden Theorien dar, auf denen die meisten Technologieakzeptanzmodelle basieren. Dabei werden insbesondere die Grundstruktur sowie einzelne Konstrukte übernommen und teilweise angepasst.

**Theory of Reasoned Action**

Die Theory of Reasoned Action (TRA) wurde 1975 von Ajzen und Fishbein (1980) entwickelt und vorgestellt. Sie stammt ursprünglich aus dem Forschungsgebiet der Sozialpsychologie und gilt als die wichtigste Einstellungstheorie. Die Theorie zielt darauf ab, das menschliche Verhalten vorherzusagen, indem kausale Zusammenhänge zwischen den Konstrukten Beliefs (dt. kognitive Überzeugungen), Attitude Toward Behavior (dt. Einstellungen), Subjective Norm (dt. subjektiver Norm), Behavioral Intention (BI, dt. Verhaltensintention) und Behavior (dt. Verhalten) postuliert werden (siehe **Abbildung 3.2**).

Ob eine Person ein Verhalten ausführt, wird dabei von BI determiniert. Sie gibt den Grad an, zu dem ein Individuum bereit ist ein bestimmtes Verhalten zu zeigen. „[They] are indications of how hard people are willing to try, of how much of an effort they are planning to exert, in order to perform a behavior" (Ajzen, 1991, S. 181). Je stärker die Verhaltensabsicht ausgeprägt ist, desto wahrscheinlicher ist es, dass das Verhalten ausgeführt wird.

BI wird wiederrum von den zwei Faktoren Attitude Toward Behavior und Subjective Norm beeinflusst. Ersterer meint die subjektive Bewertung des geplanten Verhaltens, während der zweite Faktor den wahrgenommenen sozialen Druck des sozialen Umfelds hinsichtlich der Ausführung eines Verhaltens bezeichnet (Ajzen, 1991). Die Determinante Attitude Toward Behavior wird beeinflusst von den Faktoren Behavioral Beliefs (dt. verhaltensbezogene Überzeugungen) und Evaluation (dt. Bewertung). Grundsätzlich sind Beliefs die subjektive Wahrscheinlichkeit des Individuums, dass die Ausführung des Verhaltens zu Konsequenzen führen wird (Davis et al., 1989). Der zweite Faktor Evaluation bezieht sich auf die Bewertung des Ergebnisses, das durch das ausgeführte Verhalten erreicht wird (Ajzen, 1991).

Auch die Determinante der Verhaltensintention Subjective Norm wird durch zwei Faktoren bestimmt: Normative Beliefs (dt. normative Überzeugungen) und Motivation to Comply (dt. Motivation den Normen zu entsprechen). Diese drücken die individuelle Vorstellung aus, welches Verhalten enge Bezugspersonen von einer

Person erwarten (Normative Beliefs) und wie stark die Motivation bei ihr ausgeprägt ist, diesen Erwartungen nachzukommen (Motivation to Comply) (Fishbein & Ajzen, 1975). Nach dem TRA-Modell führen Individuen Verhaltensweisen aus, wenn sie einerseits die Konsequenzen, die aus dem Verhalten resultieren, positiv bewerten und wenn andererseits ihnen wichtige Personen das Ausführen des Verhaltens begrüßen.

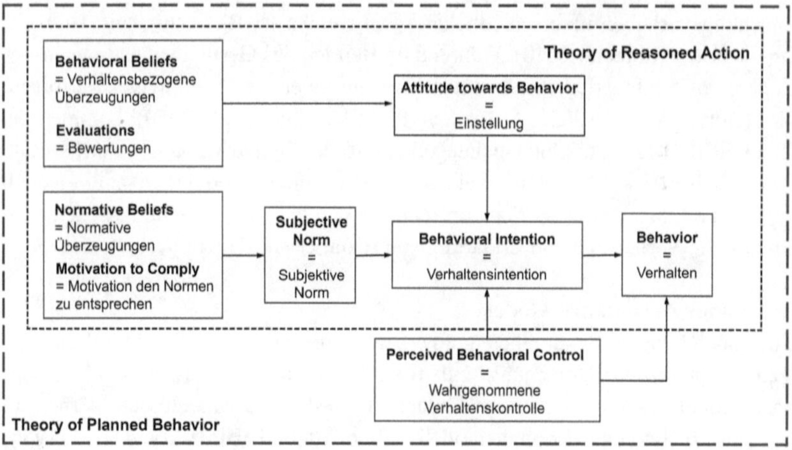


**Abbildung 3.2** Theory of Reasoned Action und Theory of Planned Behavior. (Eigene Darstellung nach Ajzen, 1991, S. 182; Ajzen & Fishbein, 1980, S. 100)

## Theory of Planned Behavior

Die Theory of Planned Behavior (TPB) stellt eine Ergänzung des TRA-Modells dar (Ajzen, 1991). In der Grundstruktur stimmt die TPB mit ihren Begriffsverständnissen und der Determinationsreihenfolge mit der TRA überein. Basierend auf der Erkenntnis, dass BI als alleiniger Prädiktor für das menschliche Verhalten ungenügend ist, erweiterte Ajzen (1991) das bestehende Modell um die Determinante Perceived Behavioral Control (dt. wahrgenommene Verhaltenskontrolle). Damit ist das wahrgenommene Ausmaß gemeint, wie schwer oder leicht es einer Person fallen würde, das gewünschte Verhalten auszuführen (Ajzen, 1991). Perceived Behavioral Control hat neben einen Einfluss auf BI auch einen direkten Einfluss auf Behavior (siehe **Abbildung 3.2**). Wie bei den Faktoren Attitude Toward Behavior und Subjective Norm liegen auch Perceived Behavioral Control Überzeugungen zugrunde. Hierbei handelt es sich um sog. Control Beliefs (dt. Kontrollüberzeugungen), die verhaltenserleichternde Ressourcen wie etwa Kompetenzen oder finanzielle Mittel ausdrücken (Kan & Fabrigar, 2017).

Insgesamt handelt es sich bei der TRA und ihrer Ergänzung TPB um Einstellungstheorien, die am häufigsten zitiert und empirisch untersucht wurden. Dabei kann die große Resonanz dieser Modelle insbesondere auf ihre breite Anwendbarkeit zurückgeführt werden. So eignen sich die TRA und TPB nicht nur für die Untersuchung von sozialwissenschaftlichen Fragestellungen, sondern kommen auch für Forschungsvorhaben unterschiedlicher Fachbereiche (z. B. Gesundheit, Umwelt) zum Einsatz (Olbrecht, 2010). Während im Bereich des Gesundheitswesens insbesondere das Suchtverhalten, der Fleischkonsum oder die Dentalhygiene erforscht wird (Borusiak et al., 2022; Jönsson et al., 2012; Zhao et al., 2020), kommen die TRA und TPB auch zur Untersuchung umweltfreundlichen Verhaltens zum Einsatz (Chen, 2016; Han, 2015; Kim et al., 2012). Unabhängig von der Disziplin jedoch wurden die Einstellungstheorien vorrangig für den gleichen Forschungsgegenstand genutzt: die Vorhersage und Erklärung von sozial erwünschtem Verhalten.

**Technology Acceptance Model**

Einen noch höheren Bekanntheitsgrad erlangten die TRA und TPB im Rahmen der Technologieakzeptanzforschung, indem sie erstmalig in das Technology Acceptance Model (TAM) integriert und adaptiert wurden. Es handelt sich hierbei um das erste Technologieakzeptanzmodell seiner Art und wurde von Davis (1986) im Rahmen seiner Dissertation zur Erforschung der Akzeptanz technischer Systeme aufgestellt und 1989 veröffentlicht (Davis et al., 1989). Inzwischen zählt es in der Akzeptanzforschung zu dem theoretisch fundiertesten und empirisch am umfangreichsten getesteten Modell (Ma & Liu, 2004; Venkatesh & Davis, 2000). Ausschlaggebend für die Popularität von TAM ist einerseits der simple Aufbau des Modells (siehe **Abbildung 3.3**) und damit zusammenhängend dessen Verständlichkeit (King & He, 2006). Andererseits überzeugt das Modell durch sein breites Anwendungsspektrum, indem es für Untersuchungen unterschiedlichster Technologien eingesetzt werden kann (Ma & Liu, 2004). Venkatesh und Davis (2000) beschreiben TAM als robustes und leistungsfähiges Modell, das mit wenigen, theoretisch begründeten Variablen eine hohe Erklärungskraft erreicht.

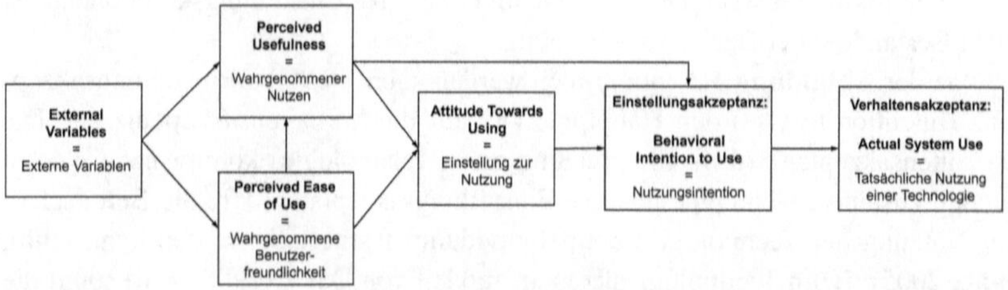


**Abbildung 3.3** Technology Acceptance Model. (Eigene Darstellung nach Davis, 1989, S. 985)

Beim Technologieakzeptanzmodell von Davis (1986) wird von einer Verhaltens- und Einstellungsakzeptanz ausgegangen, wobei erstere als Actual Use of System (dt. tatsächliche Nutzung einer Technologie) definiert wird:

> Use refers to an individual's actual direct usage of the given system in the context of his or her job. Thus, use is a repeated, multiple-act behavioral criterion […] that is specific with respect to target (specified system), action (actual direct usage) and context (in person's job), and non-specific with respect to time frame. (Davis, 1986, S. 25)

Operationalisiert wird das Akzeptanzverhalten in empirischen Arbeiten häufig als subjektive Angabe der Nutzungshäufigkeit, -dauer oder -intensität. So berichteten Legris und Kolleg:innen (2003) im Rahmen ihrer Metaanalyse davon, dass die in ihrer Arbeit berücksichtigten Studien überwiegend subjektive Messverfahren nutzten. Objektive Messungen der Verhaltensakzeptanz wie etwa die Erfassung und Auswertung von Logfile-Protokollen wurden eher selten durchgeführt.

Die Einstellungsakzeptanz wird im Davis-Modell als Verhaltensabsicht definiert und über Intention to Use (dt. Nutzungsintention) operationalisiert. Sie beschreibt, inwieweit ein Individuum die Nutzung einer bestimmten Technologie beabsichtigt (Davis et al., 1989). Deutlich wird an dieser Stelle, dass im TAM-Modell von einer Einstellungs- und Verhaltensakzeptanz und damit von einer Differenzierung des Akzeptanzkonstrukts ausgegangen wird, die der Begriffsbestimmung nach Müller-Böling und Müller (1986) ähnelt. Anders als bei Müller-Böling und Müller (1986) jedoch wird bei der Definition der Einstellungsakzeptanz im TAM-Modell nur eine der drei Komponenten berücksichtigt. So bezieht sich die Einstellungsakzeptanz hier einzig auf die konative Komponente, sodass nur die Absicht ein Verhalten ausführen zu wollen fokussiert wird. Die affektive und kognitive Einstellungskomponente ist nicht Bestandteil der Begriffsbestimmung.

Wie der **Abbildung 3.3** entnommen werden kann, stellt die Einstellungsakzeptanz (Intention to Use) den Hauptprädiktor für die Verhaltensakzeptanz dar. Die Verhaltensakzeptanz (d. h. die Nutzung einer Technologie) kommt nach diesem Modell zustande, wenn eine positive Einstellungsakzeptanz (d. h. die Bereitschaft zur Nutzung der Technologie) beim Individuum festgestellt werden kann (Bürg et al., 2005). Beim Technologieakzeptanzmodell von Davis (1986) wird somit die grundlegende Annahme der Theorien von Ajzen und Fishbein (1980) übernommen, dass die Verhaltensintention die Ausführung eines Verhaltens determiniert.

Beeinflusst wird die Intention zur Nutzung durch die Faktoren Attitude Towards Using (dt. Einstellung zur Nutzung) sowie Perceived Usefulness (dt. wahrgenommener Nutzen). Ersterer meint die individuelle Bewertung der Nutzung einer Technologie, d. h. Personen beabsichtigen eher eine Technologie zu nutzen, wenn sie dessen Nutzung positiv bewerten (Davis et al., 1989). Perceived Usefulness bezeichnet dabei die kognitive Überzeugung einer Person, dass die Nutzung einer Technologie zu einer Steigerung ihrer Arbeitsleistung führen wird (Davis et al., 1989). Diesem Faktor liegen dabei die Studienergebnisse von Schultz und Slevin (1975) und Robey (1979) zugrunde. In ihren Untersuchungen zur Nutzung von Technologien am Arbeitsplatz kommen die Autoren zu der Schlussfolgerung, dass Beschäftigte das primäre Ziel verfolgen, ihre Arbeitsleistung zu erhöhen, da sie damit positive Konsequenzen (z. B. höhere monetäre Vergütung) verbunden sehen (Robey, 1979). Daher werden sie vorrangig Technologien am Arbeitsplatz nutzen, die das Erreichen dieser Zielvorstellung begünstigen: „A system that does not help people perform their job is not likely to be received favorably in spite of careful implementation efforts. A system that reduces rewards for users is likely to meet with disaster" (Robey, 1979, S. 537). Insgesamt zeigen Metastudien übereinstimmend, dass Perceived Usefulness von allen Determinanten des TAM-Modells der stärkste Prädiktor von Intention to Use ist (King & He, 2006; Ma & Liu, 2004).

Daneben hat Perceived Usefulness sowie die zweite kognitive Überzeugung in diesem Modell, Perceived Ease of Use (dt. wahrgenommene Benutzerfreundlichkeit), einen Einfluss auf Attitude Towards Using. Der Faktor Perceived Ease of Use drückt das Ausmaß der wahrgenommenen Benutzerfreundlichkeit aus: „the degree to which the prospective user expects the target system to be free of effort" (Davis et al., 1989, S. 985). Insgesamt wird bei den postulierten Zusammenhängen mit der Variable Attitude Towards Using die Grundannahme von TRA und TPB aufgegriffen, dass die Einstellung zur Nutzung durch kognitive Überzeugungen beeinflusst wird. So bewertet eine Person die Nutzung einer Technologie positiv, wenn sie einerseits die Nützlichkeit einer Technologie als hoch einschätzt und andererseits sie als leicht zu bedienen wahrnimmt (Davis et al., 1989). Perceived Ease of Use hat dabei nicht nur einen Einfluss auf Attitude Towards Using, sondern auch auf Perceived Usefulness. Je stärker die Wahrnehmung einer hohen Benutzerfreundlichkeit, desto eher kann eine Technologie auch zur Leistungserhöhung beitragen, sodass insgesamt der Wahrgenommene Nutzen der Technologie steigt: „the easier a technology is to use, the more useful it can be“ (Venkatesh, 2000, S. 343).

Perceived Usefulness und Perceived Ease of Use werden wiederrum von externen Variablen beeinflusst. Diese umfassen Systemattribute, Eigenschaften der Benutzeroberfläche oder Unterstützungsmaßnahmen in Form von Trainingsmaßnahmen. Dabei wurde eine exakte Festlegung und Operationalisierung der externen Variablen nicht durchgeführt (Davis et al., 1989; Venkatesh, 2000).

Die simple Modellstruktur wird als primäre Stärke von TAM angesehen, die gleichzeitig auch als dessen größte Schwäche angeführt wird:

> Parsimony has also been an Achilles' heel for TAM. It is unreasonable to expect that one model, and one so simple, would explain decisions and behavior fully across a wide range of technologies, adoption situations, and differences in decision making and decision makers. (Bagozzi, 2007, S. 244)

Bemängelt wurde in diesem Zusammenhang insbesondere die nicht spezifizierten externen Variablen sowie die Vernachlässigung von Persönlichkeitsmerkmalen und sozialen Einflüssen aufgeführt (Venkatesh & Davis, 2000). Basierend auf dieser Kritik wurde das Grundmodell von Davis (1986) im Laufe der Jahre kontinuierlich weiterentwickelt, sodass das Technology Acceptance Model 2 (TAM2) sowie das Technology Acceptance Model 3 (TAM3) der wissenschaftlichen Gemeinschaft vorgestellt wurde (Venkatesh & Bala, 2008; Venkatesh & Davis, 2000). Aufgrund ihrer umfangreichen Struktur und ihrer Komplexität jedoch können die Erweiterungstheorien nicht an den Erfolg des Ursprungsmodells anschließen (Agudo-Peregrina et al., 2014).

### 3.2.2 Unified Theory of Acceptance and Use of Technology

Im folgenden Kapitel werden zunächst die theoretischen Grundlagen der Unified Theory of Acceptance and Use of Technology (UTAUT) vorgestellt (3.2.2.1). Anschließend folgt eine tiefere Auseinandersetzung mit den Stärken (3.2.2.2) sowie den Kritikpunkten (3.2.2.3) dieser Theorie.

#### 3.2.2.1 Grundlagen der Unified Theory of Acceptance and Use of Technology

Die Popularität des TAM-Modells von Davis (1986) innerhalb der Forschungsgemeinschaft hatte die Entwicklung von vielen weiteren Technologieakzeptanzmodellen zur Folge, die jeweils verschiedene Erklärungsansätze für die Akzeptanz von Technologien liefern (Dwivedi et al., 2019). Die große Vielzahl an unterschiedlichen Ansätzen führte jedoch zunehmend zu Unübersichtlichkeit und Verwirrung. Kritisiert wurde dabei, dass es dem Forschungsgebiet der Technologieakzeptanz an klarer Struktur und Eindeutigkeit mangele (Williams et al., 2014). Bagozzi (2007) etwa konstatiert: „The study of technology adoption/acceptance/rejection [was] reaching a stage of chaos, and knowledge [was] becoming increasingly fragmented with little coherent integration" (S. 244). Venkatesh et al. (2003) nahmen sich diese Kritikpunkte an und verfolgten das konkrete Ziel, die bis dahin vielfältige, aber wenig integrierte Theorie und Forschung zur Technologieakzeptanz in einem einheitlichen Modell zusammenzuführen. Zu diesem Zweck wurden die bis dato prominentesten Technologieakzeptanzansätze, die empirische und/oder theoretische Gemeinsamkeiten aufweisen, zu einem allgemeingültigen und einheitlichen Modell zusammengeführt (Venkatesh et al., 2003). Insgesamt bilden folgende acht Akzeptanzmodelle die theoretische Basis für das UTAUT-Modell:

1. Theory of Reasoned Action (TRA) von Ajzen und Fishbein (1980)
2. Theory of Planned Behavior (TPB) von Ajzen (1991)
3. Technology Acceptance Model 1 und 2 (TAM, TAM2) von Davis et al. (1989)
4. Motivational Model (MM) von Davis et al. (1992)
5. Model of PC Utilization (MPCU) von Thompson et al. (1994)
6. Combined TAM und TPB (C-TAM-TPB) von Taylor und Todd (1995a)
7. Innovation Diffusion Theory (IDT) von Rogers (1995)
8. Social Cognitive Theory (SCT) von Compeau und Higgins (1995)

Auf die ersten drei Theorien wurde bereits im vorangegangenen Abschnitt eingegangen. Die restlichen theoretischen Ansätze 4. – 8. werden im weiteren Verlauf kurz erläutert.

**4. Motivational Model (MM) von Davis et al. (1992)**

Davis et al. (1992) greifen auf die Motivationstheorie nach Vallerand (1997) zurück, um im Motivation Modell (MM) die Nutzung von Informationstechnologien zu erklären. Sie postulieren, dass menschliches Verhalten von extrinsischer und intrinsischer Motivation beeinflusst wird. Extrinsische Motivation liegt vor, wenn eine

Technologie genutzt wird, um bestimmte Ziele zu erreichen, z. B. die Verbesserung der Arbeitsleistung. Bei intrinsischer Motivation erfolgt die Nutzung aus dem inneren Antrieb heraus: „users will want to perform an activity for no apparent reinforcement other than the process of performing the activity per se“ (Davis et al., 1992, S. 1112).

**5. Model of PC Utilization (MCPU) von Thompson et al. (1994)**
Im Rahmen ihrer Theorie Model of PC Utilization (MPCU) gehen Thompson et al. (1994) davon aus, dass das Computernutzungsverhalten von mehreren Faktoren determiniert wird: „Behavior is determined by what people would like to do (attitudes), what they think they should do (social norms), what they have usually done (habits), and by the expected consequences of their behavior“ (S. 126). Anders als bei den anderen Modellen verfolgt dieser Ansatz somit das Ziel, das Nutzungsverhalten und nicht die Nutzungsintention vorherzusagen.

**6. Combined TAM und TPB (C-TAM-TPB) von Taylor und Todd (1995a)**
Beim Ansatz Combined TAM und TPB (C-TAM-TPB) werden die theoretischen Konstrukte der TPB und der Prädiktor Perceived Usefulness des TAM-Modells miteinander kombiniert, um die Akzeptanz von Informationstechnologien besser zu erklären und vorherzusagen als die zwei Modelle allein (Taylor & Todd, 1995a).

**7. Innovation Diffusion Theory (IDT) von Rogers (1995)**
Die Innovation Diffusion Theory (IDT) beschreibt den Prozess zur Adoption und Akzeptanz von technologischen Innovationen. Bis eine neue Technologie angenommen wird, werden die Prozessstufen Knowledge (von einer Innovation erfahren), Persuasion (von einer Innovation überzeugt sein), Decision (sich für eine Innovation entscheiden), Implementation (eine Innovation implementieren) und Confirmation (die Innovationsentscheidung bestätigen) durchlaufen (Rogers, 1995; Sharma & Mishra, 2014).

**8. Social Cognitive Theory (SCT) von Compeau & Higgins (1995)**
Compeau & Higgins (1995) haben die sozialkognitive Theorie von Bandura (1986) in das Forschungsgebiet der Technologieakzeptanz überführt. Zentral für die Akzeptanz von Informationstechnologien sind die erwarteten Auswirkungen einer Technologie auf die Leistung und auf das Selbstwertgefühl. Auch die Selbstwirksamkeitserwartungen, d. h. die subjektive Beurteilung der eigenen Fähigkeiten im Umgang mit einer Technologie, sowie die Affinität oder Ängstlichkeit im Umgang mit Technologien sind nach dieser Theorie wichtige Einflussfaktoren (Compeau & Higgins, 1995).

Venkatesh et al. (2003) verglichen und analysierten die acht Akzeptanzmodelle in vier umfangreichen Längsschnittstudien, die in verschiedenen Kontexten durchgeführt wurden, und fassten ähnliche Einflussfaktoren zusammen. Basierend auf ihren Studienergebnissen entstand das UTAUT-Modell (siehe **Abbildung 3.4**) mit den kognitiven Überzeugungen Performance Expectancy (PE, dt. erwarteter Nutzen), Effort Expectancy (EE, dt. erwarteter Aufwand), Social Influence (SI, sozialer Einfluss) und Facilitating Conditions (FC, dt. unterstützende Rahmenbedingungen) sowie den Moderatorvariablen Gender (dt. Geschlecht), Age (dt. Alter), Experience (dt. Erfahrung) und Voluntariness of Use (dt. Freiwilligkeit der Nutzung). Das postulierte Modell konnte im Rahmen von zwei weiteren empirischen Untersuchungen validiert werden (Venkatesh et al., 2003).

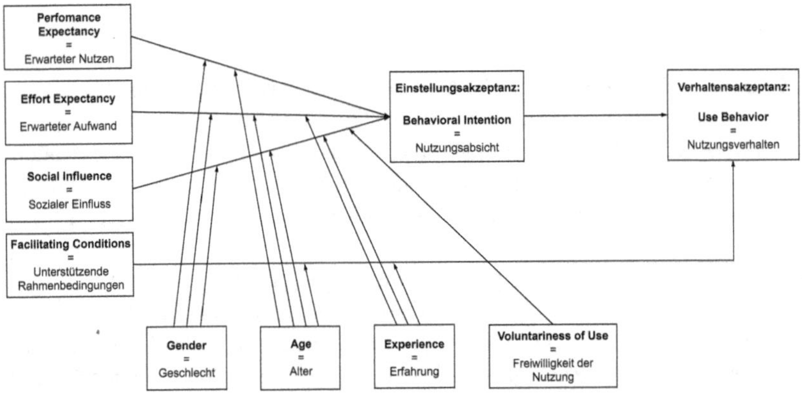


**Abbildung 3.4** UTAUT. (Eigene Darstellung nach Venkatesh et al., 2003, S. 447)

Ähnlich wie die Vorgängermodelle ist auch das UTAUT-Modell recht simpel und unkompliziert aufgebaut. So wird auch hier davon ausgegangen, dass die Verhaltensakzeptanz von der Einstellungsakzeptanz determiniert wird. Dabei wird die Verhaltensakzeptanz als Use Behavior (UB, dt. Nutzungsverhalten) definiert, während Behavioral Intention (BI, dt. Nutzungsabsicht) die Einstellungsakzeptanz beschreibt. Damit bleiben auch Venkatesh et al. (2003) der üblichen Begriffsbestimmung von der Einstellungsakzeptanz treu, indem ausschließlich die konative Einstellungskomponente Berücksichtigung findet.

BI wird durch die drei kognitiven Überzeugungen PE, EE und SI beeinflusst. Dabei wird PE definiert als das Ausmaß, zu dem eine Person glaubt, dass die Nutzung einer Technologie ihr helfen, ihre Arbeitsleistung zu verbessern (Venkatesh et al., 2003). Er basiert auf den Variablen Perceived Usefulness (TAM und C-TAM-TPB), Extrinsische Motivation (MM), Job-Fit (MPCU), Relative Advantage (IDT) und Outcome Expectations (Sozialkognitive Theorie). Insgesamt stellten Venkatesh et al. (2003) fest, dass dieser zweckrationale Faktor der stärkste Prädiktor für die Nutzungsabsicht darstellt. Dieser Effekt war über alle Messzeitpunkte konstant. Dabei wird der Zusammenhang durch die Variablen Geschlecht und Alter moderiert. So zeigt sich, dass der Effekt für Männer und für jüngere Erwerbstätige stärker war als für Frauen und für ältere Beschäftigte (Venkatesh et al., 2003). Diesem Befund liegt die Annahme zugrunde, dass Männer und junge Arbeitskräfte eher dazu neigen, stark aufgabenorientiert zu sein und extrinsischen Belohnungen mehr Bedeutung beizumessen (Venkatesh et al., 2003). PE zielt darauf ab, durch Nutzung von Technologien Aufgaben so zu erfüllen, dass entsprechend positive Ergebnisse erzielt werden können.

EE bezeichnet den Grad des Aufwands, den ein Individuum mit der Nutzung einer Technologie verbunden sieht (Venkatesh et al., 2003). Die Variable basiert auf folgenden Konstrukten: Perceived Ease of Use (TAM), Complexity (MPCU) und Ease of Use (IDT). Auch hier wird der Zusammenhang zwischen EE und BI von den Moderatorvariablen Geschlecht und Alter beeinflusst: der Effekt ist für Frauen und ältere Personen stärker. So gehen Venkatesh et al. (2003) davon aus, dass sich Frauen und ältere Arbeitskräfte im Umgang mit neuen Technologien weniger zutrauen und die Bedienbarkeit schlechter einschätzen. Die Befunde von Venkatesh et al. (2003) legen jedoch nahe, dass diese Effekte mit zunehmender Erfahrung im Umgang mit der untersuchten Technologie abnehmen.

SI bezeichnet das Maß, zu dem ein Individuum glaubt, dass für ihn relevante Personen die Nutzung einer Technologie als wichtig empfinden (Venkatesh et al., 2003). Die entsprechenden Konstrukte in den Vorgängermodellen sind: Subjective Norm (TRA, TAM2, TPB, C-TAM-TPB), Social Factors (MPCU) sowie Image (IDT). In ihren Untersuchungen stellten die Autoren fest, dass der Zusammenhang zwischen SI und BI eher signifikant war, wenn die Nutzung der untersuchten Technologie obligatorisch war. In Kontexten, in denen die Technologienutzung freiwillig war, spielte der soziale Einfluss kaum eine Rolle (Venkatesh et al., 2003). Als Begründung führen die Autor:innen an, dass diese Effekte auf die Einhaltung von Vorschriften im Sinne von „compliance“ (Venkatesh et al., 2003, S. 452) in einem obligatorischen Nutzungskontext zurückzuführen sein könnten:

> The compliance mechanism causes an individual to simply alter his or her intention in response to the social pressure [...] individuals are more likely to comply with other's expectations when those referent others have the ability to reward the desired behavior or punish nonbehavior. (Venkatesh et al., 2003, S. 452)

Gleichzeitig wird darauf hingewiesen, dass SI für das Individuum besonders zu Beginn der Nutzung einer neuen Technologie wichtig ist, mit der Zeit jedoch an Bedeutung verliert und bei dauerhafter Nutzung irrelevant wird. Die Autoren gehen davon aus, dass der wahrgenommene normative Druck im Laufe der Zeit durch zunehmende Erfahrung nachlassen wird, da individuelle Erfahrungswerte eine zuverlässigere Grundlage für die Nutzungsabsicht darstellen (Venkatesh et al., 2003). Frauen und ältere Personen reagieren sensibler auf die Meinung anderer, wobei dieser Effekt mit zunehmender Erfahrung abnimmt. Insgesamt haben somit alle vier Moderatorvariablen (Geschlecht, Alter, Erfahrung und Freiwilligkeit der Nutzung) einen Einfluss auf den Zusammenhang zwischen dem Sozialen Einfluss und der Nutzungsabsicht.

Dem UTAUT-Modell nach wird UB nicht nur von BI, sondern auch von der kognitiven Überzeugung Facilitating Conditions (FC, dt. unterstützende Rahmenbedingungen) beeinflusst. Darunter ist das Maß zu verstehen, zu dem ein Individuum glaubt, dass die organisatorische und technische Infrastruktur die Nutzung einer Technologie unterstützt (Venkatesh et al., 2003). FC weist Ähnlichkeiten zu den Konstrukten Perceived Behavioral Control (TPB, C-TAM-TPB), Facilitating Conditions (MPCU) und Compatibility (IDT) auf. Die Variablen Alter und Erfahrungen haben eine moderierende Wirkung auf den Effekt von FC auf UB. Für ältere Personen sowie für Personen mit mehr Erfahrung im Umgang mit der untersuchten Technologie konnte ein stärkerer Effekt festgestellt werden (Venkatesh et al., 2003). Diesen Befund begründen die Forschenden wie folgt: „users of technology find multiple avenues for help and support throughout the organization, thereby removing impediments of sustained usage [...] older workers attach more importance to receiving help and assistance on the job“ (Venkatesh et al., 2003, S. 454). Insgesamt kann ein signifikanter Einfluss von FC auf BI nur dann nachgewiesen werden, wenn die Faktoren PE und EE nicht berücksichtigt werden (Venkatesh et al., 2003).

#### 3.2.2.2 Stärken der Unified Theory of Acceptance and Use of Technology

Seit der Einführung von UTAUT wurden für die Untersuchung von Fragestellungen, die sich mit der Technologieakzeptanz beschäftigen, zunehmend der Ansatz von Venkatesh et al. (2003) herangezogen, während das Grundmodell TAM langsam in den Hintergrund rückte. Die Dominanz von UTAUT innerhalb der Technologieakzeptanzforschung wird aufgrund der unterschiedlichen Stärken des Modells erklärt. So ist UTAUT im Gegensatz zu vielen anderen Forschungsmodellen umfassend theoretisch fundiert und begründet, indem es die konzeptuellen Stärken und erklärungsstarke Items von acht Ansätzen in einem konsolidierten

Modell vereint (Bamufleh et al., 2020). Zudem machen Venkatesh et al. (2003) in ihrer Arbeit die Operationalisierungen aller Konstrukte transparent und erläutern im Detail, auf welchen Theorien die Einflussfaktoren von UTAUT fußen.

Als weitere Stärke des UTAUT-Modells wird dessen Leistungsfähigkeit angeführt: Es erklärt 77 % der Varianz in der Nutzungsintention und 52 % der Varianz des tatsächlichen Nutzungsverhaltens (Venkatesh et al., 2016, S. 329). Damit kann das Modell von Venkatesh et al. (2003) unter Beibehaltung einer simplen Modellstruktur deutlich mehr Varianz der Nutzungsabsicht und des Nutzungsverhaltens erklären als bisherige Technologieakzeptanzansätze, was auch in späteren Studien bestätigt werden konnte (Straub, 2009; Venkatesh et al., 2012).

Darüber hinaus haben Venkatesh et al. (2003) mit UTAUT einen Erklärungsansatz entwickelt, dessen Stärke auch in seiner Robustheit liegt. Obwohl UTAUT traditionell im betrieblichen Kontext untersucht wird, wurde dessen Anwendung auch auf das Gesundheitswesen (Chang et al., 2007; Maillet et al., 2015), auf das Bildungswesen (Lee & Lehto, 2013; Pynoo et al., 2011) und auf politische Sachverhalte (Gupta et al., 2008; Isaac et al., 2019) ausgeweitet. Die Ergebnisse dieser Studien lassen darauf schließen, dass sich UTAUT für verschiedene Untersuchungskontexte zur Erforschung der Technologieakzeptanz eignet. Daneben ist es mit UTAUT auch möglich, die Akzeptanz von unterschiedlichen Technologien zuverlässig zu untersuchen. Dabei wurden in empirischen Arbeiten die Akzeptanz u. a. von sozialen Medien (Lee & Lehto, 2013), Lernspielen (Caruana et al., 2016), digitaler Patientenaufnahme (Maillet et al., 2015), E-Government (Gupta et al., 2008; Isaac et al., 2019) oder Mobile-Banking (Oliveira et al., 2014) untersucht. Die Robustheit als Stärke von UTAUT resultiert auch aus der Anwendbarkeit auf verschiedene Kulturen. So wurde UTAUT nicht nur in westlichen Ländern untersucht, sondern auch in Ländern Süd- und Ostasiens, darunter Indien (Gupta et al., 2008), Indonesien (Rahman et al., 2020), China (Chao, 2019; Venkatesh & Zhang, 2010) und Südkorea (Lee & Lehto, 2013).

Am Ursprungsmodell TAM wurde oft die fehlende Berücksichtigung individueller Unterschiede bemängelt (Straub, 2009). UTAUT greift diesen Kritikpunkt auf, indem das Alter, das Geschlecht und die Erfahrungen einer Person als Moderatorvariablen in das Modell integriert werden. Neben individuellen Merkmalen wird auch der Kontext berücksichtigt, indem mit einer Moderatorvariable die Freiwilligkeit der Nutzung einer Technologie einbezogen wird.

#### 3.2.2.3 Kritik an der Unified Theory of Acceptance and Use of Technology

Neben überzeugenden Stärken werden kritische Einwände insbesondere in Bezug auf den statischen Zustand des UTAUT-Modells und der unzureichenden Berücksichtigung der zeitlichen Dynamik geäußert. Kritisiert wird dabei, dass das Modell zu statisch sei und der Komplexität des Akzeptanzphänomens im Technologiebereich nicht ausreichend nachkommen kann (Hwang et al., 2015). Vielmehr ist die Akzeptanz von Technologien als Ergebnis eines Prozesses zu verstehen, der sich in mehrere Phasen gliedert. Beispielsweise gehen Venkatesh et al. (2016) von drei Phasen aus: die Einführungsphase, die erste Nutzungsphase sowie die Phase der Nutzung nach der Einführung. Die Einführungsphase bezieht sich auf die Phase vor und direkt nach der Einführung einer Technologie. Während in der ersten Nutzungsphase die Nutzer:innen die Technologie noch eher oberflächlich für die Ausführung von Aufgaben anwenden, kennen sie sich in der Phase der Nutzung nach der Einführung mit der Technologie und ihren Funktionen sehr gut aus und nutzen diese intensiv (Venkatesh et al., 2016).

Aktuell jedoch wird in UTAUT-Studien häufig nur eine Phase, meist die Einführungsphase, näher beleuchtet. Dies macht sich auch darin bemerkbar, dass es sich bei vielen bisherigen empirischen Arbeiten um Querschnittsstudien handelt. Längsschnittlich wird das Akzeptanzphänomen im Technologiebereich hingegen kaum untersucht (Williams et al., 2014). Vor diesem Hintergrund sind keine Schlussfolgerungen darüber möglich, inwiefern sich die kognitiven Überzeugungen zu unterschiedlichen Aspekten einer Technologie im Laufe des Akzeptanzprozesses verändern.

Vereinzelte Studienergebnisse weisen nämlich darauf hin, dass sich die kognitiven Überzeugungen durch Nutzung einer Technologie wieder verändern können (Bhattacherjee & Premkumar, 2004; Venkatesh et al., 2016). Bereits Venkatesh et al. (2003) kamen bei der Entwicklung und Validierung des UTAUT-Modells zu dem Ergebnis, dass der Einfluss von EE auf die Technologieakzeptanz mit zunehmender Nutzungserfahrung geringer wird. Hieraus lässt sich ableiten, dass die Einschätzung des Aufwands im Umgang mit einer Technologie erst auf Grundlage der Nutzungserfahrung mit der Technologie angemessen erfolgen kann (Venkatesh et al., 2011). Dieser Befund führte zwar zur Einführung der Moderatorvariable Erfahrung, um den zeitlichen Aspekt im UTAUT-Modell darzustellen. Allerdings wird auch hier kritisiert, dass dies nicht ausreichend sei, um das Akzeptanzphänomen im Technologiebereich und die Veränderung kognitiver Überzeugungen vollständig darzustellen (Hwang et al., 2015). Daher ist es notwendig die Akzeptanz von Technologien in Phasen zu betrachten und dementsprechend längsschnittlich zu untersuchen. Dies trägt zu einem tieferen und dynamischen Verständnis der Technologieakzeptanz bei.

### 3.2.3 Task-Technology-Fit-Model

Beim UTAUT-Modell wird überwiegend davon ausgegangen, dass die kognitiven Überzeugungen über eine Technologie die zentralen Einflussfaktoren der Technologieakzeptanz sind. Zusätzlich zu den bisher genannten Kritikpunkten wird kritisiert, dass das Modell nicht berücksichtigt, inwiefern eine Technologie die Bewältigung von Aufgaben unterstützt (Lee & Lehto, 2013; Yen et al., 2010). Schließlich werden Technologien genutzt, um die Ausführung von Aufgaben zu unterstützen (D'Ambra et al., 2013). Auch wird argumentiert, dass eine Technologie zwar als nützlich und einfach in der Anwendung wahrgenommen werden kann, aber nicht genutzt wird, wenn sie nicht den Anforderungen der Aufgaben entspricht (Wan et al., 2020). Daher wird das Modell Technology-to-Performance Chain, besser bekannt als Task-Technology-Fit-Model (TTF), von Goodhue und Thompson (1995) in diese Arbeit miteinbezogen. Sie postulieren, dass ein Individuum eine Technologie umso eher akzeptiert, je größer die Passung (fit) zwischen Technologie und Aufgabe ist (Lee & Lehto, 2013; Oliveira et al., 2014; Wan et al., 2020). Technologieakzeptanz wird in diesem Zusammenhang als Utilization (dt. Nutzung einer Technologie) und Performance Impact (dt. Leistungseffekte) definiert, wobei nicht zwischen einer Einstellungs- und Verhaltensakzeptanz unterschieden wird. Das heißt, je besser eine Technologie und die zu bewältigende Aufgabe miteinander zusammenpassen, desto häufiger wird eine Technologie genutzt und desto positiver sind die Auswirkungen auf die Leistung des Individuums (McGill & Klobas, 2009).

Den Kern des Modells bildet das Konstrukt Task-Technology-Fit (TTF), das definiert ist als der wahrgenommene Grad der Übereinstimmung zwischen der Technologie und der vom Individuum auszuführenden Aufgabe. Es beschreibt also das Ausmaß, in dem eine Technologie eine Person bei der Erfüllung ihrer Aufgaben unterstützen kann (Goodhue & Thompson, 1995).

Ob eine Technologie als aufgabenadäquat wahrgenommen wird, ist dabei von einer Reihe von Faktoren abhängig. Wie in **Abbildung 3.5** dargestellt, geht das Modell davon aus, dass TTF direkt von den Faktoren Task Characteristics (dt. Aufgabenmerkmale) und Individual Characteristics (dt. individuelle Merkmale) und indirekt von Technology Characteristics (dt. technologische Merkmale) beeinflusst wird. Dabei werden Task Characteristics als Handlungen beschrieben, mit denen Individuen Inputs in Outputs umwandeln (Goodhue & Thompson, 1995). Individual Characteristics umfassen die Eigenschaften des:der Nutzer:in (z. B. Computererfahrung, Motivation) während sich Technology Characteristics auf die Technologie beziehen, die die Person zur Erfüllung ihrer Aufgaben verwendet (Goodhue & Thompson, 1995). TTF wiederrum wirkt sich sowohl direkt auf Performance Impacts (dt. Leistung) als auch indirekt auf Utilization (dt. Nutzung) über Beliefs (dt. kognitive Überzeugungen). Zudem wird postuliert, dass die Nutzung einer Technologie einen direkten Einfluss auf die Leistung des Individuums hat (Goodhue & Thompson, 1995).

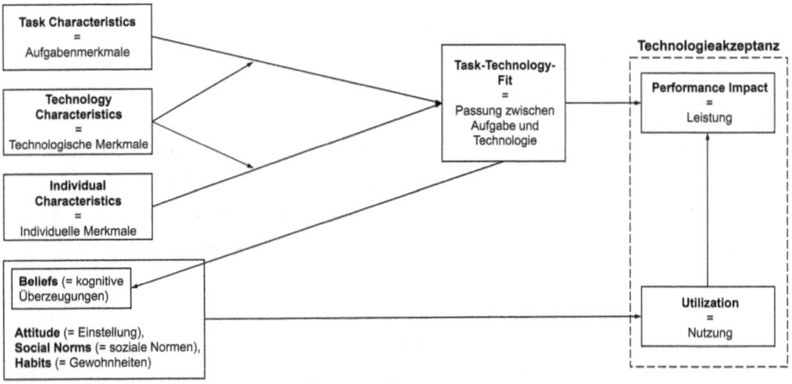


**Abbildung 3.5** Vollständiges Task-Technology-Fit-Model. (Eigene Darstellung nach Goodhue & Thompson, 1995, S. 217)

Da das Modell sehr umfangreich ist, hat es sich weitgehend durchgesetzt, vom Gesamtmodell abzuweichen und eine Grundversion des TTF-Modells zu untersuchen (siehe **Abbildung 3.6**). Zentraler Unterschied zwischen dem vollständigen und reduzierten Modell ist, dass beim Modell in **Abbildung 3.6** eine direkte Beziehung zwischen den Konstrukten TTF und Utilization angenommen wird. Diese Änderung beruht auf der Annahme, dass eine Technologie, wenn sie die Aufgabenerfüllung gut unterstützen kann, auch entsprechend häufig eingesetzt wird (Dishaw & Strong, 1998; Goodhue & Thompson, 1995). Insgesamt liegt dem Modell die Annahme zugrunde, dass eine Technologie eher akzeptiert wird, wenn sie zu einer Aufgabe passt, d. h. wenn ein hohes Maß an TTF vorliegt (Bere, 2018; Cheng, 2020; Goodhue & Thompson, 1995; Negahban & Chung, 2014).

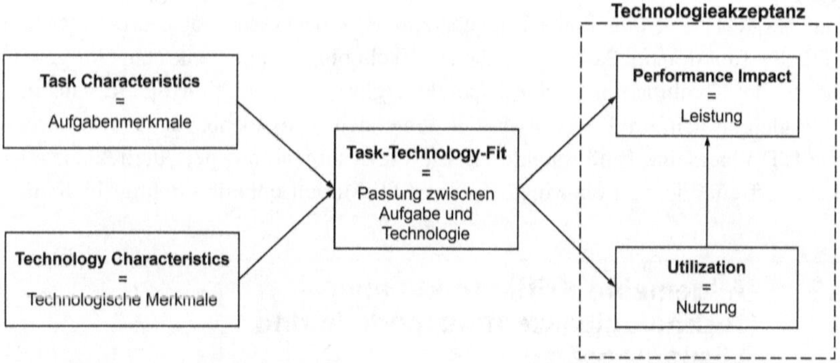


**Abbildung 3.6** Reduziertes Task-Technology-Fit-Model. (Eigene Darstellung nach Goodhue & Thompson, 1995, S. 220)

Seit seiner Einführung im Jahr 1995 hat sich das TTF-Modell zu einem der zentralen Technologieakzeptanzmodelle entwickelt und wurde bereits in unterschiedlichen Kontexten untersucht und repliziert (z. B. Mobile-Banking, Mobile-Health, E-Learning) (Vongjaturapat, 2018). Es hat sich dabei als gewinnbringend erwiesen, dass TTF-Modell mit anderen verwandten Konzepten der Technologieakzeptanz zu kombinieren und zu erweitern, um eine umfassendere Erklärung der Technologieakzeptanz zu ermöglichen. So kombinierten Dishaw et al. (1999; 2002) das TTF-Modell mit dem TAM-Modell, während einzelne Arbeiten das TTF-Modell mit dem UTAUT-Modell verknüpften (Wan et al., 2020). Es wurde durchgehend festgestellt, dass ein integriertes Modell mehr Varianz erklären kann als jedes Modell für sich allein (Jo, 2018; Oliveira et al., 2014; Vongjaturapat, 2018; Yuan et al., 2016; Zhou & Wang, 2010).

### 3.2.4 Zwischenfazit

Das im Rahmen dieser Arbeit entwickelte Forschungsmodell, das in Abschnitt 5. 1 vorgestellt und näher erläutert wird, basiert auf den Theorien UTAUT und TTF. Das UTAUT-Modell wurde aufgrund seiner theoretischen Anschlussfähigkeit und breiten empirischen Anwendung in diese Arbeit integriert. Es berücksichtigt deutlich mehr Einflussfaktoren, die zudem theoretisch fundierter und empirisch validiert sind, als viele seiner Vorgängermodelle. Die Integration des TTF-Modells erweitert diese Perspektive (Dishaw & Strong, 1999): Während UTAUT v. a. allgemeine Einschätzungen einer Technologie erfasst, betont TTF die funktionale Passung zwischen Technologie und konkreten Aufgaben. Durch die Kombination beider Modelle ergibt sich eine sinnvolle Ergänzung: TTF gleicht den im UTAUT-Modell fehlenden Aufgabenbezug aus, während UTAUT allgemeine Einflussfaktoren wie die wahrgenommene Nützlichkeit oder Benutzerfreundlichkeit einbringt, die im TTF-Modell unberücksichtigt bleiben.

## 3.3 Allgemeine Kritikpunkte aller Technologieakzeptanzmodelle und Lösungsansätze

Nachdem in Abschnitt 3.2.2.3 erste Schwächen des UTAUT-Modells thematisiert wurden, folgt nun ein kritischer Überblick über zentrale, modellübergreifende Kritikpunkte an Technologieakzeptanzmodellen (3.3.1). Um diesen Herausforderungen zu begegnen, werden alternative Konstrukte als mögliche Lösungsansätze vorgestellt (3.3.2).

### 3.3.1 Kritikpunkte

**1. Kritikpunkt: Intentions-Verhaltens-Lücke**

Technologieakzeptanz wird bisher als Nutzungsintention (Einstellungsakzeptanz) und Nutzungsverhalten (Verhaltensakzeptanz) definiert und über Intention to Use sowie über Angaben zur Nutzungsdauer oder -häufigkeit operationalisiert. Im Rahmen dieses Begriffsverständnisses wird konkret die deterministisch geprägte Intentions-Verhaltens-Kette bemängelt (Koh et al., 2010; Montes de Oca & Nistor, 2014; Nistor, 2018). So basieren alle bisherigen Technologieakzeptanzmodelle auf der zentralen Grundannahme, dass die Verhaltensintention ein verlässlicher Prädiktor der Verhaltensausführung ist. Hierbei handelt es sich um eine Annahme, die am wenigsten in Frage gestellt wird: „the intention-behavior linkage is probably the most uncritically accepted assumption in social science research in general and IS [information systems] research in particular" (Bagozzi, 2007, S. 245).

Auch bisherige empirische Befunde lassen auf diesen Umstand schließen, indem häufig in vielen Studien die Verhaltensintention als alleinige Technologieakzeptanzvariable eingesetzt und auf die Erhebung des Nutzungsverhaltens verzichtet wird. In einer Metaanalyse von Sun & Zhang (2006, S. 56–57) zeigte sich etwa, dass lediglich 23 von 55 Journalartikel das Nutzungsverhalten erhoben und die

Intentions-Verhaltens-Kette näher untersuchten. Zu ähnlichen Ergebnissen kamen einige Jahre später auch Wu und Du (2012, S. 685), die herausfanden, dass 38 von 169 berücksichtigen Studien den Zusammenhang zwischen Intention und Nutzungsverhalten erforschten. Hieraus lässt sich schließen, dass die Intentions-Verhaltens-Kette als gesichert betrachtet wird und kein Bedarf für eine nähere Untersuchung besteht:

> It [...] indicates that they consider [behavioral intention] as a good surrogate for usage and hold that it is rational and logical to study user behavior without assessing system usage. In other words, they embrace [...] the notion that if [behavioral intention] is predicted, then usage is guaranteed, no matter what. (Wu & Du, 2012, S. 681).

Die Intentions-Verhaltens-Kette wird somit kaum kritisch betrachtet, obwohl viele empirische Arbeiten den Zusammenhang zwischen Verhaltensintention und tatsächlichem Verhalten nicht bestätigen konnten oder darauf schließen lassen, dass diese Beziehung deutlich schwächer ausgeprägt ist als bisher angenommen. In einer Metaanalyse zur Untersuchung der Technologieakzeptanz konnten Turner et al. (2010, S. 463) zeigen, dass von 73 berücksichtigten Studien lediglich vier Arbeiten belegen konnten, dass die Verhaltensintention das tatsächliche Verhalten vorhersagt.

In Fällen, in denen der Zusammenhang zwischen Nutzungsintention und Nutzungsverhalten signifikant war, wurden Pfad- bzw. Regressionskoeffizienten zwischen $\beta = .19$ bis $\beta = .75$ berichtet. Die Modelle erklärten teils bis zu 40 % der Varianz des Nutzungsverhaltens, wobei diese Ergebnisse jedoch häufig durch statistische Verzerrungen wie etwa dem Common Method Variance inflationiert sind (Nistor, 2014, S. 299). Andere Technologieakzeptanzstudien berichten von sehr stark variierenden Korrelationen, die Werte von $r = .12$ (Horton et al., 2001, S. 242) bis $r = .76$ (Sanchez-Franco & Roldan, 2005, S. 36) annehmen können. Diese inkonsistenten Befunde deuten insgesamt darauf hin, dass die Intentions-Verhaltens-Kette eher instabil ist.

Auch außerhalb der Technologieakzeptanzforschung wird die Intentions-Verhaltens-Kette zunehmend kritisch betrachtet. Metaanalysen zeigen, dass Verhaltensintentionen nur etwa 25 % der Varianz im Verhalten (z. B. Wahlverhalten, Organspende) erklären (Ajzen, 2020, S. 320), bei einer durchschnittlichen Korrelation von $r = .53$ bis $r = .58$ zwischen Intention und tatsächlichem Verhalten (Sheeran & Webb, 2016, S. 503; Sheppard et al., 1988, S. 336). Diese Befunde verdeutlichen, dass Handlungsabsichten lediglich in etwa der Hälfte der Fälle zu tatsächlichem Verhalten führen (Sheeran & Webb, 2016).

Dieses Phänomen, wonach die Verhaltensintention nicht mit dem tatsächlich ausgeführten Verhalten übereinstimmt, wird als Intentions-Verhaltens-Lücke bezeichnet (Bhattacharjee & Sanford, 2009; Sheeran & Webb, 2016). Als mögliche Ursachen für die Intentions-Verhaltens-Lücke werden mehrere Aspekte diskutiert. So wird argumentiert, dass das menschliche Verhalten nicht nur von bewussten Intentionen bestimmt wird. Vielmehr werden Verhaltensweisen oft auch impulsiv oder unbewusst ausgeführt (Wu & Du, 2012). Die Intentions-Verhaltens-Lücke kann darüber hinaus auf den Effekt der sozialen Erwünschtheit zurückgeführt werden (Ajzen, 2020). So können Mitarbeitende eines Unternehmens positive Nutzungsabsichten einer neuen Technologie äußern, da sie nicht mit ihrem Vorgesetzten, der sich für die Nutzung des neuen Systems einsetzt, im Widerspruch stehen möchten. Wenn sie jedoch der IT-Nutzung ablehnend gegenüberstehen, ist es möglich, dass sie ihren Nutzungsintentionen kein tatsächliches Verhalten folgen lassen (Bhattacharjee & Sanford, 2009). Auch das methodische Vorgehen kann zum Auftreten der Diskrepanz zwischen Intention und Verhalten beitragen. Liegt die Erfassung der Intention und des Verhaltens zeitlich zu weit auseinander, könnte die Verhaltensabsicht nicht mehr das tatsächliche Verhalten vorhersagen, da sich in der Zwischenzeit die Intentionen geändert haben könnten (Fishbein & Ajzen, 2010; Wu & Du, 2012).

Daneben spielt auch die Erhebungsmethode eine zentrale Rolle. Während Nutzungsintentionen in der Technologieakzeptanzforschung häufig mithilfe einer siebenstufigen Likert-Skala gemessen werden, ist es bei der Erhebung des Nutzungsverhaltens üblich, dass die Probanden die Nutzungsdauer oder -häufigkeit selbst beziffern (z. B. drei Stunden pro Tag oder zwei Mal die Woche). Die unterschiedliche Messung der beiden Variablen kann dabei zu niedrigen Korrelationen führen (Wu & Du, 2012).

**2. Kritikpunkt: Eingeschränkte Gültigkeit der Definition und Operationalisierung von Technologieakzeptanz in verpflichtenden Nutzungskontexten**
Die Definition und Operationalisierung von Technologieakzeptanz stehen auch in Kritik, da sie sich nur bedingt auf Kontexte übertragen lassen, in denen die Nutzung einer Technologie verpflichtend ist. Ursprünglich wurden die bisherigen Technologieakzeptanzmodelle für freiwillige Nutzungssituationen entwickelt, getestet und validiert (Bhattacherjee et al., 2018; Hwang et al., 2015; Nistor, 2014). In diesen Kontexten haben die Nutzer:innen somit die Wahl, ob sie eine Technologie nutzen möchten oder nicht (Brown et al., 2002; Hwang et al., 2017).

In einer Umgebung mit obligatorischer Nutzung besteht jedoch keine Entscheidungsfreiheit: Die Nutzer:innen müssen eine bestimmte Technologie verwenden, um ihre Arbeit oder ihre Aufgaben ausführen zu können (Brown et al., 2002; Straub, 2009). Dadurch geraten insbesondere zwei Aspekte in den Fokus der Kritik:

Die Einstellungsakzeptanz wird klassischerweise über die Nutzungsabsicht definiert und mit der Variable Behavioral Intention operationalisiert. In einem verpflichtenden Kontext ist jedoch fraglich, ob eine Nutzungsabsicht sinnvoll erhoben werden kann, wenn die Nutzung vorgegeben ist. Die Definition von Einstellungsakzeptanz und die Validität dieser Variable ist in solchen Settings daher stark eingeschränkt. Mehrere Studien beschreiben Behavioral Intention in diesem Zusammenhang als „ungeeignet“ (Brown et al., 2002, S. 283), „irrelevant“ (Dalcher & Shine, 2003, S. 445; Koh et al., 2010, S. 183), „wirkungslos“ (Koh et al., 2010, S. 191), „irreführend“ (Hwang et al., 2017, S. 862), „bedeutungslos“ (Bhattacherjee et al., 2018, S. 396) oder gar „extrem verzerrt und unbrauchbar“ (Nah et al., 2004, S. 36).

Auch die Verhaltensakzeptanz wird kritisch betrachtet, allerdings nicht hinsichtlich ihrer Definition als Nutzungsverhalten, sondern in Bezug auf die Operationalisierung über Nutzungsdauer oder -häufigkeit. So bemängeln Venkatesh et al. (2016), dass die Technologieakzeptanzforschung seit langem keine theoretischen Fortschritte mehr verzeichnet und führen dieses Problem v. a. auf eine mangelhafte Operationalisierung des Nutzungsverhaltens zurück. Diese gilt als eindimensional und stark vereinfachend (Nistor, 2014, 2018) und ist insgesamt nicht ausreichend theoretisch fundiert (Burton-Jones & Gallivan, 2007; Liu et al., 2019; Wu & Du, 2012). Insbesondere die unzureichende theoretische Grundlage des Nutzungsverhaltens führt dazu, dass es bislang keine einheitlichen Vorgaben zur Messung dieses Konstrukts gibt (Wu & Du, 2012). Häufig werden zur Erhebung eine der drei folgenden Methoden angewandt (Wu & Du, 2012):

- die objektive Nutzung (z. B. über Logfiles einer Software)
- die Selbstangabe (z. B. Angabe der Nutzungsdauer oder -häufigkeit oder dichotome Angabe der Nutzung (ja/nein))
- oder die subjektive Einschätzung (z. B. Angabe der Nutzungshäufigkeit und -dauer auf einer sechsstufigen Ordinalskala)

Diese Diversität an unterschiedlichen Erhebungsmethoden wird jedoch als problematisch betrachtet: „In the presence of strong theory, diversity of measures is desirable [...], but in its absence an abundance of measures is problematical and may have lured researchers into believing that there is no problem with measuring usage“ (Burton-Jones & Straub, 2006, S. 230). Der Einsatz unterschiedlicher Methoden zur Erhebung des Nutzungsverhaltens führt auch dazu, dass die empirische Befundlage insgesamt inkonsistent ist. Insbesondere, wenn das Nutzungsverhalten als unabhängige Variable untersucht wird, sind die Ergebnisse von Studien, die

z. B. den Zusammenhang zwischen Nutzungsverhalten und Leistung erforschen, nicht eindeutig (Burton-Jones & Straub, 2006).

Objektive Messverfahren wie Logfiles werden selten eingesetzt, da sie aufgrund ihrer Komplexität, Datenmengen und strenger Datenschutzvorgaben schwer umzusetzen sind (Wu & Du, 2012). Stattdessen greifen viele Studien auf subjektive Verfahren wie die Selbstangabe der Nutzungsdauer zurück. Diese gelten jedoch als fehleranfällig, da Nutzer:innen ihre Nutzung häufig über- oder unterschätzen und sich nur ungenau an ihre Nutzungsverhalten erinnern können (Williams et al., 2014; Wu & Du, 2012).

Von einer Verwendung dieser Erhebungsmethoden wird bereits seit längerem abgeraten (Burton-Jones & Straub, 2006; Wu & Du, 2012). Diese werden auch als „lean measures“ (Burton-Jones & Straub, 2006, S. 232) bezeichnet, die das Nutzungsverhalten sehr oberflächlich erfassen und den Nutzungskontext meist unberücksichtigt lassen:

> Lean measures would attempt to capture the entire content of the activity in an omnibus measure such as use/nonuse, duration of use, or extent of use [...] Although such lean measures can be convenient, they are unfortunately inexact because they do not refer to the aspect of usage that may be most relevant in a specific context and it may not be clear to a respondent what part of the usage activity is actually being measured. (Burton-Jones & Straub, 2006, S. 232)

Insgesamt zeigt sich, dass die Einstellungs- und Verhaltensakzeptanz weiterhin zentrale Dimensionen der Technologieakzeptanz darstellen. In verpflichtenden Nutzungskontexten erweisen sich jedoch die bisherige Definition von Einstellungsakzeptanz sowie die gängigen Operationalisierungen beider Dimensionen als unzureichend. Weder die Definition und Operationalisierung der Einstellungsakzeptanz als Nutzungsabsicht noch die Messung der Verhaltensakzeptanz über die Nutzungsdauer oder -häufigkeit lassen valide Rückschlüsse auf die zugrunde liegende Akzeptanz zu. Vielmehr ist zu hinterfragen, ob die Nutzung bewusst, engagiert oder oberflächlich erfolgt (Brown et al., 2002).

### 3.3.2 Möglicher Lösungsansatz: alternative Konstrukte

In Anbetracht der zuvor beschriebenen Problematiken werden Rufe lauter, das Begriffsverständnis und die Operationalisierung von Technologieakzeptanz grundlegend zu überarbeiten (Venkatesh et al., 2016). Als Antwort auf diese Herausforderungen rücken in der aktuellen Forschung drei alternative Konstrukte in den Fokus, die eine differenziertere Betrachtung von Technologieakzeptanz ermöglichen und auch in dieser Arbeit herangezogen werden: User Satisfaction, Cognitive Absorption und Deep Structure Usage.

Alle drei Konstrukte adressieren die zentralen Kritikpunkte gleichermaßen: die problematische Intentions-Verhaltens-Kette (1. Kritikpunkt) sowie die eingeschränkte Gültigkeit des traditionellen Akzeptanzverständnisses und der Operationalisierung in verpflichtenden Nutzungskontexten (2. Kritikpunkt).

**User Satisfaction**

User Satisfaction (USAT, dt. Nutzerzufriedenheit) stellt eine einstellungsbasierte Variable dar und gibt die Zufriedenheit der Nutzer:innen mit einer Technologie an (Brown et al., 2002; Burton-Jones & Straub, 2006; Dalcher & Shine, 2003; Hwang et al., 2015; Oliver, 1981). Das Konstrukt wurde ursprünglich von Oliver (1981) im Rahmen seiner Expectation-Disconfirmation-Theory entwickelt. In der Technologieakzeptanzforschung wird USAT insbesondere in verpflichtenden Nutzungssituationen zunehmend als alternative Operationalisierung der Einstellungsakzeptanz herangezogen. In solchen Kontexten gilt es als valideres Maß für die Frage, ob Nutzer:innen eine Technologie tatsächlich akzeptieren (Al-Khowaiter et al., 2015; Lee & Park, 2008).

Die Integration von USAT in das Akzeptanzverständnis führt dabei nicht nur zu einer neuen Operationalisierung, sondern auch zu einer Neudefinition der Einstellungsakzeptanz: Diese wird in diesem Ansatz nicht mehr über die Absicht zur Nutzung definiert, sondern als positive Einstellung verstanden, die sich in der Zufriedenheit mit der Technologie ausdrückt (siehe **Tabelle 3.2**). Technologieakzeptanz reduziert sich damit auf die Einstellungsakzeptanz, während die Verhaltensakzeptanz in diesem Ansatz nicht mehr berücksichtigt wird.

**Tabelle 3.2** Überarbeitung der Definition und Operationalisierung von Einstellungsakzeptanz

| Einstellungsakzeptanz | Definition | | Operationalisierung | |
|---|---|---|---|---|
| | bisher | neu | bisher | neu |
| | Nutzungsabsicht | Positive Einstellung, die sich in der Zufriedenheit mit der Technologie zeigt | Behavioral Intention | • Affective User Satisfaction<br>• Cognitive User Satisfaction |

Auch wenn USAT als alternative Operationalisierung der Einstellungsakzeptanz zunehmend an Bedeutung gewinnt, besteht bislang kein einheitliches Begriffsverständnis darüber, wie das Konstrukt theoretisch zu fassen ist. Viele Studien orientieren sich bei der begrifflichen Fassung grob an Oliver (1980), die eine starke affektive Ausrichtung aufweist:

- „User satisfaction is a subjective evaluation of the various outcomes of information system use evaluated on a pleasant-unpleasant continuum.“ (Lee & Park, 2008, S. 834)
- „Satisfaction [is] an individual's emotional state following IT usage experience.“ (Bhattacherjee & Premkumar, 2004, S. 237)
- „User satisfaction is the overall feeling of the user when using a system or service.“ (Wan et al., 2020, S. 3)

Während in der Technologieakzeptanzforschung meist eine affektive bzw. emotionale Perspektive dominiert, wird in der Konsumentenforschung zwischen einer affektiven und kognitiven USAT unterschieden (Bressolles et al., 2014; Cronin et al., 2000; Frank et al., 2014; Gallarza et al., 2016; Martínez Caro & Martínez García, 2007; Palací et al., 2019). Diese Differenzierung wird dabei wie folgt begründet: „satisfaction judgments are affective outcomes of an elaborate cognitive process in which consumers compare the actual performance of a product to some internal standard“ (Dubé & Schmitt, 1991, S. 52). Bereits Oliver (1977) vermutete, dass USAT nicht nur affektive Prozesse, sondern auch kognitive Prozesse erfordert und damit insgesamt ein zweidimensionales Konstrukt darstellt (Chen & Li, 2010; Mamun et al., 2020; Yu & Dean, 2001). Diese Annahme basiert auf der Cognitive Appraisal Theory of Emotions (Bagozzi et al., 1999): “the [cognitive] appraisal of a situation (evaluation of the outcome of product/service usage) causes an emotional or affective response: emotions are evoked by the evaluation of a specific event“ (Ladhari et al., 2017, S. 12).

Vor diesem Hintergrund und in Bezug auf die Technologieakzeptanzforschung wird USAT als subjektive Gesamtbewertung der Technologie definiert (Kim et al., 2018). Die affektive USAT beschreibt die emotionale Bewertung der Technologie, wobei Nutzer:innen unterschiedliche Gefühlszustände wie Freude, Begeisterung, Unzufriedenheit oder Unbehagen erleben können (Kim et al., 2018). Die kognitive USAT bezieht sich hingegen auf die rationale Bewertung einer Technologie, bei der Nutzer:innen verschiedene Aspekte der Technologie reflektiert und objektiv beurteilen (Kim et al., 2018).

Das Konstrukt wurde bereits in zahlreiche Forschungsmodelle der Technologieakzeptanz integriert und in Studien getestet, die vielversprechende Ergebnisse zeigten (Alkraiji, 2020; Isaac et al., 2019; Islam et al., 2015; Kang et al., 2017; Wan et al., 2020). Das Konstrukt USAT ist somit theoretisch gut fundiert und empirisch validiert. Gerade in verpflichtenden Nutzungsszenarien bietet USAT eine differenzierte Möglichkeit, Akzeptanz jenseits von Nutzungsintention zu erfassen (Brown et al., 2002; Hwang et al., 2015).

**Cognitive Absorption und Deep Structure Usage**

Vor dem Hintergrund der unzureichenden Operationalisierung der Verhaltensakzeptanz wird zunehmend die Notwendigkeit betont, diese konzeptuell neu auszurichten. In diesem Zusammenhang werden Vorschläge diskutiert, die die Verhaltensakzeptanz zwar weiterhin als Nutzungsverhalten verstehen, jedoch eine inhaltlich differenziertere und theoretisch fundiertere Erfassung ermöglichen (siehe **Tabelle *3.3***). Hierzu sollen anstelle der bislang häufig verwendeten lean measures (z. B. Nutzungsdauer, -häufigkeit oder Nutzung vs. Nicht-Nutzung) künftig rich measures zum Einsatz kommen (Burton-Jones & Straub, 2006). Hierunter zählen Konstrukte, die die Art und Intensität der Nutzungsaktivität berücksichtigen. Dies ist etwa der Fall, wenn das Nutzungsverhalten mit den Funktionen einer Technologie in Verbindung gebracht wird (Venkatesh et al., 2016).

**Tabelle 3.3** Überarbeitung der Operationalisierung von Verhaltensakzeptanz

| Verhaltens-akzeptanz | Definition | | Operationalisierung | |
|---|---|---|---|---|
| | **bisher** | **neu** | **bisher** | **neu** |
| | Nutzung einer Technologie | Nutzung einer Technologie | • Nutzungshäufigkeit<br>• Nutzungsdauer<br>• Nutzung ja/nein | • Cognitive Absorption<br>• Deep Structure Usage |

Um das Nutzungsverhalten mit den Funktionen einer Technologie in Verbindung zu setzen, schlugen Burton-Jones und Straub (2006) das Konstrukt Deep Structure Usage vor. Zusätzlich betonen sie die Notwendigkeit, kognitive Prozesse in die Untersuchung des Nutzungsverhaltens einzubeziehen, um das Verständnis von Nutzung über eine rein verhaltensorientierte Perspektive hinaus zu erweitern. Um diese kognitive Komponente der Nutzung zu erfassen, zogen Burton-Jones und Straub (2006) das Konstrukt Cognitive Absorption heran. In ihrem Vorschlag wird Technologieakzeptanz somit vollständig über die Verhaltensakzeptanz definiert, wobei die Einstellungsakzeptanz nicht mehr berücksichtigt wird. Die Konstrukte Cognitive Absorption und Deep Structure Usage werden im Folgenden näher erläutert.

**Cognitive Absorption** (CA) wurde ursprünglich von Agarwal und Karahanna (2000) in dem Forschungsbereich der Informationstechnologien eingeführt und vorgestellt. Dabei bilden die drei Theorien The Trait of Absorption (Tellegen & Atkinson, 1974), Flow (Csikszentmihalyi, 1990) und Cognitive Engagement (Webster & Ho, 1997) die theoretische Basis für die Entstehung dieses Konstrukts (Agarwal & Karahanna, 2000).

Die Grundidee der Theorie The Trait of Absorption ist, dass Menschen eine natürliche Veranlagung zu vertiefter Aufmerksamkeit haben. Dies führt dazu, dass sie Erlebnisse intensiv erleben und völlig in sie eintauchen. Im Rahmen dieser Theorie wird postuliert, dass Absorption in Abhängigkeit von individuellen und situativen Faktoren sowohl ein stabiles Persönlichkeitsmerkmal als auch ein vorübergehender Zustand sein kann (Tellegen & Atkinson, 1974). Die Flow-Theorie beschäftigt sich mit dem Zustand des völligen Aufgehens in einer Tätigkeit. Dieser Zustand ist gekennzeichnet durch Konzentration, Aufmerksamkeit, Kontrolle, Freude und ein verändertes Zeitempfinden (Csikszentmihalyi, 1990). Cognitive Engagement wird als ein Zustand der Vertiefung in kognitive Aktivitäten betrachtet, der durch spielerische Neugier und Interesse gekennzeichnet ist (Webster & Ho, 1997). Bis heute ist jedoch nicht geklärt, ob es sich bei Cognitive Engagement und den Konstrukten Absorption und Flow um identische oder unterschiedliche Konzepte handelt (Agarwal & Karahanna, 2000).

Das Konstrukt Cognitive Absorption greift auf die Grundideen dieser Theorien zurück und wird definiert als einen Zustand der starken Aufmerksamkeitsfokussierung auf eine Technologie (Agarwal & Karahanna, 2000) bzw. als ein ganzheitliches Nutzungserlebnis, das durch eine kognitive Vertiefung im Umgang mit informationstechnologischen Systemen gekennzeichnet ist (Chandra et al., 2012). Es beschreibt einen situativen Zustand der völligen mentalen Einbindung in eine Softwareanwendung und wird durch fünf Dimensionen dargestellt (Agarwal & Karahanna, 2000):

1. *Temporal Dissociation*: Die Nutzer:innen einer Software verlieren das Zeitgefühl und nehmen nicht mehr wahr, wie viel Zeit während der Interaktion mit einer Anwendung vergangen ist.
2. *Focused Immersion*: Die Nutzer:innen sind vollständig in die Interaktion mit einer Software vertieft und lassen sich nicht durch externe Reize ablenken.
3. *Heightened Enjoyment*: Die Interaktion mit einer Software bereitet den Nutzer:innen Freude und wird als angenehm empfunden.
4. *Control*: Die Nutzer:innen empfinden, dass sie die Interaktion mit der Software kontrollieren und steuern können.

5. *Curiosity*: Die Interaktion mit einer Software weckt die sensorische und kognitive Neugier der Nutzer:innen, was zu einem tieferen Interesse an der Interaktion führt.

**Deep Structure Usage** (DSU) erfasst das Ausmaß, in dem eine Person ein breites Spektrum von Funktionen einer Technologie nutzt, um Aufgaben auszuführen (Burton-Jones & Straub, 2006). DSU orientiert sich an der Adaptive Structuration Theory von DeSanctis und Poole (1994). Im Rahmen dieser Theorie postulieren die Autoren, dass eine Technologie sog. „deep structures“ (DeSanctis & Poole, 1994, S. 121) hat, die sich auf die Anzahl der genutzten Funktionen einer Technologie zur Ausführung von wichtigen Aufgaben beziehen. Eine umfassende Nutzung der „deep structures“ einer Technologie zeigt sich, wenn eine Person eine breite Palette von Funktionen einer Technologie anwendet, die für die Aufgabenerfüllung besonders wichtig sind. Dies weist auf eine tiefgreifende Nutzung einer Technologie hin (DeSanctis & Poole, 1994). Dabei kann die unterschiedliche Nutzung einer Technologie verschiedene Auswirkungen z. B. auf die Arbeitsleistung haben. Die Theorie zielt somit darauf ab, zu verstehen, wie die Nutzung identischer Technologien zu unterschiedlichen Ergebnissen (z. B. Arbeitsleistung) führen kann. Ihre Theorie zu DSU konnten DeSanctis und Poole (1994) im Rahmen einer umfangreichen Studie testen und bestätigen.

CA und DSU sind insgesamt theoretisch gut fundierte Konstrukte, die auch bereits in einigen Studien untersucht wurden (Alajmi & Alotaibi, 2020; Carter, 2012; Chandra et al., 2012; Guinaliu-Blasco et al., 2019; Oyyappan & Mathew, 2019; Sykes & Venkatesh, 2017).

Zusammenfassend kann festgehalten werden, dass die derzeitige Definition und Operationalisierung von Technologieakzeptanz vor dem Hintergrund der Intentions-Verhaltens-Lücke sowie ihrer eingeschränkten Anwendbarkeit in verpflichtenden Nutzungskontexten zunehmend in Kritik stehen. Um diesen Schwächen zu begegnen, rücken drei alternative Konstrukte in den Mittelpunkt: User Satisfaction (USAT), Cognitive Absorption (CA) und Deep Structure Usage (DSU). Sie gelten als theoretisch fundiert, empirisch gut validiert und besonders geeignet, um Technologieakzeptanz in Situationen mit vorgegebener Nutzung differenzierter zu erfassen.

USAT, das sowohl affektive als auch kognitive Komponenten umfasst, soll das bislang dominante Konstrukt der Behavioral Intention zur Operationalisierung der Einstellungsakzeptanz ersetzt werden. Zugleich geht damit auch eine Neudefinition der Einstellungsakzeptanz einher: Statt der Absicht, eine Technologie zu nutzen, steht nun die positive Einstellung im Vordergrund, die sich in der Zufriedenheit mit der Nutzung ausdrückt.

CA und DSU ersetzen hingegen die bisher üblichen Maße der Verhaltensakzeptanz wie etwa Nutzungshäufigkeit oder -dauer. Während DSU die Intensität und Tiefe der Nutzung abbildet, macht CA zusätzlich deutlich, wie stark Nutzer:innen kognitiv in die Technologienutzung eingebunden sind. Die Definition von Verhaltensakzeptanz als Nutzungsverhalten bleibt somit bestehen, wird jedoch inhaltlich neu operationalisiert.

Die Konstrukte USAT, CA und DSU sollen insbesondere in verpflichtenden Nutzungsszenarien ein differenziertes und aussagekräftigeres Verständnis von Technologieakzeptanz ermöglichen. Aus diesem Grund werden sie auch im Rahmen dieser Arbeit zur Operationalisierung der Einstellungs- und Verhaltensakzeptanz herangezogen. Die kontextspezifische Definition der Konstrukte und ihre Einbettung in das Forschungsmodell werden in Abschnitt 5.1 näher erläutert.

## 3.4 Lernerfolg

Das Ziel dieses Unterkapitels ist es, eine Grundlage für die in dieser Arbeit verwendete Definition von Lernerfolg zu schaffen (siehe 5.1.2). Zu diesem Zweck wird zunächst eine theoretische Basis des Lernerfolgsbegriffs erarbeitet, indem dieser allgemein definiert und lerntheoretisch eingeordnet wird (3.4.1). Darüber hinaus wird näher erläutert, wie Lernerfolg empirisch erfasst wird (3.4.2) und wie er sich in der beruflichen Bildung und speziell in ZQ ausdifferenziert (3.4.3).

### 3.4.1 Allgemeine Definition und lerntheoretische Einordnung

Neben der Technologieakzeptanz nimmt der Lernerfolg in dieser Arbeit eine bedeutende Rolle ein. Obwohl das Konzept des Lernerfolgs in der Bildungsforschung und -praxis ein allgegenwärtiger Begriff ist, lässt sich keine einheitliche Definition verorten. Lernerfolg wird im Dorsch Lexikon der Psychologie als „den von einem Lernsubjekt erreichten Leistungsstand (Leistung) in Relation zum betriebenen Aufwand […] oder auch den erreichten Leistungsstand in Relation zur [subjektiven] Zielsetzung […] oder in Relation zum sachlich optimal möglichen Verhalten bzw. Leistungsstand“ (Dorsch, 2011) bezeichnet. Während Schlicht (2014) Lernerfolg als multidimensionales Konzept versteht, das „eine Veränderung von Kenntnissen, Fähigkeiten und Fertigkeiten sowie von Motivation und Einstellungen in Bezug auf vorgegebene Ziele“ (S. 48) umfasst, definieren Tenorth und Tippelt (2007) Lernerfolg als Kompetenzzuwachs, der im Lernprozess erworben wurde.

Um eine angemessene Definition des Lernerfolgs zu gewährleisten, muss der Begriff zunächst lerntheoretisch eingeordnet werden. In dieser Arbeit wird Lernerfolg aus kognitivistischer Perspektive betrachtet. Dies begründet sich darin, dass sich der Lernerfolg in der ZQ an den Lernzielen des Rahmenlehrplans orientiert, die auf Blooms Lernzieltaxonomie basieren (Bloom et al., 1956). Diese versteht Lernen als schrittweiser Prozess der Informationsverarbeitung und knüpft damit an die Grundannahmen des Kognitivismus an, dass Wissen durch aktive Informationsverarbeitung aufgebaut ist (Bloom et al., 1956). In diesem Zusammenhang meint Lernerfolg die Veränderung von Wissensstrukturen, die im Zuge eines informationsverarbeiteten Lernprozesses entstanden ist. Lernen bedeutet nach diesem Verständnis die Aufnahme, Verarbeitung und Speicherung von Informationen (Kerres, 2018; Petko, 2014). Im Zuge des Lernprozesses verändern sich die kognitiven Wissensstrukturen des Individuums und werden dabei als Resultat interner Verarbeitungsprozesse interpretiert (Erpenbeck & Sauter, 2013). Im Rahmen kognitivistischer Positionen werden Lernende als Individuen betrachtet, die nicht durch äußere Reize steuerbar sind, sondern diese aktiv verarbeiten und ihren Lernprozess reflektieren (Erpenbeck & Sauter, 2013; Tulodziecki et al., 2019).

### 3.4.2 Messung von Lernerfolg

Grundlage für die Messung von Lernerfolg ist die Formulierung und Definition von Lernzielen (Dorsch, 2011; Kirkpatrick & Kirkpatrick, 2006; Singh & Anthonysamy, 2023). Lernziele können klassifiziert werden und sind Aussagen darüber, was Lernende am Ende einer Lernphase wissen, verstehen und/oder in der Lage sein sollten zu tun (Terhart, 2005). Das bekannteste Klassifikationssystem für Lernziele ist die Taxonomie von Bloom (1974; 1956), welche Lernziele in die sechs Stufen Wissen, Verständnis, Anwendung, Analyse, Synthese und Evaluation einteilt (siehe **Abbildung 3.7**). Dabei ist die Taxonomie hierarchisch geordnet, d. h. jede Stufe baut auf der vorangehenden Stufe auf und erfordert die Fähigkeiten, die in der Klassifikationsreihenfolge niedriger sind (Bloom et al., 1956). Mit dieser Ordnung von Lernzielen wird beabsichtigt, die Unterschiedlichkeit von Lernzielen nach rationalen Kriterien zu gliedern und die Lernerfolgskontrolle zu unterstützen.

Der Erwerb von Wissen stellt in Bildungsprozessen das häufigste Lernziel dar (Bloom, 1974). Die Lernenden können das Erlernte wie etwa Fakten oder Theorien in unveränderter Weise erkennen und reproduzieren (Bloom et al., 1956).

Von Lernenden, die Lernziele auf der Ebene Verständnis verfolgen, wird erwartet, dass sie das Erlernte sinngemäß mit eigenen Worten wiedergeben können (Bloom et al., 1956). Lernziele der Stufe Anwendung setzen voraus, dass Lernende erlernte Inhalte in neuen, jedoch ähnlichen Situationen umsetzen können (Bloom, 1974).

Bei der Taxonomiestufe Analyse geht es darum, die einzelnen Bestandteile des Erlernten zu erkennen und ihr Zusammenwirken zu durchschauen, sodass „die Beziehungen zwischen den ausgeführten Ideen deutlich gemacht werden" (Bloom, 1974, S. 221). Lernende mit dem Ziel Synthese können aus den erlernten Inhalten ein neues Ganzes schaffen und Lösungen für Problemstellungen entwickeln. Sie sind in der Lage aus den einzelnen Elementen des Erlernten eine Struktur zu bilden, die zuvor nicht klar ersichtlich war (Bloom et al., 1956). Lernende, die die letzte Stufe der Lernzieltaxonomie Evaluation erreichen, können selbstständig fundierte Bewertungen von komplexen Sachverhalten vornehmen sowie die effektivsten Lösungen für schwierige Problemstellungen ermitteln (Bloom, 1974).

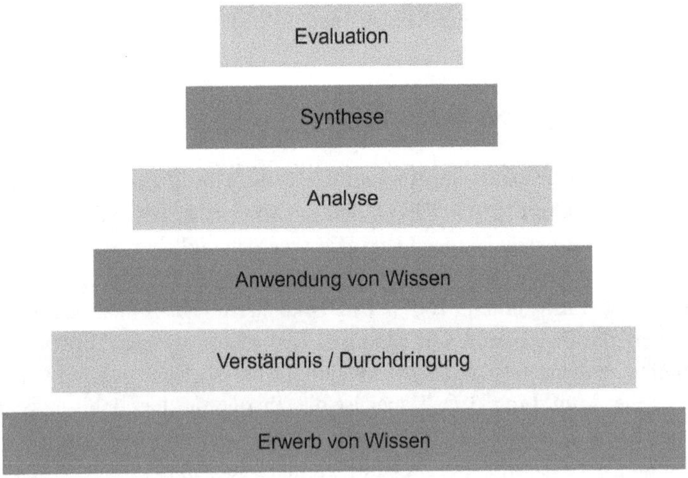


**Abbildung 3.7** Lernzieltaxonomie. (Eigene Darstellung nach Bloom et al., 1956, S. 201)

Auf der Grundlage von Lernzielen wird im Rahmen von Lernerfolgsmessungen überprüft, inwiefern die Lernenden die definierten Lernziele erreicht haben (Dorsch, 2011). Der Lernerfolg ergibt sich somit aus der Differenz zwischen einem Pretest und einem Posttest, der nach einer zwischenzeitlichen Lernaktivität durchgeführt wurde (Dorsch, 2011). Kirkpatrick und Kirkpatrick (2006) weisen jedoch auch darauf hin, dass der Einsatz eines Pre- und Posttests nicht sinnvoll ist, wenn die Lernenden Wissen und Fertigkeiten zu einem Thema erwerben, zu dem sie kaum Vorkenntnisse haben.

Grundsätzlich können bei der Erfassung von Lernerfolg zwei Messzugänge unterschieden werden: der *objektive* und *subjektive Lernerfolg* (Fleck et al., 2021; Singh & Anthonysamy, 2023). Unter dem *objektiven Lernerfolg* werden direkte Messungen von beobachtbaren Verhaltensweisen verstanden (Bommer et al., 1995) oder die „tatsächlichen Wissensangaben einer Person“ (Clasen, 2009, S. 12). Dieser kann test- oder notenbasiert erfasst werden, wobei die testbasierte Erfassung standardisierte Tests umfasst, etwa in Form von geschlossenen (z. B. Multiple-Choice-Tests) oder offenen Prüfungsformaten (z. B. Kurzaufsatz-Aufgabe) (Clasen, 2009; Singh & Anthonysamy, 2023).

Geschlossene Formate erfordern zwar einen höheren Konzeptionsaufwand, ermöglichen jedoch eine schnelle Auswertung (Caspersen et al., 2017; Leung & Xu, 2013). Offene Fragen hingegen sind in der Konzeption weniger anspruchsvoll, erfordern aber eine deutlich aufwendigere Auswertung (Clasen, 2009). Die notenbasierte Methode misst den Lernerfolg über Noten oder Punkten, die z. B. auf Prüfungsleistungen basieren (van Uum & Pepin, 2022). Diese quantifizierbaren Maßstäbe ermöglichen objektive Vergleiche zwischen den Lernenden, sind jedoch umstritten, da ihre Vergabe subjektiven Einflüssen unterliegen kann (Caspersen & Smeby, 2018; Helland, 2007; Karabel & Halsey, 1997; Yorke, 2009). Insgesamt verzichten viele Forschende auf objektive Messzugänge, da die entsprechenden Daten schwer zugänglich sind. Besonders der Datenschutz erschwert die Nutzung, da Prüfungsleistungen und Noten vertraulich sind und oft einer behördlichen Genehmigung erfordern (Leung & Xu, 2013).

Der *subjektive Lernerfolg* umfasst Einschätzungen zum Wissen oder zu den Fähigkeiten, die von den Lernenden selbst (Selbsteinschätzung) oder von einer anderen Person (Fremdeinschätzung) abgegeben werden (Clasen, 2009). Aufgrund ihrer Praktikabilität werden Selbsteinschätzungen für die subjektive Lernerfolgsmessung am häufigsten angewendet, sodass Fremdeinschätzungen hier nicht weiter berücksichtigt werden (Caspersen & Smeby, 2018; Seifert & Asel, 2011). In den meisten Fällen werden Selbsteinschätzungen mithilfe von Ratingskalen in Form eines geschlossenen Antwortformats vorgenommen (Seifert & Asel, 2011). Dabei sollen die Lernenden den aktuellen Stand ihres Wissens und ihrer Fähigkeiten, die sie im Zuge des Lernprozesses erworben haben, einschätzen (Seifert & Asel, 2011). Kritisch diskutiert wird die Validität des subjektiv wahrgenommenen Lernerfolgs, da es zu „Antwortverzerrungen bis hin zu bewussten Falschangaben“ (Clasen, 2009, S. 11) kommen kann. Lernende überschätzen ihren Lernerfolg häufig oder geben möglicherweise einen höheren Lernerfolg an, um eigene Lerndefizite zu verbergen (Bowman, 2010; van Uum & Pepin, 2022).

Trotz der beschriebenen Risiken sind mit dem subjektiven Lernerfolg auch viele gewinnbringende Vorteile verbunden. Neben dem geringen Auswertungsaufwand und der Kosteneffizienz stellen Seifert und Asel (2011) fest, dass der subjektive Messzugang im Gegensatz zur objektiven Erfassung wertvolle und nuancierte Einblicke in den Lernerfolg bietet. Dies ermöglicht ein besseres Verständnis und eine umfassendere Untersuchung dieses Phänomens.

Insgesamt erfreut sich der subjektive Messzugang des Lernerfolgs zunehmender Beliebtheit und wird insbesondere dann verstärkt eingesetzt, wenn die Erhebung des objektiven Lernerfolgs nicht möglich ist. Eine häufig diskutierte Frage in diesem Zusammenhang ist auch, inwiefern der subjektive und objektive Lernerfolg tatsächlich das Gleiche erfassen. In Metaanalysen, die die subjektive und objektive berufliche Leistung vergleichen, konnten positive, mittlere Korrelationen festgestellt werden (Bommer et al., 1995; Harris & Schaubroeck, 1988). Zu einem ähnlichen Ergebnis kommen auch Studien zum Vergleich des subjektiven und objektiven Lernerfolgs im Bildungsbereich. So wurde in diesen Arbeiten der Zusammenhang zwischen der Selbsteinschätzung des akademischen Erfolgs und Noten untersucht und moderate, positive Korrelationen ermittelt (Carle et al., 2009; Händel & Fritzsche, 2015; Pascarella et al., 2010; Pike, 2011). Diese Befunde weisen somit darauf hin, dass der subjektive und objektive Lernerfolg zwar nicht deckungsgleich sind, sich jedoch überschneiden.

Clasen (2009) schlussfolgert, dass Selbsteinschätzungen äquivalent zum objektiven Lernerfolg sein können, sofern die Lernenden in der Lage sind, ihr Wissen und ihre Fähigkeiten zu reflektieren. Entscheidend ist auch, dass sie Feedback zu ihrem Kenntnisstand erhalten (z. B. durch Leistungsanforderungen oder Rückmeldungen von Lehrkräften) und dieses nutzen, um ihre Selbsteinschätzung zu aktualisieren. Diese Bedingungen werden im Bildungswesen von Lernenden häufig erfüllt. Umbach und Kuh (2006, S. 173) schlagen folgende Voraussetzungen vor, um die Validität des subjektiven Lernerfolgs zu erhöhen:

1. Die Befragten verfügen über das Wissen, das zur Beantwortung der Fragen nötig ist.
2. Die Fragen sind klar und eindeutig formuliert.
3. Die Fragen beziehen sich auf kürzlich gemachte Erfahrungen.
4. Die Befragten empfinden die Fragen als sinnvoll und beantworten sie daher ernsthaft und überlegt.

5. Die Fragen sind so gestellt, dass sie weder als unangenehm oder peinlich empfunden werden, noch in die Privatsphäre eingreifen oder zu soziale erwünschten Antworten verleiten.

Trotz der positiven Studienlage und der empfohlenen Maßnahmen mahnen andere Forschende weiterhin zur Vorsicht. So soll bei der Erfassung, Analyse und Interpretation von Daten, die auf Selbsteinschätzungen beruhen, stets berücksichtigt werden, dass diese subjektiv sind und aufgrund von Antwortverzerrungen risikobehaftet sein können.

### 3.4.3 Lernerfolg in der beruflichen Bildung

Die bisherigen Ausführungen haben eine Grundlage für das Verständnis des Lernerfolgs geschaffen. Der folgende Abschnitt baut darauf auf und exploriert, wie sich Lernerfolg in der beruflichen Bildung spezifisch darstellt.

Der Lernerfolg in der beruflichen Bildung orientiert sich am primären Ziel der beruflichen Bildung, berufliche Handlungskompetenz bzw. -fähigkeit zu entwickeln, zu erweitern und ihren Erhalt zu sichern (Helbig et al., 2020; Kultusminister Konferenz, 2007). Im Rahmen der beruflichen Aus- und Weiterbildung sollen junge Menschen Schlüsselqualifikationen als übergeordnete Lernziele erwerben. Diese umfassen fachliche, methodische, soziale und persönliche Fähigkeiten und sollen die Lernenden befähigen, „selbstständig, eigenverantwortlich und in Kooperation mit Anderen Aufträge effizient, effektiv und innovativ bewältigen zu können" (Hippach-Schneider et al., 2007, S. 53).

Die Entwicklung beruflicher Handlungsfähigkeit erfolgt in der Regel in drei Schritten (siehe **Abbildung** ***3.8***). Zunächst werden während der Ausbildung die Grundlagen gelegt, indem sich die Lernenden mit berufsspezifischen Aufgaben und Problemstellungen auseinandersetzen (1. Schritt). Daraus resultiert schließlich das Professionswissen, welches „für Zielvorstellungen von beruflicher Handlungskompetenz unabdingbar" (Riedl, 2004, S. 16) sind (2. Schritt). Professionswissen wird vorrangig durch praktische Erfahrungen in der Arbeit oder Ausbildung sowie durch theoretische Ausbildungsinhalte erworben und umfasst alle Kenntnisse und Fähigkeiten, die im Rahmen der beruflichen Ausbildung erlangt werden können (Borowski et al., 2010; Pätzold, 2000; Rauner et al., 2007). Es setzt sich aus drei Dimensionen zusammen:

- dem deklarativen Wissen,
- dem prozeduralen Wissen

- und dem konditionalen Wissen (de Jong & Ferguson-Hessler, 1996; Göller, 2020; Pätzold, 2000).

Das deklarative Wissen („Wissen, dass“) umfasst abgespeichertes und abrufbares Fakten- und Begriffswissen (de Jong & Ferguson-Hessler, 1996). Das prozedurale Wissen („Wissen, wie“) beschreibt das Handlungswissen und umfasst das „Wissen über die angemessenen Strategien zur Bewältigung von Problemen im beruflichen Handlungsfeld“ (Pätzold, 2000, S. 80). Das konditionale Wissen („Wissen, wann“) ist das Wissen darüber, in welchen Situationen und unter welchen Bedingungen bestimmte Faktoren oder Vorgehensweisen angewendet werden sollten (de Jong & Ferguson-Hessler, 1996). Diese Wissensart ist wichtig, um entscheiden zu können, wann und warum es angemessen ist, das deklarative oder prozedurale Wissen einzusetzen.

Aus dem Professionswissen ergibt sich im dritten und letzten Schritt die Entwicklung der beruflichen Handlungsfähigkeit, die sich aus der Fach-, Selbst- und Sozialkompetenz zusammensetzt (siehe **Abbildung 3.8**). Die Fachkompetenz umfasst die Fähigkeit, berufliche Probleme „zielorientiert, sachgerecht, methodengeleitet und selbstständig zu lösen“ (Kultusminister Konferenz, 2011, S. 15). Selbstkompetenz beschreibt die Fähigkeit, die eigene persönliche Entwicklung eigenständig zu gestalten, während Sozialkompetenz die Fähigkeit meint, soziale Beziehungen zu pflegen (Kultusminister Konferenz, 2011).

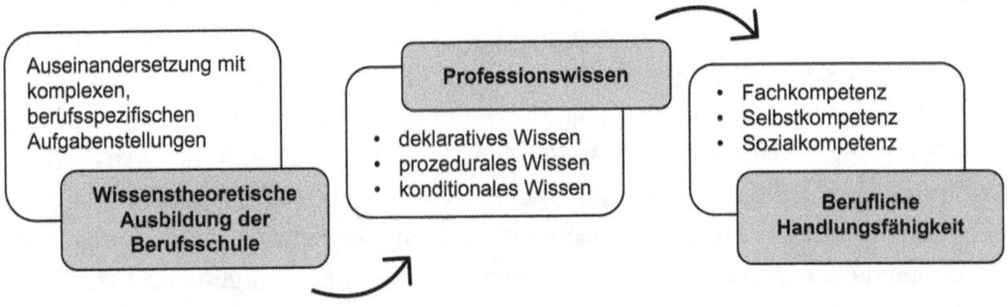


**Abbildung 3.8** Entwicklung beruflicher Handlungsfähigkeit. (Eigene Darstellung nach Riedl, 2004, S. 16)

Der Lernerfolg in ZQ orientiert sich an zwei zentralen Zielen. Erstens soll durch die Teilnahme an ZQ die berufliche Handlungsfähigkeit erweitert werden (Gutschow & Lorig, 2022). Zweitens zielen sie darauf ab, die Beschäftigungsfähigkeit der Lernenden zu entwickeln und zu erhalten (Annen & Paulini-Schlottau, 2009). Der Lernerfolg in ZQ zeigt sich darin, dass die Lernenden zusätzliche, für den Beruf, die Persönlichkeit oder die Gesellschaft relevante Kenntnisse und Fertigkeiten erworben oder ausgebaut haben, die über die Inhalte der regulären Ausbildung hinausgehen (Annen & Paulini-Schlottau, 2009; Conein & Zinke, 2019; Schwarz, 2019). ZQ tragen damit zur stärkeren Individualisierung und Differenzierung der beruflichen Ausbildung bei. Sie verbessern die beruflichen Entwicklungsperspektiven von Auszubildenden, indem sie „gezielter dem betrieblichen Bedarf [entsprechen] und […] schneller komplexere und verantwortungsvollere Aufgaben im Betrieb übernehmen" (Weiterer et al., 2017, S. 37) können.

Das zentrale Lernziel der KI-ZQ ist der Erwerb von theoretischen Grundlagen zum Thema Künstliche Intelligenz und Maschinelles Lernen (IHK Reutlingen, 2025). Aufbauend auf diesem Hauptziel werden im Rahmenlehrplan spezifischere Lernziele aufgeführt, die mit den zu erlernenden Inhalten verknüpft sind (IHK Reutlingen, 2024). Die Lernziele der ZQ wurden basierend auf der Lernzieltaxonomie nach Bloom (1956) formuliert und können insbesondere den ersten drei Taxonomiestufen Wissen, Verständnis und Anwendung zugeordnet werden. Damit ist in der KI-ZQ der Lernerfolg gegeben, wenn die im Rahmenlehrplan festgehaltenen Lernziele erreicht wurden.

## 3.5 Zusammenfassung

Das dritte Kapitel dieser Arbeit widmete sich den theoretischen Grundlagen des Akzeptanz- und Technologieakzeptanzbegriffs, den verwendeten Technologieakzeptanzmodellen sowie des Lernerfolgsbegriffs.

Eine einheitliche Definition von (Technologie-)Akzeptanz liegt bisher nicht vor, jedoch hat sich das Konzept von Müller-Böling und Müller (1986) besonders in der Technologieakzeptanz weitgehend durchgesetzt. Auf dieser Grundlage differenziert die vorliegende Arbeit zwischen Einstellungsakzeptanz, die sich auf die Zufriedenheit der Auszubildenden mit der Lernsoftware bezieht, und Verhaltensakzeptanz, welche die aktive Nutzung der Lernsoftware im Lernprozess umfasst.

Auch wurden die beiden zentralen Theorien des Forschungsmodells vorgestellt: UTAUT, das Schlüsselkonstrukte führender Modelle integriert und empirisch bewährt ist, sowie TTF, das die kritische Bedeutung der Passung zwischen Technologie und Aufgabe hervorhebt.

Zudem wurde auf zentrale Kritikpunkte von Technologieakzeptanzmodellen eingegangen. So wird die Definition von Technologieakzeptanz beanstandet, da sie Einstellungsakzeptanz als Nutzungsintention und Verhaltensakzeptanz als Nutzungsverhalten definiert und zwischen beiden eine direkte Beziehung annimmt. Forschungsergebnisse weisen jedoch darauf hin, dass Intention nicht zwangsläufig zu Nutzung führt. Zusätzlich wird die Anwendbarkeit dieser Definition und die gängige Operationalisierung von Einstellungs- und Verhaltensakzeptanz in verpflichtenden Nutzungskontexten zunehmend hinterfragt. Die vorliegende Arbeit greift diesen Diskurs auf und überarbeitet die Definition und Operationalisierung von Technologieakzeptanz: Einstellungsakzeptanz wird nicht mehr als Nutzungsabsicht definiert und über Behavioral Intention operationalisiert, sondern als Zufriedenheit mit einer Technologie verstanden, die durch Affective und Cognitive User Satisfaction gemessen wird. Die Verhaltensakzeptanz wird unverändert als Nutzungsverhalten definiert, wobei die herkömmlichen Maße wie Nutzungshäufigkeit oder -dauer durch Cognitive Absorption und Deep Structure Usage substituiert werden.

Daneben wurde der Lernerfolgsbegriff theoretisch verankert und im Rahmen des kognitivistischen Ansatzes und der Lernzieltaxonomie nach Bloom (1956) näher beleuchtet. Lernerfolg kann objektiv (z. B. Tests) oder subjektiv (z. B. Selbsteinschätzung) erfasst werden, wobei letztere eine differenzierte Erhebung erlaubt.

In dieser Arbeit wird der Lernerfolg der ZQ-Teilnehmenden aus subjektiver Perspektive betrachtet. Seine Erfassung erfolgt anhand spezifischer Lernziele, die sich an Blooms Taxonomie orientieren.

# 4 Bisherige Forschungserkenntnisse

Nachdem die theoretischen Grundlagen und Modelle, die dem Forschungsmodell dieser Arbeit zugrunde liegen, im vorangegangenen Kapitel umfassend erörtert wurden, widmet sich das vierte Kapitel der Darstellung der bisherigen empirischen Erkenntnisse. Konkret werden relevante Befunde und die aktuellen Forschungstendenzen der Unified Theory of Acceptance and Use of Technology (4.1) und des Task-Technology-Fit-Models (4.2) vorgestellt. Zudem werden die vorliegenden Studienergebnisse zum Zusammenhang zwischen Technologieakzeptanz und Lernerfolg näher beleuchtet (4.3). Ziel dieses Kapitels ist es, basierend auf dem aktuellen Forschungsstand bestehende Forschungslücken zu identifizieren, die im Rahmen dieser Arbeit adressiert werden sollen.

## 4.1 Forschungslage und Befunde zur Unified Theory of Acceptance and Use of Technology

Das Modell Unified Theory of Acceptance and Use of Technology (UTAUT) wurde ursprünglich im Bereich der Wirtschaftswissenschaften entwickelt, um zu erforschen, inwiefern Mitarbeitende neue Technologien im Unternehmen nutzen und akzeptieren (Blut et al., 2022; Zhu & Huang, 2023). Seine Anwendung erstreckt sich auch auf die Konsumentenforschung, um die Akzeptanz neuer Produkte zu analysieren (Gaber, 2021; Hsu & Peng, 2022; Yushairi et al., 2023; Zhao & Bacao, 2020). Williams et al. (2014) stellten im Rahmen eines systematischen Reviews fest, dass von 174 berücksichtigten Studien die überwiegende Mehrzahl den Wirtschaftswissenschaften zugeordnet werden können (S. 446).

Durch die fortschreitende Digitalisierung und den zunehmenden Einsatz digitaler Medien im Bildungsbereich wächst auch die Zahl der Studien, die die



L. Lao, *Technologieakzeptanz in der beruflichen Bildung*, Münchner Studien zur empirischen Bildungs- und Sozialisationsforschung,
https://doi.org/10.1007/978-3-658-51906-3_4

Akzeptanz von Bildungstechnologien mit dem UTAUT-Modell erforschen. Trotz dieses Anstiegs sind derartige Forschungsarbeiten im Bildungskontext wenig verbreitet (Williams et al., 2014). Die überwiegende Mehrheit dieser Studien konzentriert sich dabei auf den Hochschulkontext (Nistor et al., 2013; Peterson, 2001; Sumak et al., 2011; Williams et al., 2014), während im Bereich der Sekundarbildung deutlich weniger empirische Arbeiten vorliegen. Häufig befassen sich existierende Untersuchungen mit der Technologieakzeptanz von Lehrkräften (Graham et al., 2020; Mohamed & Hassan, 2023; Pynoo et al., 2011; Tappe, 2019; Tolba & Youssef, 2022), seltener mit der von Schüler:innen (Hsieh & Chiu, 2019; Ifenthaler & Schweinbenz, 2016). Auch im berufsbildenden Sekundarbereich beschäftigen sich bisher nur sehr wenige Studien mit dem UTAUT-Modell, wobei in diesem Kontext Berufsschüler:innen im Vordergrund der Untersuchung standen (Li et al., 2022; Sayginer, 2023; Zhang et al., 2022; Zhang et al., 2021).

Über alle Bildungsbereiche hinweg fällt auf, dass viele Studien ähnliche Formen digitaler Bildungstechnologien untersuchen. Vorwiegend befassen sich die Studien mit der Akzeptanz von digital unterstützten Lernangeboten, wie E-Learning (Buche et al., 2012; Mahande & Malago, 2020; Yoo et al., 2012; Zhang et al., 2021) oder Mobile-Learning (Sidik & Syafar, 2019; Wang et al., 2009; Zhang et al., 2022). Häufig stehen auch digitale Endgeräte im Fokus, darunter Tablets (Ifenthaler & Schweinbenz, 2016; Sarosa, 2019), Computer (Nistor et al., 2013; Nistor et al., 2010), Roboter (Guggemos et al., 2020; Hsieh & Chiu, 2019) sowie Whiteboards (Tosuntaş et al., 2015; Wong et al., 2013). Gängiger Untersuchungsgegenstand ist auch die allgemeine Akzeptanz von LMS wie Moodle (Decman, 2015; Jäger et al., 2014; Nistor et al., 2019; Sayginer, 2023).

In den meisten Studien wird auf die Untersuchung des Einflusses der Moderatorvariablen (Gender, Age, Experience und Voluntariness of Use) des UTAUT-Modells sowie auf die Beziehung zwischen der Einstellungsakzeptanz (Behavioral Intention, BI) und der Verhaltensakzeptanz (Use Behavior, UB) verzichtet (Blut et al., 2022). Diese Studien beschränken sich vorwiegend darauf, den Einfluss der Faktoren Performance Expectancy (PE), Effort Expectancy (EE), Social Influence (SI) und Facilitating Conditions (FC) auf BI zu erforschen (Buche et al., 2012; Chatterjee & Bhattacharjee, 2020; Nistor et al., 2019; Wan et al., 2020; Yoo et al., 2012), wodurch die Technologieakzeptanz lediglich als Einstellungsakzeptanz verstanden wird. Gleichzeitig erweitern viele Studien ihr Forschungsmodell um zusätzliche Variablen. Williams et al. (2014) stellten in ihrem systematischen Review fest, dass das UTAUT-Modell am häufigsten um die Konstrukte Self-Efficacy (dt. Selbstwirksamkeitserwartungen) und Attitude ergänzt wird (S. 463). Da UTAUT auf Basis von acht verschiedenen

Technologieakzeptanzmodelle entwickelt wurde, ist die Kombination mit anderen Theorien eher unüblich. Dennoch gibt es vereinzelt Arbeiten, die UTAUT mit der Theory of Planned Behavior (Giannakos & Vlamos, 2013), dem Technology Acceptance Model (TAM) (Ifenthaler & Schweinbenz, 2013) oder mit dem Task-Technology-Fit-Model (Wan et al., 2020) verknüpfen.

In den meisten bisherigen Studien zum UTAUT-Modell fehlen explizite Angaben darüber, inwiefern die Nutzung der untersuchten Technologie verpflichtend ist. Weiterhin ist die Forschung zum UTAUT-Modell überwiegend quantitativ ausgerichtet (Blut et al., 2022). Ausnahmen bilden die Arbeiten von Gruzd et al. (2012) und Ifenthaler und Schweinbenz (2013), die halbstrukturierte Interviews mit wissenschaftlichen Mitarbeitenden und Lehrkräften durchführten, um die Akzeptanz von Social Media bzw. Tablets näher zu untersuchen. Zu einer ähnlichen Beobachtung kamen auch Williams et al. (2014) in ihrem systematischen Review. Darin stellten sie fest, dass von den 174 berücksichtigten Studien, lediglich 12 einen qualitativen Ansatz folgten (Williams et al., 2014, S. 455). Auch Mixed-Methods-Ansätze werden bislang selten eingesetzt. In diesen Studien werden häufig qualitative Interviews eingesetzt, um die quantitativen Befunde zu ergänzen. Allerdings bewegen sich die Stichprobengrößen mit $n = 21–60$ eher im kleinen Bereich, wodurch die Aussagekraft der Ergebnisse begrenzt ist (Asadollahi et al., 2025a, S. 1; 2025b, S. 1; Jones et al., 2021, S. 1).

Auffällig ist zudem, dass das UTAUT-Modell selten über einen längeren Zeitraum hinweg untersucht wird und überwiegend Querschnittsstudien durchgeführt werden (Blut et al., 2022; Ifenthaler & Schweinbenz, 2016). Diese Erkenntnis wird auch von Williams et al. (2014) unterstützt, die feststellten, dass unter den untersuchten Studien lediglich 18 Längsschnittstudien waren (S. 453).

Nicht nur aktuelle Studien, sondern auch Metaanalysen untermauern die Robustheit des UTAUT-Modells. So kamen mehrere Metaanalysen zu dem einstimmigen Ergebnis, dass alle Beziehungen zwischen den Einflussfaktoren und der Einstellungs- und Verhaltensakzeptanz statistisch signifikant waren. Hierbei erwies sich PE vergleichsweise als der wichtigste Prädiktor für die Einstellungsakzeptanz BI (Blut et al., 2022; Dwivedi et al., 2019; Khechine & Lakhal, 2016; Zhu & Huang, 2023). In Hinblick auf die anderen Einflussfaktoren kommen die Metaanalysen zu unterschiedlichen Ergebnissen. Während Blut et al. (2022) und Dwivedi et al. (2019) EE als zweitwichtigsten Prädiktor identifizierten, stellten Khechine und Lakhal (2016) und Zhu und Huang (2023) fest, dass FC nach PE den stärksten Einfluss auf BI hatte. Allerdings postuliert das UTAUT-Modell keine direkte Verbindung zwischen FC und BI, da FC vornehmlich die Verhaltensakzeptanz UB beeinflusst (Venkatesh et al., 2003). Zhu und Huang (2023) hoben hervor, dass sie in ihrer Metaanalyse UB ausschlossen, wodurch BI als

Maßstab für die Technologieakzeptanz diente. Khechine und Lakhal (2016) hingegen lieferten keine Erklärung, warum sie vom ursprünglichen Modell abwichen und einen Zusammenhang zwischen FC und BI annahmen.

## 4.2 Forschungslage und Befunde zum Task-Technology-Fit-Model

Anders als bei den vorangegangenen Technologieakzeptanzmodellen findet das Task-Technology-Fit-Model (TTF) mehrheitlich im Bildungskontext Anwendung. Ein Review von Hidayat et al. (2021) zeigte, dass die meisten Untersuchungen zu diesem Modell im Hochschulbereich durchgeführt wurden, wobei Bildungstechnologien wie E-Learning, Lernmanagementsysteme, E-Books und Messenger-Apps im Fokus standen.

Cane und McCarthy (2009) wiesen in ihrer Metaanalyse darauf hin, dass das TTF-Model selten in seiner Gesamtheit erforscht wurde. Stattdessen lag der Fokus häufig auf dem TTF-Konstrukt selbst, das in Verbindung mit anderen Technologieakzeptanzmodellen, vor allem dem TAM-Modell, analysiert wurde. Diese Untersuchungen zielten darauf ab, den Einfluss von TTF auf zentrale Konstrukte wie Perceived Usefulness (PU), Perceived Ease of Use (PEOU) und die Technologieakzeptanz zu ermitteln, die entweder als die (Weiter-)Nutzungsabsicht oder die Nutzung der Technologie definiert wurde. Die Arbeiten belegten überwiegend, dass TTF einen signifikanten Einfluss auf PU und PEOU hatte (Barhoumi, 2016; Lee & Lehto, 2013; Lin & Wang, 2012; Mokhtar et al., 2018; Rai & Selnes, 2019). Darüber hinaus bestätigten die Untersuchungen, dass TTF ein signifikanter Einflussfaktor der Technologieakzeptanz war (Alyoussef, 2021; Leong et al., 2018; Lin, 2012; Mokhtar et al., 2018).

Studien, die das Gesamtmodell von TTF berücksichtigten, untersuchten den Einfluss von Task Characteristics und Technology Characteristics auf das TTF-Konstrukt. Diese Studien bestätigten einen statistisch signifikanten Zusammenhang zwischen Task Characteristics und TTF (Al-Maatouk et al., 2020; Bere, 2018; Huang et al., 2017). Obwohl Goodhue und Thompson (1995) in ihrem ursprünglichen Modell einen indirekten Einfluss der Technology Characteristics auf TTF annahmen, zeigen aktuelle Studien einen direkten Zusammenhang (Al-Maatouk et al., 2020; Bere, 2018; Huang et al., 2017). Einzelne Studien haben Forschungsmodelle entwickelt und getestet, die TTF mit Konstrukten aus dem UTAUT-Modell kombinierten. In diesen Modellen wurden jedoch keine direkten Zusammenhänge zwischen TTF und den Konstrukten von UTAUT angenommen und explizit analysiert. Stattdessen wurde TTF primär als eine zusätzliche, unabhängige Einflussvariable behandelt, die insbesondere auf die Technologieakzeptanz wirken sollte (Jo, 2018; Kissi et al., 2018; Ouyang et al., 2017).

Das TTF-Modell wird bisher hauptsächlich durch quantitative Methoden erforscht, während der Einsatz qualitativer Erhebungstechniken in diesem Kontext eher die Ausnahme bildet und typischerweise im Rahmen von Mixed-Methods-Untersuchungen erfolgt. In diesen Arbeiten ist die direkte Untersuchung von TTF nicht das Hauptziel. So wurde meist eine qualitative Vorstudie durchgeführt, um relevante Einflussgrößen zu erkennen oder Items für den quantitativen Fragebogen zu generieren (Chang, 2010; D'Ambra et al., 2013).

## 4.3 Forschungslage und Befunde zum Zusammenhang von Technologieakzeptanz und Lernerfolg

Obwohl bereits seit längerem vermutet wird, dass die Akzeptanz einer Technologie positive Effekte auf die Leistung und Produktivität eines Individuums haben (Venkatesh et al., 2003; Venkatesh et al., 2016), sind Studien zu den konkreten Auswirkungen der Technologieakzeptanz bisher relativ rar. Ein Beispiel für die wenigen vorhandenen Studien ist die Arbeit von Al-Maatouk et al. (2020), die den Zusammenhang zwischen der Akzeptanz sozialer Medien und des subjektiven Lernerfolgs untersuchten. Das hierzu entwickelte Forschungsmodell basierte auf den Theorien TAM und TTF, wobei die Technologieakzeptanz nur aus der Einstellungsakzeptanz bestand und als die Absicht definiert wurde, soziale Medien zu akademischen Zwecken zu nutzen (Al-Maatouk et al., 2020). Es konnte ein moderater Einfluss der Akzeptanz sozialer Medien auf die subjektive Leistung festgestellt werden ($\beta = .36$, $p < .001$) (Al-Maatouk et al., 2020, S. 78436).

In einem ähnlichen Untersuchungskontext gingen Buche et al. (2012) der Frage nach, wie die Akzeptanz von E-Learning den objektiven Lernerfolg von Studierenden beeinflusst. Ihr Forschungsmodell orientierte sich an UTAUT und definierte Technologieakzeptanz als ein zweidimensionales Konstrukt, bestehend aus der Nutzungsabsicht von E-Learning (BI) und FC. FC wurde in dieser Arbeit somit nicht wie im UTAUT-Modell beschrieben als Einflussfaktor betrachtet, sondern als Konstrukt der Technologieakzeptanz. Die Forschungsergebnisse zeigten, dass die Beziehung zwischen FC und der objektiven Leistung statistisch nicht signifikant war. Hingegen ergab sich ein signifikanter positiver Einfluss von BI auf die objektive Leistung, der durch die Fähigkeit moderiert wurde, Lernherausforderungen erfolgreich zu bewältigen (Buche et al., 2012).

In ihrer Untersuchung zum Einfluss der Akzeptanz von virtuellen Lernumgebungen auf die subjektive akademische Leistung definierten Ghanbarzadeh und Ghapanchi (2020) Technologieakzeptanz als Engagement und Nutzungsverhalten (Use Behavior, UB), das als selbsteingeschätzte Nutzungshäufigkeit operationalisiert wurde. Engagement wurde beschrieben als die Nutzung einer oder mehrerer Funktionen einer virtuellen Lernumgebung durch die Lernenden, um eine Lernaufgabe zu bearbeiten (Ghanbarzadeh & Ghapanchi, 2020). Ihr Forschungsmodell, das auf dem TAM-Modell basierte, führte zu der Erkenntnis, dass die Akzeptanz digitaler Lernumgebungen einen signifikanten, positiven Effekt auf die subjektive akademische Leistung hatte ($\beta_{\text{Use Behavior}} = .21, p < .01; \beta_{\text{Engagement}} = .50, p < .001$) (Ghanbarzadeh & Ghapanchi, 2020, S. 875).

In ihrer Studie zum Zusammenhang zwischen der Akzeptanz von Unternehmenssoftwares und der beruflichen Leistung griffen Igbaria und Tan (1997) ein zweidimensionales Verständnis von Technologieakzeptanz auf, das aus dem Nutzungsverhalten (UB) und der Nutzerzufriedenheit (User Satisfaction, USAT) bestand. Die Nutzung wurde durch eine Befragung ermittelt, in der die Teilnehmenden angaben, wie oft sie die Unternehmenssoftware für berufliche Aufgaben einsetzten. Es konnte gezeigt werden, dass die Technologieakzeptanz einen positiven Einfluss auf die Arbeitsleistung hatte (Igbaria & Tan, 1997). Dabei war der Einfluss der Nutzung auf die berufliche Leistung ($\beta_{\text{Use Behavior}} = .23, p < .01$) vergleichbar mit dem in der Studie von Ghanbarzadeh und Ghapanchi (2020) identifizierten Einfluss, während USAT einen stärkeren Einfluss auf die Leistung ausübte ($\beta_{\text{User Satisfaction}} = .40, p < .01$) (Igbaria & Tan, 1997, S. 119).

Burton-Jones und Straub (2006) stellten in ihrer Arbeit eine neue Operationalisierung des Nutzungsverhaltens (UB) vor, welches sich aus Cognitive Absorption (CA) und Deep Structure Usage (DSU) zusammensetzte. Im Zentrum ihrer Untersuchung stand die Frage, wie die Akzeptanz von Excel die objektive Performanz von Studierenden beeinflusst. Zur Messung der objektiven Leistung wurden die von den Studierenden erstellten Excel-Tabellen von Dozierenden bewertet (Burton-Jones & Straub, 2006). Die Analyse ergab, dass beide Dimensionen, CA und DSU, einen positiv signifikanten Einfluss mittlerer Stärke auf die objektive Leistung der Studierenden hatten (Burton-Jones & Straub, 2006).

Insgesamt lässt sich aus dem bisherigen Forschungsstand schließen, dass unabhängig von den unterschiedlichen Definitionen der Technologieakzeptanz ein positiver Einfluss der Akzeptanz auf die objektive und subjektive Leistung eines Individuums festgestellt werden kann. Diese ersten Studienergebnisse scheinen somit im Allgemeinen die Annahme von Venkatesh et al. (2003; 2016) zu stützen, wonach Technologieakzeptanz die individuelle Leistung positiv beeinflusst.

## 4.4 Zusammenfassung und Forschungslücken

Im vierten Kapitel der vorliegenden Arbeit wurden die aktuellen empirischen Befunde der verwendeten Theorien UTAUT und TTF sowie des Zusammenhangs zwischen Technologieakzeptanz und Lernerfolg dargestellt. Bisherige Forschungsergebnisse lassen den Schluss zu, dass die in den Modellen postulierten Zusammenhänge weitestgehend bestätigt werden können. Innerhalb des UTAUT-Modells stellte sich der wahrgenommene Nutzen (Performance Expectancy) als wichtigster Prädiktor der Technologieakzeptanz heraus. Während das UTAUT-Modell häufig für die Untersuchung wirtschaftswissenschaftlicher Fragen zum Einsatz kommt, wird das TTF-Modell insbesondere im Bildungskontext intensiv erforscht, wobei der Untersuchungsschwerpunkt meist auf dem Konstrukt TTF liegt. Zusätzlich legen erste Studien nahe, dass die Technologieakzeptanz einen positiven Einfluss auf die Leistung von Individuen ausübt.

Basierend auf dem dargestellten Forschungsstand lassen sich folgende Forschungslücken identifizieren, die durch die vorliegende Arbeit adressiert werden:

Zunächst wird deutlich, dass das Phänomen der Technologieakzeptanz bisher kaum im Bereich der beruflichen Bildung untersucht wurde. Die meisten Studien im Bildungskontext konzentrieren sich vornehmlich auf den Hochschulsektor, wobei Studierende die Hauptzielgruppe darstellen. Die vorliegende Untersuchung trägt dazu bei, diese Forschungslücke zu schließen, indem sie den Fokus auf Auszubildende im Rahmen einer ZQ im beruflichen Bildungskontext legt.

Zudem konzentrieren sich bestehende empirische Arbeiten überwiegend auf die Akzeptanz von E-Learning oder LMS allgemein. Demgegenüber wurde jedoch kaum untersucht, wie Lernende auf adaptive Lernsoftwares reagieren, die innerhalb solcher Plattformen zum Einsatz kommen. Auch hier setzt diese Arbeit an und untersucht nicht die Akzeptanz von Moodle als LMS allgemein, sondern die Akzeptanz von einer spezifischen Lernsoftware.

Des Weiteren zeigt sich innerhalb dieses Forschungsgebiets eine deutliche Präferenz für quantitative Methoden, wohingegen qualitative oder Mixed-Methods Ansätze bislang nur selten zur Anwendung kommen. Diese Homogenität in der Erhebungsmethodik spiegelt sich auch im Studiendesign wider, bei dem Querschnittsuntersuchungen dominieren. Es fehlt daher an längsschnittlichen Untersuchungen, die sich damit beschäftigen, wie sich die Einflussfaktoren der Technologieakzeptanz im Laufe der Zeit verändern. Blut et al. (2022) identifizierten in diesem Zusammenhang folgendes Forschungsdesiderat:

> One promising area to study would be how UTAUT predictors change over time during the lifecycle of users' experiences with technology, especially over longer time

> horizons compared to what is typical (e.g., about five months in Venkatesh et al., 2003). (S. 42)

Die vorliegende Untersuchung greift diese Desiderate auf, indem sie ein Mixed-Methods-Design einsetzt. Während die quantitative Erhebung längsschnittlich angelegt ist, um Veränderungen in den UTAUT-Faktoren über die Zeit hinweg zu untersuchen, bietet die qualitative Erhebung mit einer querschnittlichen Perspektive punktuelle Einblicke in die ZQ. Dadurch wird einerseits dem etablierten quantitativen Vorgehen Rechnung getragen und zugleich durch die qualitative Komponente ein Beitrag zur methodischen Erweiterung des Forschungsfeldes geleistet.

Daneben zeigt sich auch, dass bisherige Studien überwiegend Szenarien mit freiwilliger Technologienutzung untersuchen. Verpflichtende Nutzungskontexte wie sie in institutionellen Lernsettings häufig vorkommen, wurden bislang selten thematisiert. In dieser Arbeit wird ein solcher Nutzungskontext untersucht, indem die Lernsoftware ein verpflichtender Bestandteil der ZQ war.

Insbesondere in Kontexten mit verpflichtender Technologienutzung erweist sich die bisher gängige Definition und Operationalisierung der Technologieakzeptanz als unzureichend (siehe 3.3). Erste Studien, die die Akzeptanz über alternative Konstrukte wie User Satisfaction, Cognitive Absorption oder Deep Structure Usage erfassen, zeigen zwar vielversprechende Ergebnisse. Allerdings mangelt es an Untersuchungen, die diese Konzepte systematisch in bestehende Technologieakzeptanzmodelle integrieren und deren Zusammenhang mit leistungsbezogenen Konstrukten wie Lernerfolg, Produktivität oder Zufriedenheit analysieren (Blut et al., 2022; Venkatesh, 2022; Venkatesh et al., 2003; Venkatesh et al., 2016). Die vorliegende Arbeit knüpft hier an, indem sie ein erweitertes Verständnis von Technologieakzeptanz entwickelt sowie neue Formen der Operationalisierung vorschlägt. Diese werden in das UTAUT- und TTF-Modell eingebettet und hinsichtlich ihres Einflusses auf den subjektiven Lernerfolg von Auszubildenden untersucht.

Die vorliegende Arbeit verfolgt insgesamt einen explorativen Ansatz, indem sie das UTAUT- und TTF-Modell miteinander integriert, ein erweitertes Akzeptanzverständnis entwickelt und darin einbettet und in einem bislang wenig untersuchten Kontext quantitativ und qualitativ analysiert. Durch die Adressierung mehrerer bislang offener Desiderate in einer Untersuchung soll das Forschungsfeld der Technologieakzeptanz weiterentwickelt werden, das nach Venkatesh et al. (2016) seit längerem keine bedeutsamen theoretischen Fortschritte mehr verzeichnet.

# Forschungsmodell, Fragestellungen und Hypothesen

# 5

Auf Grundlage des dritten und vierten Kapitels, die sich mit den allgemeinen theoretischen Grundlagen und der aktuellen Forschungslage beschäftigen, wurde das Forschungsmodell dieser Arbeit entwickelt, das im Folgenden erläutert wird. Es folgt eine kontextbezogene Definition der Einflussfaktoren und Konstrukte des Modells sowie eine Übersicht, welche Faktoren von den Technologieakzeptanzmodellen übernommen wurden (5.1). Daneben werden die konkreten Fragestellungen und Hypothesen der quantitativen Untersuchung sowie die Forschungsfragen der qualitativen Analyse vorgestellt (5.2 und 5.4). Weiterhin wird erläutert, wie die Hypothesen der quantitativen Erhebung auf Basis der theoretischen Überlegungen und der empirischen Erkenntnisse entwickelt und abgeleitet wurden (5.3).

## 5.1 Forschungsmodell und Definitionen der Konstrukte

Im folgenden Abschnitt werden das untersuchte Forschungsmodell sowie die Definitionen der Konstrukte differenziert nach den Erhebungszeitpunkten vorgestellt (siehe **Abbildung *5.1***) (5.1.1 und 5.1.2). Das Modell basiert auf der Unified Theory of Acceptance and Use of Technology (UTAUT) und dem Task-Technology-Fit-Model (TTF) und soll die in Abschnitt 4.4 beschriebenen Forschungslücken adressieren. Einen genauen Überblick über die verwendeten Modelle und Konstrukte bietet Abschnitt 5.1.3.



L. Lao, *Technologieakzeptanz in der beruflichen Bildung*, Münchner Studien zur empirischen Bildungs- und Sozialisationsforschung,
https://doi.org/10.1007/978-3-658-51906-3_5

Zur Untersuchung der Veränderung der UTAUT-Faktoren gliedert sich das Forschungsmodell in zwei Phasen: Der Zeitpunkt $t_0$ entspricht dem Zeitpunkt zu Beginn der ZQ, d. h. vor der Nutzung der Lernsoftware, während $t_2$ das Ende der ZQ markiert und damit den Zeitpunkt nach der Nutzung der Lernsoftware abbildet. Diese beiden Zeitpunkte bilden die Grundlage für die quantitative Prüfung des Forschungsmodells.

Der Zeitpunkt $t_1$, der während der ZQ liegt, ist nicht Bestandteil der quantitativen Modellprüfung, war jedoch im Rahmen der zweiten ZQ für die qualitative Datenerhebung relevant (siehe 6.3.1). Die qualitative Untersuchung thematisiert zwar teilweise die Konstrukte des Forschungsmodells, allerdings wurden zu $t_1$ keine quantitativen Daten zur Modellprüfung erhoben (siehe **Tabelle *6.1*** in Abschnitt 6.1). Daher wurde der Zeitpunkt $t_1$ in der grafischen Darstellung des Forschungsmodells nicht visualisiert.

### 5.1.1 Vor der Nutzung ($t_0$)

Entscheidend in der Phase vor der Nutzung ($t_0$) sind die UTAUT-Faktoren. Sie stellen in dieser Phase die Erwartungen an die Lernsoftware dar, die die Teilnehmenden in Bezug auf die Aspekte Nutzen, Bedienbarkeit, sozialer Einfluss und Rahmenbedingungen entwickeln. Dabei werden die UTAUT-Faktoren ($t_0$) in dieser Arbeit wie folgt definiert:

- *Performance Expectancy ($t_0$) (PE, $t_0$)* ist definiert als das erwartete Ausmaß, in dem die Teilnehmenden der ZQ glauben, dass die Nutzung der Lernsoftware ihren Lernerfolg steigern wird.
- *Effort Expectancy ($t_0$) (EE, $t_0$)* ist definiert als das Ausmaß, in dem die Teilnehmenden erwarten, dass die Lernsoftware leicht zu bedienen sein wird.
- *Social Influence ($t_0$) (SI, $t_0$)* ist definiert als das Ausmaß, in dem die Teilnehmenden erwarten, dass für sie relevante Personen (z. B. Lehrkräfte, andere Teilnehmenden, Ausbildungsleiter:in) die Nutzung der Lernsoftware als wichtig erachten.
- *Facilitating Conditions ($t_0$) (FC, $t_0$)* ist definiert als das Ausmaß, in dem die Teilnehmenden erwarten, dass die organisatorischen (z. B. Personal), individuellen (z. B. notwendige Kenntnisse) und technischen (z. B. Leihgeräte, stabile Internetverbindung) Rahmenbedingungen die Nutzung der Lernsoftware unterstützen.

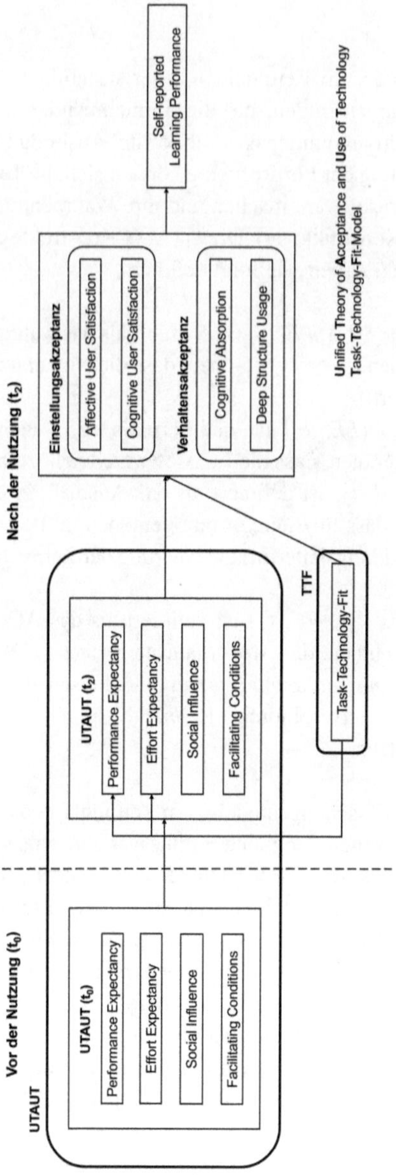


**Abbildung 5.1** Forschungsmodell. (Eigene Darstellung)

### 5.1.2 Nach der Nutzung ($t_2$)

**Einflussfaktoren**

Die UTAUT-Faktoren sind zum Zeitpunkt $t_0$ eher instabil, da sie sich auf der Grundlage von Informationen bilden, die die Teilnehmenden aus zweiter Hand (z. B. Werbebroschüren, Projekthomepage, Lehrkräfte, Ausbildungsleiter:in) erhalten haben. Nach der Nutzung der Lernsoftware können sich die Teilnehmenden ein besseres Bild von der Lernsoftware machen und ihre Wahrnehmung der Lernsoftware anpassen (UTAUT-Konstrukte, $t_2$). Die UTAUT-Konstrukte zum Zeitpunkt $t_2$ werden in der vorliegenden Arbeit wie folgt definiert:

- *Performance Expectancy ($t_2$) (PE, $t_2$)* ist definiert als das wahrgenommene Ausmaß, zu dem Teilnehmende der ZQ glauben, dass die Nutzung der Lernsoftware ihren Lernerfolg steigert.
- *Effort Expectancy ($t_2$) (EE, $t_2$)* ist definiert als das Ausmaß, in dem die Teilnehmenden wahrnehmen, dass die Lernsoftware leicht zu bedienen ist.
- *Social Influence ($t_2$) (SI, $t_2$)* ist definiert als das Ausmaß, in dem die Teilnehmenden wahrnehmen, dass für sie relevante Personen (z. B. Lehrkräfte, andere Teilnehmenden, Ausbildungsleiter:in) die Nutzung der Lernsoftware als wichtig erachten.
- *Facilitating Conditions ($t_2$) (FC, $t_2$)* ist definiert als das Ausmaß, in dem die Teilnehmenden wahrnehmen, dass die organisatorischen (z. B. Personal), *individuellen (z. B. notwendige Kenntnisse)* und technischen (z. B. Leihgeräte bei Bedarf, stabile Internetverbindung) Rahmenbedingungen die Nutzung der Lernsoftware unterstützen.

Darüber hinaus spielt im Forschungsmodell zum Zeitpunkt $t_2$ das Konstrukt *Task-Technology-Fit (TTF)* als weitere mögliche Einflussvariable eine wichtige Rolle für die Akzeptanz der Lernsoftware. TTF wird in der vorliegenden Untersuchung definiert als die Wahrnehmung der Teilnehmenden, wie gut die Lernsoftware geeignet ist, KI-Kenntnisse und KI-Kompetenzen zu erwerben. Diese Einschätzung kann nur vorgenommen werden, wenn Nutzungserfahrungen mit der Lernsoftware vorliegen, daher wird TTF erst zum Zeitpunkt $t_2$ und nicht bereits bei $t_0$ erhoben. Das Modell von Goodhue und Thompson (1995) besteht ursprünglich aus mehreren Konstrukten (siehe Abschnitt 3.2.3). Dem aktuellen Forschungsstand folgend wird auch in dieser Arbeit der Fokus auf das Hauptkonstrukt TTF gelegt.

**Akzeptanz der Lernsoftware**

Zum Zeitpunkt $t_2$ wird auch die *Akzeptanz der Lernsoftware* erhoben. In Anlehnung an Müller-Böling und Müller (1986) und dem UTAUT-Modell setzt sich in dieser Arbeit die Akzeptanz der Lernsoftware aus der *Einstellungs- und Verhaltensakzeptanz* zusammen.

Die Einstellungsakzeptanz bedeutet in dieser Arbeit, dass die Teilnehmenden der Lernsoftware positiv gegenüberstehen. Nach Müller-Böling und Müller (1986) setzt sich die Einstellungsakzeptanz aus einer affektiven, kognitiven und konativen Komponente zusammen, wobei in der aktuellen Technologieakzeptanzforschung lediglich letztere Berücksichtigung findet. In dieser Arbeit wird davon abgewichen, indem die Einstellungsakzeptanz aus der affektiven und kognitiven Komponente besteht. Die Lernsoftware ist ein zentraler Bestandteil der ZQ, ohne den der Erwerb von KI-Kenntnissen und Kompetenzen nicht möglich ist. Die Teilnehmenden haben somit keine andere Wahl als die Lernsoftware zu nutzen, sodass der Einsatz der Lernsoftware einer obligatorischen Nutzung gleichkommt. Vor diesem Hintergrund sind konative Aspekte in diesem Untersuchungskontext nicht relevant und werden daher nicht berücksichtigt. Die affektive und kognitive Einstellungsakzeptanz wird in dieser Untersuchung mit den Konstrukten *Affective User Satisfaction (AUSAT)* und *Cognitive User Satisfaction (CUSAT)* operationalisiert. Beide Konstrukte haben einen einstellungsbezogenen Charakter (Dalcher & Shine, 2011, S. 44), sodass sie sich als Variablen der Einstellungsakzeptanz eignen. *Affective User Satisfaction (AUSAT)* meint die emotionale Gesamtbewertung der Lernsoftware. Sie umfasst affektive Reaktionen wie Freude, Frustration oder Vergnügen und ergibt sich aus den subjektiven Erfahrungen, die während der Nutzung gesammelt wurden. Im Gegensatz zur kognitiven Komponente ist diese Form der Zufriedenheit meist vorübergehend. *Cognitive User Satisfaction (CUSAT)* bezeichnet hingegen die rationale und objektive Gesamtbewertung der Lernsoftware. Sie basiert auf einer bewussten Abwägung von Stärken und Schwächen und unterscheidet sich damit von spezifischeren Einschätzungen wie PE oder TTF, die sich auf einzelne Aspekte wie Nützlichkeit oder Passung konzentrieren. CUSAT zielt auf eine übergeordnete und reflektierte Gesamtbeurteilung ab. Diese Form der Zufriedenheit ist weniger impulsiv, stärker analytisch geprägt und häufig dauerhafter als die affektive Komponente.

Unter Verhaltensakzeptanz ist in diesem Kontext konkret zu verstehen, dass die Lernsoftware durch aktive Nutzung angenommen wird. Damit orientiert sich diese Arbeit an der in diesem Forschungsfeld üblichen Definition von Verhaltensakzeptanz, weicht aber von der traditionellen Operationalisierung der Technologienutzung ab. Während in den bisherigen Ansätzen die Erhebung der Nutzung einer Technologie auf der subjektiven Angabe der Nutzungsdauer oder -häufigkeit beruht, erfolgt die Operationalisierung der Technologienutzung in dieser Untersuchung theoriebasiert. Diese baut auf der Arbeit von Burton-Jones und Straub (2006) auf, die von einem zweidimensionalen Konstrukt ausgehen: *Cognitive Absorption (CA)* und *Deep Structure Usage (DSU)*. Ersteres Konstrukt wird in dieser Arbeit definiert als den mentalen Zustand der völligen Vertiefung mit der Lernsoftware, bei der die Aufmerksamkeit vollständig auf die Nutzung der Lernsoftware und die Interaktion mit ihr gerichtet ist. DSU hingegen bezeichnet das Ausmaß, in dem die Teilnehmenden eine Vielzahl unterschiedlicher Funktionen der Lernsoftware nutzen, um damit Aufgaben auszuführen.

Im Gegensatz zum UTAUT-Modell wird in dieser Arbeit jedoch nicht von einer linearen Abfolge ausgegangen, bei der die Einstellungsakzeptanz die Verhaltensakzeptanz beeinflusst. Stattdessen werden beide Dimensionen parallel und gleichrangig betrachtet, was dem Akzeptanzverständnis von Müller-Böling und Müller (1986) entspricht. Die Abweichung vom UTAUT-Akzeptanzverständnis ergibt sich aus einer veränderten Definition der Einstellungsakzeptanz: während sie im UTAUT-Modell mit der Nutzungsintention gleichgesetzt wird und sich daraus eine theoretische Reihenfolge von Intention zu Verhalten ergibt, basiert die Einstellungsakzeptanz in dieser Untersuchung auf der Nutzerzufriedenheit. Vor diesem Hintergrund erscheint eine sequenzielle Beziehung zwischen Einstellung und Verhalten nicht länger plausibel.

Darüber hinaus werden die vier zugrunde liegenden Konstrukte AUSAT, CUSAT, CA und DSU nicht zu einem übergeordneten Konstrukt der Einstellungs- und Verhaltensakzeptanz aggregiert, sondern einzeln analysiert. Ziel ist es, die unterschiedlichen Dimensionen von Einstellungs- und Verhaltensakzeptanz differenziert abzubilden, um deren Zusammenspiel mit den Einflussfaktoren und dem subjektiven Lernerfolg zu untersuchen. Eine isolierte Betrachtung der Akzeptanzkonstrukte ermöglicht es zudem, spezifische Einflussmuster sichtbar zu machen, die bei einer Zusammenfassung zu übergeordneten Konstrukten möglicherweise verdeckt bleiben.

**Subjektiver Lernerfolg**

Zuletzt soll zum Zeitpunkt $t_2$ untersucht werden, inwiefern die Akzeptanz der Lernsoftware den Lernerfolg der Lernenden beeinflusst. Für diese Arbeit ist insbesondere der Einfluss auf *Self-reported Learning Performance (SLP)*, d. h. den subjektiven Lernerfolg, von Interesse. Der objektive Lernerfolg kann in diesem Untersuchungskontext nicht berücksichtigt werden. Grund dafür ist, dass die teilnehmenden Auszubildenden zum Abschluss der ZQ bereits eine Prüfung ablegen müssen und die Prüfungsergebnisse aus Datenschutzgründen nicht für wissenschaftliche Zwecke verwendet werden können. Zudem würde die Konzeption eines weiteren Tests im Rahmen der Projektevaluation eine zusätzliche Belastung für die Lernenden darstellen. SLP beschreibt in dieser Arbeit die von den Lernenden wahrgenommene Erreichung der Lernziele, die im Rahmenlehrplan der ZQ aufgeführt sind.

### 5.1.3 Überblick über verwendete Technologieakzeptanzmodelle und Konstrukte

**Tabelle** *5.1* gibt einen Überblick und eine Begründung zu den Technologieakzeptanzmodellen und Konstrukten, die in das zu untersuchende Forschungsmodell integriert wurden, während **Tabelle** *5.2* die nicht verwendeten Konstrukte mit einer kurzen Begründung abbildet.

**Tabelle 5.1** Verwendete Technologieakzeptanzmodelle und Konstrukte

| Modell | Verwendete Konstrukte | Begründung |
|---|---|---|
| UTAUT<br>(Venkatesh et al., 2003) | • Performance Expectancy (PE)<br>• Effort Expectancy (EE)<br>• Social Influence (SI)<br>• Facilitating Conditions (FC)<br>• Use Behavior (UB) | • Synthese aus acht etablierten Modellen.<br>• UTAUT erklärt mehr Varianz als andere Technologieakzeptanzmodelle.<br>• UB wurde zwar integriert, aber als CA und DSU definiert.<br>• Allgemeine Einschätzungen einer Technologie |
| Task-Technology-Fit-Model<br>(Goodhue & Thompson, 1995) | Task-Technology-Fit (TTF) | • TTF ist das wichtigste Konstrukt im TTF-Modell und fasst das Grundprinzip des Konzepts in einer Variablen zusammen.<br>• Spezifischer Fokus auf die funktionale Passung zwischen Technologie und konkreten Aufgaben |

**Tabelle 5.2** Verwendete Technologieakzeptanzmodelle und nicht verwendete Konstrukte

| Modell | Nicht verwendete Konstrukte | Begründung |
|---|---|---|
| UTAUT (Venkatesh et al., 2003) | Behavioral Intention (BI) | BI eignet sich nicht für diesen Kontext und wird ersetzt durch AUSAT und CUSAT. |
| Task-Technology-Fit-Model (Goodhue & Thompson, 1995) | • Task Characteristics<br>• Technology Characteristics<br>• Individual Characteristics<br>• Precursors of Utilization<br>• Utilization<br>• Performance Impact | Zur Reduktion der Modellkomplexität lag der Fokus in dieser Arbeit auf TTF, das Hauptkonstrukt des TTF-Modells. |

## 5.2 Fragestellungen der quantitativen Untersuchung

In der vorliegenden Arbeit soll folgende Hauptfragestellung untersucht werden:

> Welche Faktoren haben einen Einfluss auf die Akzeptanz der Lernsoftware von Lernenden, die an der Zusatzqualifikation *Künstliche Intelligenz und maschinelles Lernen* des KI $B^3$-Projekts teilnehmen, und wie beeinflusst diese Akzeptanz den subjektiv wahrgenommenen Lernerfolg?

Um eine adäquate Beantwortung dieser Forschungsfrage zu gewährleisten, wird diese im Rahmen der quantitativen Untersuchung in weitere vier Subfragestellungen spezifiziert:

1. Wie verändern sich die kognitiven Überzeugungen im Rahmen des UTAUT-Modells durch die Nutzung der Lernsoftware?
2. Wie beeinflussen sich die Einflussfaktoren gegenseitig?
3. Welche Faktoren beeinflussen die Akzeptanz der Lernsoftware von Lernenden, die an der Zusatzqualifikation *Künstliche Intelligenz und maschinelles Lernen* des KI $B^3$-Projekts teilnehmen?
4. Wie beeinflusst die Akzeptanz der Lernsoftware den subjektiv wahrgenommenen Lernerfolg von Lernenden, die an der Zusatzqualifikation *Künstliche Intelligenz und maschinelles Lernen* des KI $B^3$-Projekts teilnehmen?

## 5.3 Hypothesenentwicklung der quantitativen Untersuchung

Im folgenden Abschnitt werden die zu prüfenden Hypothesen differenziert nach den jeweiligen Fragestellungen dargestellt und erläutert (5.3.1 bis 5.3.4). **Abbildung** ***5.2*** bietet eine Übersicht über alle Hypothesen, deren theoretische und empirische Herleitung im Folgenden näher erläutert werden.

### 5.3.1 Hypothesen der Fragestellung 1

Im Folgenden werden die Hypothesen in Bezug auf die erste Fragestellung näher beschrieben:

1. Wie verändern sich die kognitiven Überzeugungen im Rahmen des UTAUT-Modells durch die Nutzung der Lernsoftware?

Die kognitiven Überzeugungen der Auszubildenden stellen vor der Nutzung der Lernsoftware vor allem Erwartungen dar. Diese Erwartungen sind zu diesem Zeitpunkt häufig unrealistisch und teilweise „übertrieben" (Bhattacherjee & Premkumar, 2004, S. 508), da sie stark von externen Einflüssen (z. B. Projekthomepage, Werbeflyer) geprägt sind. Erst durch die tatsächliche Nutzung der Lernsoftware können die Lernenden ihre Erwartungen mit der Realität abgleichen und sich ein differenziertes und realitätsnahes Bild von der Lernsoftware machen. Dieser Prozess führt zu einer Anpassung ihrer kognitiven Überzeugungen. Venkatesh et al. (2011) betonen in diesem Zusammenhang, dass die tatsächliche Nutzung einer Technologie häufig zu einer kritischeren und realistischeren Einschätzung führt, da die ursprünglichen, idealisierten Überzeugungen durch praktische Erfahrungen relativiert werden. Bisherige Untersuchungen bestätigen diese Annahme und zeigen, dass die kognitiven Überzeugungen nach der Nutzung einer Technologie tendenziell abnehmen (Bhattacherjee & Premkumar, 2004; Venkatesh et al., 2011). Vor diesem Hintergrund lassen sich folgende Hypothesen ableiten:

- H1a: Performance Expectancy ($t_2$) nimmt nach der Nutzung der Lernsoftware signifikant ab.
- H1b: Effort Expectancy ($t_2$) nimmt nach der Nutzung der Lernsoftware signifikant ab.

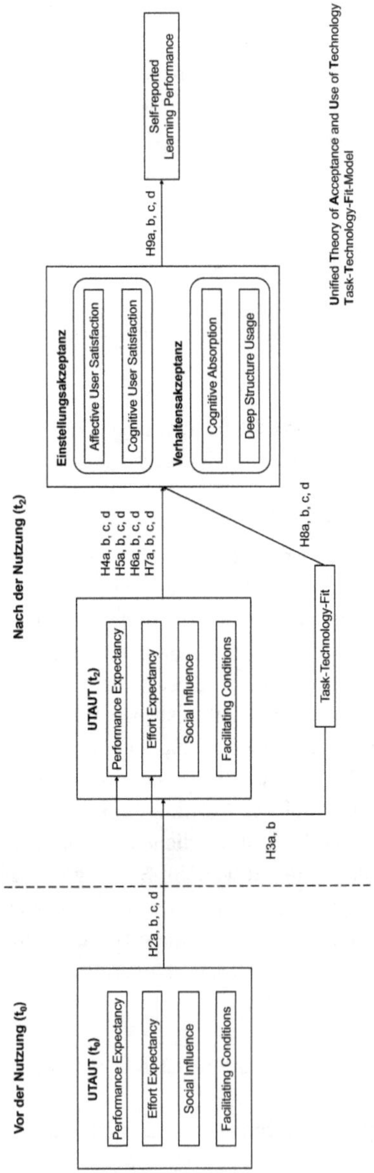


**Abbildung 5.2** Forschungsmodell mit Hypothesen. (Eigene Darstellung)

- H1c: Social Influence ($t_2$) nimmt nach der Nutzung der Software signifikant ab.
- H1d: Facilitating Conditions ($t_2$) nimmt nach der Nutzung der Lernsoftware signifikant ab.

### 5.3.2 Hypothesen der Fragestellung 2

Als nächstes werden die Hypothesen der zweiten Fragestellung aufgelistet und erläutert:

2. Wie beeinflussen sich die Einflussfaktoren gegenseitig?

**Einfluss UTAUT-Konstrukte ($t_0$) auf UTAUT-Konstrukte ($t_2$)**
Der Zusammenhang zwischen den kognitiven Überzeugungen vor und nach der Nutzung der Lernsoftware lässt sich mit der Adaptationsleveltheorie von Helson (1964) erklären. Diese Theorie besagt, dass neue Reize (z. B. neue Erfahrungen) stets in Abhängigkeit von bereits vorhandenen Kognitionen, dem sog. Adaptationsniveau, bewertet werden. In diesem Kontext stellen die kognitiven Überzeugungen des Zeitpunktes $t_0$ das Adaptationsniveau dar. Sie dienen als Bezugsrahmen für die Bewertung der Erfahrungen, die während der Nutzung der Lernsoftware gemacht werden, und beeinflussen so die Bildung der neuen kognitiven Überzeugungen ($t_2$). Den Zusammenhang, dass die ursprünglichen kognitiven Überzeugungen eine Ankerfunktion ausüben, die die späteren Überzeugungen maßgeblich beeinflussen, konnten mehrere Studien für alle Konstrukte des UTAUT-Modells bestätigen (Islam et al., 2017; Venkatesh et al., 2011; Xu et al., 2017). Insgesamt gibt es bisher wenige empirische Untersuchungen zu dieser Thematik, was möglicherweise darauf zurückzuführen ist, dass längsschnittliche Studien in diesem Forschungsfeld selten durchgeführt werden. Auf Grundlage des theoretischen und empirischen Hintergrunds werden folgende Hypothesen abgeleitet:

- H2a: Performance Expectancy ($t_0$) hat einen Einfluss auf Performance Expectancy ($t_2$).
- H2b: Effort Expectancy ($t_0$) hat einen Einfluss auf Effort Expectancy ($t_2$).
- H2c: Social Influence ($t_0$) hat einen Einfluss auf Social Influence ($t_2$).
- H2d: Facilitating Conditions ($t_0$) hat einen Einfluss auf Facilitating Conditions ($t_2$).

**Einfluss von Task-Technology-Fit auf Performance Expectancy ($t_2$) und Effort Expectancy ($t_2$)**

Die derzeitige Studienlage legt nahe, dass Task-Technology-Fit (TTF) die Konstrukte PE ($t_2$) und EE ($t_2$) beeinflussen könnte (Mokhtar et al., 2018; Rai & Selnes, 2019; Wu & Chen, 2016). Diesem Zusammenhang liegt die Annahme zugrunde, dass der Nutzen der Lernsoftware für den Lernerfolg (PE, $t_2$) umso höher eingeschätzt wird und die Bedienung der Software als umso leichter empfunden wird (EE, $t_2$), je größer der Fit zwischen der Lernsoftware und der Aufgabe des Erwerbs von KI-Kenntnissen und Kompetenzen ist. Die Beziehung zwischen TTF und PE ($t_2$) sowie TTF und EE ($t_2$) konnte auch in vielen empirischen Arbeiten bestätigt werden. So fanden Rai und Selnes (2019) bei ihrer Untersuchung zur Akzeptanz von digitalen Textbüchern heraus, dass TTF einen signifikanten Einfluss auf PE ($\beta = .61$, $p < .05$) und EE ($\beta = .84$, $p < .05$) hatte (S. 8). Andere Studien im Bildungsbereich konnten ebenfalls statistisch signifikante und positive Zusammenhänge zwischen diesen Konstrukten ermitteln, jedoch war der Einfluss weniger stark ausgeprägt (Mokhtar et al., 2018; Wu & Chen, 2016). Vor diesem Hintergrund werden folgende Hypothesen in diesem Zusammenhang formuliert:

- H3a: Task-Technology-Fit hat einen positiven Einfluss auf Performance Expectancy ($t_2$).
- H3b: Task-Technology-Fit hat einen positiven Einfluss auf Effort Expectancy ($t_2$).

### 5.3.3 Hypothesen der Fragestellung 3

In diesem Kapitelabschnitt wird auf die Hypothesen der dritten Fragestellung näher eingegangen:

3. Welche Faktoren beeinflussen die Akzeptanz der Lernsoftware von Lernenden, die an der Zusatzqualifikation *Künstliche Intelligenz und maschinelles Lernen* des KI B3-Projekts teilnehmen?

**Einfluss UTAUT-Konstrukte ($t_2$) auf Affective und Cognitive User Satisfaction (Einstellungsakzeptanz)**

Zufriedenheit mit einer Technologie entsteht, wenn deren Nutzung als hilfreich zur Verbesserung der eigenen Leistung wahrgenommen wird (**PE, $t_2$**) (Lee &

Lehto, 2013). Lernende, die überzeugt sind, dass die Lernsoftware ihren Lernerfolg steigern kann, werden ihr gegenüber emotional positiv eingestellt sein (AUSAT) und sie auch objektiv als vorteilhaft bewerten (CUSAT). In vielen Studien wurde bisher nicht explizit zwischen einer affektiven und kognitiven Zufriedenheit unterschieden, sondern nur die allgemeine Zufriedenheit untersucht. Diese konnten einen signifikanten und positiven Zusammenhang zwischen PE und USAT feststellen, der moderat ausgeprägt war (Al-Khowaiter et al., 2015; Islam et al., 2015; Lee & Lehto, 2013; Lee & Park, 2008; Zhao & Bacao, 2020). Arbeiten aus dem Bildungsbereich zeigen zudem, dass PE sowohl AUSAT (Chao, 2019; Wibowo, 2017) als auch CUSAT (Caruana et al., 2016; Wang et al., 2021) positiv beeinflussen. Besonders hervorzuheben ist die Studie von Mamun et al. (Mamun et al., 2020), die erstmals beide Dimensionen getrennt betrachtete und für beide signifikante Effekte berichtete ($\beta_{\mathrm{AUSAT}} = .53$, $p_{AUSAT} < .001$, $\beta_{\mathrm{CUSAT}} = .15$, $p_{CUSAT} < .05$) (S. 7).

Auch die empfundene Benutzerfreundlichkeit (**EE, $t_2$**) kann die Zufriedenheit mit der Lernsoftware beeinflussen. Eine einfache, intuitive Bedienbarkeit erleichtert die Nutzung einer Technologie und trägt dazu bei, dass sich die Nutzer:innen wohlfühlen (ASUAT) und die Technologie als gewinnbringend wahrnehmen (CUSAT) (Al-Khowaiter et al., 2015; Kang et al., 2017; Zhou, 2011). Studien von Chao (2019, S. 8) und Wibowo (2017, S. 43) im E-Learning-Kontext zeigen, dass EE mit AUSAT positiv zusammenhängt ($\beta = .25$, $p < .05$ bzw. $\beta = .24$, $p < .000$). Caruana et al. (2016) konnten in ihrer Arbeit einen positiven Zusammenhang zwischen dem Faktor EE und der kognitiven Zufriedenheit mit Simulationsspielen feststellen ($\beta = .30$, $p < .001$) (S. 114).

Ein weiterer Faktor, der die Zufriedenheit mit der Lernsoftware beeinflussen kann, ist der soziale Einfluss (**SI, $t_2$**) (Maillet et al., 2015). Wenn wichtige Personen wie etwa die Lehrkraft oder andere Teilnehmende die Nutzung der Lernsoftware befürworten, können sich Lernenden bestärkt fühlen, was sich positiv auf die Zufriedenheit mit der Lernsoftware auswirkt (Isaac et al., 2017). Die Studienlage hierzu ist zwar insgesamt sehr überschaubar, jedoch deuten die vorhandenen Befunde auf einen schwachen, aber signifikanten Einfluss auf AUSAT hin (Isaac et al., 2017; Wibowo, 2017; Zhao & Bacao, 2020). Für CUSAT liegen bislang keine empirischen Ergebnisse vor, ein positiver Zusammenhang erscheint jedoch theoretisch plausibel.

Schließlich beeinflusst auch **FC ($t_2$)** die Zufriedenheit mit einer Technologie. Positive Nutzungserfahrungen durch unterstützende Rahmenbedingungen (z. B. schnelles Internet, rasche Unterstützung bei technischen Schwierigkeiten) erhöhen die Wahrscheinlichkeit einer positiven Bewertung (Han & Conti, 2020). Während empirische Arbeiten den Einfluss auf AUSAT bestätigen (Maillet et al.,

2015; Wan et al., 2020), liegen für CUSAT noch keine Befunde vor. Da jedoch auf theoretischer Ebene ein positiver Einfluss von FC auf die allgemeine Zufriedenheit postuliert wird, ist auch die Annahme plausibel, dass FC die kognitive Zufriedenheit positiv beeinflussen könnte.

Vor diesem Hintergrund werden daher folgende Hypothesen formuliert:

- H4a: Performance Expectancy ($t_2$) hat einen positiven Einfluss auf Affective User Satisfaction.
- H4b: Effort Expectancy ($t_2$) hat einen positiven Einfluss auf Affective User Satisfaction.
- H4c: Social Influence ($t_2$) hat einen positiven Einfluss auf Affective User Satisfaction.
- H4d: Facilitating Conditions ($t_2$) hat einen positiven Einfluss auf Affective User Satisfaction.
- H5a: Performance Expectancy ($t_2$) hat einen positiven Einfluss auf Cognitive User Satisfaction.
- H5b: Effort Expectancy ($t_2$) hat einen positiven Einfluss auf Cognitive User Satisfaction.
- H5c: Social Influence ($t_2$) hat einen positiven Einfluss auf Cognitive User Satisfaction.
- H5d: Facilitating Conditions ($t_2$) hat einen positiven Einfluss auf Cognitive User Satisfaction.

**Einfluss UTAUT-Konstrukte ($t_2$) auf Cognitive Absorption (Verhaltensakzeptanz)**

In dieser Arbeit wird angenommen, dass die UTAUT-Konstrukte PE, EE, SI und FC (jeweils $t_2$) das Erleben von CA positiv beeinflussen.

Ein positiver Zusammenhang zwischen **PE ($t_2$)** und CA wird durch die Flow-Theorie begründet. Diese geht davon aus, dass Ziele dem Verhalten Richtung und Zweck geben (Csikszentmihalyi, 1990). Wird der Wert eines Ziels erkannt, lenkt dies die Aufmerksamkeit und fördert das Flow-Erleben. Übertragen auf den vorliegenden Kontext gilt: Erkennen die Lernenden den Nutzen und damit den Wert der Lernsoftware (Steigerung des Lernerfolgs), sind sie eher motiviert, sich aktiv mit ihr zu beschäftigen und kognitive Ressourcen aufzuwenden, wodurch das Erleben von CA gefördert wird (Mpinganjira, 2019). Das Konstrukt CA ist in der Technikakzeptanzforschung bislang wenig untersucht worden. Studien, zur Akzeptanz von Lernmanagementsystemen bestätigen jedoch diese Annahme (Alajmi & Alotaibi, 2020; Mpinganjira, 2019; Reychav & Wu, 2014). Auch verwandte Konstrukte von CA wie Engagement oder Flow wurden in diesem

Zusammenhang untersucht und lieferten vergleichbare Ergebnisse (Gao, 2023; Ghanbarzadeh & Ghapanchi, 2020; Liu et al., 2016; Zhang et al., 2021).

Ein positiver Zusammenhang wird auch zwischen den Konstrukten **EE ($t_2$)** und CA vermutet. Eine einfache bedienbare Lernsoftware reduziert die kognitive Anstrengung, sodass ihre Nutzung als angenehm erlebt wird. Auf diese Weise können die Lernenden ihre vollständige Aufmerksamkeit der Lernsoftware widmen, was das Erleben von CA unterstützen kann (Chang, 2013; Rodríguez-Ardura & Meseguer-Artola, 2014). Bisher haben nur Lallmahomed et al. (2013) in ihrer Studie zur Akzeptanz von Facebook die Beziehung zwischen EE und CA untersucht und dabei einen signifikanten und positiven Zusammenhang zwischen diesen beiden Konstrukten festgestellt ($\beta = .18$, $p < .001$) (S. 2782). Studien mit verwandten Konstrukten berichten ebenfalls von positiven Zusammenhängen zwischen EE und Engagement oder Flow (Aguilera-Hermida et al., 2021; Gao, 2023; Rodríguez-Ardura & Meseguer-Artola, 2014).

Positive Rückmeldungen und Empfehlungen durch relevante Personen können dazu führen (**SI, $t_2$**), dass die Lernenden eher bereit sind, sich auf die Lernsoftware einzulassen und sich intensiver mit ihr auseinanderzusetzen, sodass das Erleben von CA begünstigt wird (Lallmahomed et al., 2013; Venkatesh et al., 2003). Zum Zusammenhang zwischen SI und CA liegen bisher nur wenige empirische Befunde vor. Erste empirische Befunde legen nahe, dass SI das Erleben von CA fördern kann (Lallmahomed et al., 2013). Choi und Kim (2004) sowie Gao (2023) zeigten in ihren Untersuchungen, dass SI positiv mit dem Flow-Erleben zusammenhängt, das CA theoretisch sehr ähnlich ist.

Auch zwischen **FC ($t_2$)** und CA wird ein positiver Zusammenhang vermutet. Unterstützende Rahmenbedingungen wie technischer Support ermöglichen es den Lernenden, technische Hindernisse zu überwinden und Frustration zu reduzieren. Die Lernenden können sich daher intensiv mit der Lernsoftware auseinandersetzen, was das Erleben von CA fördern kann (Lallmahomed et al., 2013; Venkatesh et al., 2003). Bisher haben nur Lallmahomed et al. (2013) diese Beziehung untersucht und einen signifikanten, positiven und moderaten Zusammenhang gefunden ($\beta = .14$, $p < .001$) (S. 2782). Zu gleichen Ergebnissen kamen auch Liu et al. (2016) und Zhang et al. (2021), die sich mit der Akzeptanz von Onlineshoppingdiensten und E-Learning beschäftigten und konkret das Flow-Erleben untersuchten.

Basierend auf den theoretischen Begründungen und bisherigen empirischen Befunden wird von folgenden Hypothesen ausgegangen:

- H6a: Performance Expectancy ($t_2$) hat einen positiven Einfluss auf Cognitive Absorption.

- H6b: Effort Expectancy ($t_2$) hat einen positiven Einfluss auf Cognitive Absorption.
- H6c: Social Influence ($t_2$) hat einen positiven Einfluss auf Cognitive Absorption.
- H6d: Facilitating Conditions ($t_2$) hat einen positiven Einfluss auf Cognitive Absorption.

**Einfluss UTAUT-Konstrukte ($t_2$) auf Deep Structure Usage (Verhaltensakzeptanz)**

Zwischen **PE ($t_2$)** und DSU wird ein positiver Zusammenhang vermutet. Lernende, die den Nutzen der Lernsoftware für ihren Lernerfolg erkennen, sind eher bereit, deren Funktionen zu intensiv zu erkunden. Das Auftreten von DSU ist somit wahrscheinlicher, da die Lernenden davon ausgehen, dass eine vertiefte Nutzung der Software ihrem Lernerfolg zugutekommt (Wang & Hsieh, 2006; Yan & Wakefield, 2018). Auch erste empirische Ergebnisse können diese Annahme untermauern. Studien zur Akzeptanz von Cloud-Diensten und E-Learning belegen einen signifikanten, schwachen bis moderaten Einfluss von PE auf DSU (Alajmi & Alotaibi, 2020; Lallmahomed et al., 2013; Thatcher et al., 2018; Yan & Wakefield, 2018). Auch das Konzept Extended Use, das mit DSU verwandt ist, zeigt ähnliche Effekte (Hsieh & Wang, 2007; Wang & Hsieh, 2006).

Auch **EE ($t_2$)** wird als Einflussfaktor auf DSU betrachtet. Eine leicht bedienbare Lernsoftware senkt mögliche Nutzungshürden und erleichtert die Erkundung ihrer Funktionen (Yan & Wakefield, 2018). Umgekehrt kann eine als komplex wahrgenommene Lernsoftware dazu führen, dass sich die Lernenden auf eine oberflächliche Nutzung beschränken. Mehrere Studien aus dem Bereich E-Learning und soziale Medien bestätigen einen signifikanten positiven Zusammenhang zwischen EE und DSU (Alajmi & Alotaibi, 2020; Lallmahomed et al., 2013; Thatcher et al., 2018; Yan & Wakefield, 2018).

Für **SI ($t_2$)** liegen bisher nur wenige empirische Erkenntnisse im Zusammenhang mit DSU vor. Zwar konnten Alajmi und Alotaibi (2020) und Lallmahomed et al. (2013) keinen signifikanten Effekt nachweisen, dennoch ist ein Zusammenhang theoretisch plausibel. Wenn wichtige Personen die Nutzung der Lernsoftware empfehlen, werden die Lernenden eher dazu neigen, sie auch tatsächlich zu nutzen, um z. B. den Erwartungen der Lehrkräfte zu entsprechen oder ein Gefühl der Zugehörigkeit zu entwickeln (Venkatesh et al., 2003).

Ein positiver Zusammenhang wird auch zwischen **FC ($t_2$)** und DSU angenommen. Wahrgenommene günstige Rahmenbedingungen vermitteln den Lernenden das Gefühl, unterstützt zu werden und motivieren sie, die Lernsoftware und ihre Funktionen umfassend zu nutzen. Die Verlässlichkeit dieser Rahmenbedingungen bestärkt sie darin, die Software zu erkunden und so DSU zu erhöhen (Alajmi & Alotaibi, 2020; Lallmahomed et al., 2013).

Aufbauend auf diesen Überlegungen und dem dargestellten Forschungsstand werden folgende Hypothesen aufgestellt:

- H7a: Performance Expectancy ($t_2$) hat einen positiven Einfluss auf Deep Structure Usage.
- H7b: Effort Expectancy ($t_2$) hat einen positiven Einfluss auf Deep Structure Usage.
- H7c: Social Influence ($t_2$) hat einen positiven Einfluss auf Deep Structure Usage.
- H7d: Facilitating Conditions ($t_2$) hat einen positiven Einfluss auf Deep Structure Usage

**Einfluss Task-Technology-Fit auf Affective und Cognitive User Satisfaction sowie Cognitive Absorption und Deep Structure Usage**

Je besser der Fit zwischen einer Technologie und den zu bewältigenden Aufgaben ist, desto zufriedener sind die Nutzer:innen mit der Technologie. Eine wahrgenommene Diskrepanz zwischen Technologie und Aufgabe hingegen kann dazu führen, dass die Technologie als ungeeignet empfunden wird, was wiederum Unzufriedenheit zur Folge hat (Jarupathirun & Zahedi, 2007). Wenn die Lernsoftware für das Erlernen von KI-bezogenen Fertigkeiten und Kenntnissen geeignet ist, können die Lernenden ihre Aufgaben effizienter erledigen. Dies steigert positive Nutzungserfahrungen, die sowohl **AUSAT** als auch **CUSAT** fördern können. Studien im Bildungsbereich bestätigen den Zusammenhang zwischen TTF und AUSAT (Sun et al., 2016; Wan et al., 2020). Andere Arbeiten zeigen, dass TTF auch die rationale Bewertung einer Technologie positiv beeinflusst (Alyoussef, 2021; Lin, 2012).

Es wird auch davon ausgegangen, dass TTF das Akzeptanzkonstrukt **CA** positiv beeinflusst. Basierend auf der Flow-Theorie führt eine Technologie, die die Zielerreichung unterstützt, zu einer intensiven Interaktion mit der Technologie und somit zu Flow-Erlebnissen (Chandra et al., 2012; Huang et al., 2017). Da CA auf Flow beruht, kann für diesen Kontext folgende Schlussfolgerung gezogen werden: Wenn die Lernenden die Lernsoftware als passend für den Erwerb von KI-Kenntnissen wahrnehmen, konzentrieren sie sich stärker auf deren Nutzung, da sie sie als Unterstützung bei der Zielerreichung (z. B. Bestehen der Prüfung) erkennen. Diese erhöhte Konzentration begünstigt wiederrum das Erleben von CA. Der direkte Zusammenhang zwischen TTF und CA wurde bisher kaum untersucht. Es liegen jedoch Studien vor, die ähnliche Konstrukte wie Compatibility, Playfulness oder Flow betrachten und theoretisch eng mit CA verwandt sind. Diese Arbeiten zeigen durchweg positive und signifikante Effekte von TTF auf diese Konstrukte (Chandra et al., 2012; Chang, 2010; Huang et al., 2017). Es liegt daher nahe anzunehmen, dass auch TTF einen positiven Einfluss auf CA hat.

Auch beim Akzeptanzkonstrukt **DSU** wird ein positiver Einfluss von TTF angenommen. Je besser die Lernsoftware auf die spezifischen Anforderungen der Lernaufgabe abgestimmt ist, desto eher sinkt die Hemmschwelle, verschiedene Funktionen der Software auszuprobieren und die Nutzung zu vertiefen (Kim & Kim, 2017). Der Einfluss von TTF auf DSU ist bisher weitgehend unerforscht. Jedoch weisen Konzepte wie System Use und Utilization starke Ähnlichkeiten zu DSU auf und wurden durch TTF positiv beeinflusst (Kim & Kim, 2017; Strong et al., 2006). Vor diesem Hintergrund erscheint es plausibel, dass auch DSU durch TTF gefördert wird.

Ausgehend von den theoretischen Grundlagen und empirischen Erkenntnissen lassen sich folgende Hypothesen ableiten:

- H8a: Task-Technology-Fit hat einen positiven Einfluss auf Affective User Satisfaction.
- H8b: Task-Technology-Fit hat einen positiven Einfluss auf Cognitive User Satisfaction.
- H8c: Task-Technology-Fit hat einen positiven Einfluss auf Cognitive Absorption.
- H8d: Task-Technology-Fit hat einen positiven Einfluss auf Deep Structure Usage.

### 5.3.4 Hypothesen der Fragestellung 4

Die Hypothesen der vierten Fragestellung werden im nachfolgenden Verlauf beschrieben:

4. Wie beeinflusst die Akzeptanz der Lernsoftware den subjektiv wahrgenommenen Lernerfolg von Lernenden, die an der Zusatzqualifikation *Künstliche Intelligenz und maschinelles Lernen* des KI B3-Projekts teilnehmen?

Es wird davon ausgegangen, dass die Konstrukte der Einstellungsakzeptanz, bestehend aus **AUSAT** und CUSAT, Self-reported Learning Performance (SLP) positiv beeinflusst. Der postulierte Zusammenhang beruft auf der Annahme, dass positive Emotionen wie Freude oder Zuversicht während des Lernens zu einer intensiveren Auseinandersetzung mit den Lernaufgaben und damit zu höherem Lernerfolg führen (Park et al., 2015; Tan et al., 2021; Trigwell et al., 2012; Williams et al., 2013). Für den vorliegenden Kontext bedeutet das: Wenn die Auszubildenden Freude bei der Nutzung der Lernsoftware empfinden (AUSAT), setzen sie sich tendenziell intensiver mit den darin enthaltenen Lerninhalten auseinander, was ihren subjektiven Lernerfolg steigern kann. Aktuelle empirische Studien aus dem Bildungskontext und auch jenseits des Bildungsbereichs bestätigen diesen Zusammenhang (Alotaibi & Alshahrani, 2022; Lee & Park, 2008; Salam & Farooq, 2020).

Auch Lernende, die die Lernsoftware nach Abwägung ihrer Vor- und Nachteile als nützlich einstufen (**CUSAT**), tendieren dazu, sie effizienter zu nutzen, um sie in ihren Arbeitsaufgaben besser einzusetzen (Guo & Zhang, 2010). Dies erlaubt es ihnen, sich tiefer mit den Lerninhalten auseinanderzusetzen, was zu einem gesteigerten wahrgenommenen Lernerfolg führt (Çelik & Ayaz, 2022). Studien belegen den positiven Einfluss von CUSAT auf die subjektive Leistung (Al-Rahmi et al., 2018; Ameen et al., 2020; Guo & Zhang, 2010; Norzaidi & Salwani, 2009; Osang, 2015).

Auch **CA** wird als positiver Prädiktor für den subjektiven Lernerfolg angenommen. Diese Annahme beruht auf der Überlegung, dass die intensive Fokussierung auf die Lernsoftware zu gesteigerter Motivation und Lernbereitschaft führt. Dadurch konzentrieren sich die Lernenden besser auf die Lerninhalte, setzen sich intensiver mit ihnen auseinander, was wiederrum mit einer positiven Einschätzung ihres Lernerfolgs einhergeht (Oyyappan & Mathew, 2019). Den Einfluss von CA auf das Lernen und den Lernerfolg erklären Guinaliu-Blasco et al. (2019) damit, dass CA als Auslöser des kognitiven Verarbeitungsprozesses wirkt, durch den Lernen und Verhalten beeinflusst werden. Die bisherige Studienlage deutet darauf hin, dass CA sowohl subjektive (Baker et al., 2017; Goel et al., 2013; Guinaliu-Blasco et al., 2019) als auch objektive Lernergebnisse (Burton-Jones & Straub, 2006) positiv beeinflusst.

Zuletzt wird auch beim Akzeptanzkonstrukt **DSU** ein positiver Einfluss auf SLP vermutet. Grundlegend für diese Annahme ist folgende theoretische Überlegung:

> When employees engage in deep structure use of a [technology], they will likely be aware of the differences between these features, know the pros and cons of using these features, and become more proficient in using these features. They will also be likely to understand the complementarity among these features and leverage these features

> to get their jobs done. [...] they will be more likely to identify optimal solutions, resulting in better job performance. [...] The more features they explore, the more likely they will learn and apply new knowledge in completing job tasks. Consequently, they can leverage these features to enhance their job performance. (Oyyappan & Mathew, 2019, S. 56–57)

Lernende, die die Lernsoftware umfassend nutzen, verstehen die Funktionen besser, kombinieren diese gezielt und verarbeiten Lerninhalte tiefer. Dies fördert insgesamt den Lernprozess und führt zu einer positiven Bewertung des eigenen Lernerfolgs. Obwohl empirische Befunde hierzu begrenzt sind, deuten erste Studien auf einen positiven Einfluss von DSU und verwandte Konstrukte auf die subjektive und objektive Leistung hin (Burton-Jones & Straub, 2006; Ghanbarzadeh & Ghapanchi, 2020; Sykes & Venkatesh, 2017).

Vor dem theoretischen und empirischen Hintergrund werden in dieser Arbeit folgende Hypothesen geprüft:

- H9a: Affective User Satisfaction hat einen positiven Einfluss auf Self-reported Learning Performance.
- H9b: Cognitive User Satisfaction hat einen positiven Einfluss auf Self-reported Learning Performance.
- H9c: Cognitive Absorption hat einen positiven Einfluss auf Self-reported Learning Performance.
- H9d: Deep Structure Usage hat einen positiven Einfluss auf Self-reported Learning Performance.

## 5.4 Fragestellungen der qualitativen Untersuchung

Technologieakzeptanzmodelle wurden bisher wenig qualitativ untersucht. Daher zielt die qualitative Erhebung darauf ab, zu untersuchen, wie gut sich das Forschungsmodell zur Analyse der Interviewdaten eignet. Darüber hinaus ist es ein weiteres Ziel, weitere Einflussfaktoren zu identifizieren, die nicht im entwickelten Forschungsmodell enthalten sind, aber dennoch einen Einfluss auf die Akzeptanz der Lernsoftware und den Lernerfolg haben können. Durch die qualitative Untersuchung können tiefere Einsichten gewonnen werden, die möglicherweise über die quantitative Untersuchung hinausgehen, um so ein umfassenderes Bild der untersuchten Phänomene zu erhalten.

Vor diesem Hintergrund und auf Grundlage der bereits formulierten Hauptfragestellung ergeben sich für die qualitative Erhebung folgende Subfragestellungen:

**Hauptfragestellung**:

Welche Faktoren haben einen Einfluss auf die Akzeptanz der Lernsoftware von Lernenden, die an der Zusatzqualifikation *Künstliche Intelligenz und maschinelles Lernen* des KI B3-Projekts teilnehmen, und wie beeinflusst diese Akzeptanz den subjektiv wahrgenommenen Lernerfolg?

**Subfragestellungen der qualitativen Untersuchung**:

1. Inwiefern erweist sich das Forschungsmodell zur Analyse der Interviewdaten als tragfähig?
2. Welche anderen Faktoren spielen bei der Akzeptanz der Lernsoftware und beim subjektiv wahrgenommenen Lernerfolg eine Rolle?

# Methodische Konzeption 6

Kapitel 6 beschreibt und begründet die methodische Konzeption der Arbeit. Dabei wird zunächst erläutert, warum ein Mixed-Methods-Ansatz gewählt wurde (6.1), bevor das methodische Design (6.2.1 und 6.3.1), die Stichproben (6.2.2 und 6.3.2) sowie die jeweiligen Auswertungsmethoden (6.2.4 und 6.3.3) der quantitativen und qualitativen Untersuchung dargestellt werden. Für die quantitative Erhebung werden zudem die eingesetzten Erhebungsinstrumente näher beschrieben werden (6.2.3).

## 6.1 Begründung für eine Mixed-Methods-Untersuchung

Ein Mixed-Methods-Ansatz bildete die methodische Grundlage der vorliegenden Arbeit und bezeichnet die Kombination quantitativer und qualitativer Methoden innerhalb eines Forschungsprojekts. Dabei werden in ein- oder mehrphasigen Designs beide Datentypen erhoben und in früheren oder späteren Phasen des Projekts integriert (Kuckartz, 2014). Das zentrale Ziel von Mixed-Methods-Untersuchungen ist es, durch die Kombination qualitativer und quantitativer Forschungsansätze ein tieferes Verständnis vom Untersuchungsgegenstand zu

**Ergänzende Information** Die elektronische Version dieses Kapitels enthält Zusatzmaterial, auf das über folgenden Link zugegriffen werden kann https://doi.org/10.1007/978-3-658-51906-3_6.



L. Lao, *Technologieakzeptanz in der beruflichen Bildung*, Münchner Studien zur empirischen Bildungs- und Sozialisationsforschung,
https://doi.org/10.1007/978-3-658-51906-3_6

gewinnen und einen breiteren Einblick auf das Forschungsproblem zu ermöglichen, welche mit einem einzigen methodologischen Zugang nicht möglich wäre (Hagenauer et al., 2023).

Mixed-Methods-Ansätze zeichnen sich durch zahlreiche Vorteile aus. Sie kombinieren etwa die Stärken quantitativer und qualitativer Forschung, um deren jeweiligen Schwächen auszugleichen. Durch diesen Ansatz wird die statistische Aussagekraft quantitativer Daten mit dem explorativen Charakter qualitativer Daten vereint (Kuckartz, 2014; Plano Clark & Ivankova, 2016). Das Forschungsproblem wird somit aus unterschiedlichen Blickwinkeln betrachtet, was zu einem nuancierten und umfassenderen Bild führt (Hagenauer et al., 2023; Kuckartz, 2014; Plano Clark & Ivankova, 2016). Besonders geeignet ist der Ansatz zur Untersuchung latenter Konstrukte wie Einstellungen, kognitive Überzeugungen oder Zufriedenheit (Gläser-Zikuda et al., 2018). Ihre Operationalisierung ist jedoch oft schwierig, da sie subjektiv geprägt und vielschichtig sind (Bortz & Döring, 2016). Mixed-Methods-Designs tragen dieser Komplexität Rechnung, indem sie verschiedene Dimensionen latenter Konstrukte mit quantitativen und qualitativen Verfahren erfassen (Gläser-Zikuda et al., 2018). Gleichzeitig ist die Mixed-Methods-Forschung mit einem erhöhten methodischen und organisatorischen Aufwand verbunden, der fundierte Kenntnisse in beiden Ansätzen sowie ein hohes Maß an zeitlichen Kapazitäten und Ressourcen erfordert (Kuckartz, 2014).

Die Kombination quantitativer und qualitativer Verfahren erwies sich daher auch für die vorliegende Untersuchung als sinnvoll: Das Forschungsmodell dieser Arbeit umfasste vorwiegend latente Konstrukte, die teilweise auch sehr abstrakt sind. Während der quantitative Ansatz deren Zusammenhänge systematisch erfasste und quantifizierte, trug die qualitative Analyse dazu bei, diese abstrakten Phänomene durch individuelle Erfahrungen und Einschätzungen der Auszubildenden anschaulicher zu machen. Der Mixed-Methods-Ansatz ermöglichte somit ein umfassenderes Verständnis, da er über die quantitativen Trends und Muster hinausging und zusätzlich die persönlichen Erfahrungen und den Lernkontext berücksichtigte.

In der Mixed-Methods-Forschung ist die Wahl des passenden Untersuchungsdesigns vom spezifischen Untersuchungsproblem abhängig. Grundsätzlich wird zwischen parallelen oder sequentiellen Designs unterschieden, bei denen entweder quantitative oder qualitative Methoden dominieren können oder beide gleichgewichtet sind (Creswell, 2015a). In dieser Arbeit wurde das parallele Design gewählt, bei dem quantitative und qualitative Daten zeitgleich erhoben, jedoch methodisch getrennt bearbeitet werden (Creswell, 2015a; Hagenauer et al.,

2023). Das bedeutet, dass beide Forschungsstränge unabhängig voneinander ausgewertet und interpretiert werden, bevor ihre zentralen Erkenntnisse im Anschluss zusammengeführt werden, um gemeinsame Schlussfolgerungen zu ziehen. Insgesamt lag in dieser Arbeit der Schwerpunkt auf der quantitativen Untersuchung, während der qualitative Strang durch Vertiefung und Kontextualisierung die quantitativen Befunde ergänzte.

*Aus*

**Abbildung** *6.1* geht das übergeordnete Untersuchungsdesign dieser Arbeit hervor. Gemäß dem parallelen Design wurden für den quantitativen und qualitativen Strang der Untersuchung jeweils eigene Forschungsfragen formuliert und getrennte Analyseschritte durchgeführt. Danach wurden die Ergebnisse beider Stränge konsolidiert, sodass differenzierte Schlussfolgerungen für die Akzeptanz von Lernsoftwares und die Förderung des Lernerfolgs gezogen werden konnten.

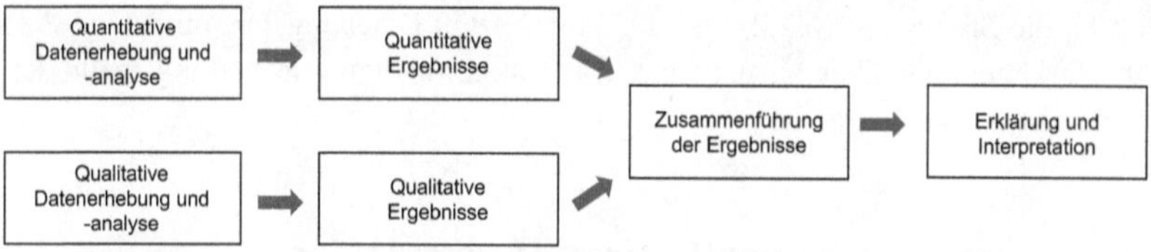


**Abbildung 6.1** Paralleles Untersuchungsdesign. (Eigene Darstellung nach Creswell, 2015a, S. 74)

Die **Tabelle** *6.1* zeigt die konkreten Erhebungszeitpunkte der quantitativen und qualitativen Untersuchung. Während die quantitative Erhebung längsschnittlich angelegt war und Veränderungen über die Zeit hinweg erfasste, handelte es sich bei der qualitativen Untersuchung um einer querschnittliche Erhebung, die punktuelle Einblicke in die ZQ bot. Das Design der jeweiligen Untersuchung wird in Abschnitt 6.2.1 und 6.3.1 näher erläutert.

**Tabelle 6.1** Gesamtes Untersuchungsdesign mit Erhebungszeitpunkten

| | | Beginn der ZQ ($t_0$) | Während der ZQ ($t_1$) | Ende der ZQ ($t_2$) |
|---|---|---|---|---|
| Quantitative Untersuchung | 1. ZQ | x | | x |
| | 2. ZQ | x | | x |
| Qualitative Untersuchung | 1. ZQ | | | x* |
| | 2. ZQ | | x | |

*Anmerkungen.* x = Datenerhebung, x* = Datenerhebung fand einige Zeit nach $t_2$ statt

## 6.2 Quantitative Untersuchung

Im folgenden Unterkapitel wird die methodische Konzeption der quantitativen Untersuchung dargestellt. Hierzu werden zunächst das Untersuchungsdesign (6.2.1), die Stichprobe (6.2.2) und die eingesetzten Erhebungsinstrumente (6.2.3) näher erläutert. Darüber hinaus werden die angewandten Auswertungsmethoden beschrieb (6.2.4).

### 6.2.1 Design der quantitativen Untersuchung

Die Studie fand im Rahmen der Evaluation des KI B3-Projekts statt, welche insgesamt vier Erhebungszeitpunkte umfasste: Beginn der ZQ ($t_0$), nach der ersten Hälfte der ZQ ($t_1$), Ende der ZQ ($t_2$) und vier bis sechs Wochen nach Abschluss der ZQ ($t_3$). Für die quantitative Untersuchung dieser Arbeit waren die Zeitpunkte $t_0$ und $t_2$ relevant. Während der Projektlaufzeit wurden zwei ZQ mit einer Dauer von jeweils elf Monaten realisiert. Die erste ZQ erstreckte sich von September 2022 bis Juli 2023, während die zweite ZQ von September 2023 bis Juli 2024 lief.

Da die Datenerhebungen an zwei verschiedenen Zeitpunkten stattfanden, entsprach das Design der quantitativen Studie einer Prä-Post-Untersuchung. Mit diesem Design war es möglich, Veränderungen in den UTAUT-Faktoren über die Zeit zu erfassen. Die Studie nutzte dafür natürliche Gruppen, da die Auszubildenden nicht zufällig aus einer größeren Population ausgewählt, sondern direkt aus den teilnehmenden Bildungseinrichtungen rekrutiert wurden. Zudem handelte es sich um eine nicht-experimentelle Studie, da keine randomisierte Zuordnung der Teilnehmenden zu verschiedenen Bedingungen, wie etwa Nutzung vs. Nicht-Nutzung der Lernsoftware, stattfand. Stattdessen erlebten alle Teilnehmenden die gleiche Situation, nämlich die Teilnahme an der ZQ, was eine natürlich gegebene Lernumgebung darstellte.

### 6.2.2 Beschreibung der Stichprobe

An der ZQ nahmen insgesamt etwa 250 Auszubildende teil. Eine exakte Zahl konnte nicht ermittelt werden, da nach den Angaben der Lehrkräfte während der Projektlaufzeit kurzfristige Nachmeldungen erfolgten und einzelne Personen die ZQ frühzeitig abbrachen. Diese Fluktuation erschwerte eine präzise Erfassung der Teilnehmendenzahl. Von den rund 250 Auszubildenden entfielen etwa 70 Schüler:innen auf den ersten Durchgang der ZQ und etwa 180 auf den zweiten Durchgang.

In **Tabelle** *6.2* sind die Stichprobengrößen sowie die Rücklaufquoten der unterschiedlichen Erhebungszeitpunkte dargestellt. Dabei zeigt sich, dass in der ersten Erhebungswelle 47 Auszubildende den $t_0$-Fragebogen und 30 den $t_2$-Fragebogen ausgefüllt haben. In der zweiten Erhebungswelle nahmen 175 Auszubildenden an der $t_0$-Befragung und 105 an der $t_2$-Befragung teil. Insgesamt haben 21 Auszubildenden der ersten Erhebungswelle und 88 Auszubildende der zweiten Erhebungswelle beide Fragebögen ausgefüllt, wodurch sich eine Gesamtstichprobe von $n = 109$ ergibt. Ausgehend von einer Untersuchungspopulation von rund 250 Auszubildenden, die an der ZQ teilgenommen haben, entspricht dies einem Rücklauf von 43.6 % bezogen auf Schüler:innen, die beide Befragungen vollständig ausgefüllt haben. Die berichteten Ergebnisse dieser Arbeit basieren auf der Stichprobe von 109 Personen und beziehen sich somit auf einen Teil der definierten Untersuchungspopulation im Rahmen des Projekts. Allgemeingültige Aussagen über alle Auszubildenden in Deutschland werden dabei nicht angestrebt.

**Tabelle** *6.2* lässt auch einen deutlichen Rückgang der Teilnahmebereitschaft zwischen den Erhebungszeitpunkten erkennen, was bei Studien mit mehreren Befragungen ein häufig beobachtetes Phänomen darstellt. Die Daten für diese Arbeit stammen aus der Evaluation des KI B3-Projekts, die vier Erhebungszeitpunkte umfasste. Die Vielzahl der Befragungen könnte die anfängliche Teilnahmemotivation verringert haben. Gleichzeitig könnten die Auszubildenden durch berufliche und schulische Verpflichtungen neben der ZQ zeitlich stark belastet gewesen sein. Hinzu kommt, dass die Befragungslinks nicht direkt versendet, sondern über die Lehrkräfte weitergeleitet wurden. Eine mögliche Ermüdung der Lehrkräfte bei der Weitergabe und Erinnerung an die Befragungen könnte ebenfalls zum Teilnahmerückgang beigetragen haben.

**Tabelle 6.2** Anzahl der Befragungsteilnehmenden an zwei Erhebungszeitpunkten

| | Erste Erhebungswelle | Zweite Erhebungswelle | Gesamt |
|---|---|---|---|
| Beteiligung $t_0$ | 47 (67.1 %[1]) | 175 (97.2 %[2]) | – |
| Beteiligung $t_2$ | 30 (42.9 %[1]) | 105 (58.3 %[2]) | – |
| Beteiligung $t_0$ & $t_2$ | 21 (30.0 %[1]) | 88 (48.9 %[2]) | 109 (43.6 %[3]) |

*Anmerkungen: 1 = bezogen auf ca. 70 Auszubildende im ersten Durchgang der ZQ*
[2] = bezogen auf ca. 180 Auszubildende im zweiten Durchgang der ZQ
[3] = bezogen auf die gesamte Untersuchungspopulation von ca. 250 Auszubildenden

Aus der **Tabelle *6.2*** geht zudem hervor, dass nur wenige Auszubildende an beiden Befragungszeitpunkten ($t_0$ und $t_2$) teilgenommen haben. Dies kann darauf zurückgehführt werden, dass nicht alle Personen, die den $t_0$-Fragebogen ausgefüllt haben, an der $t_2$-Befragung teilnahmen und umgekehrt. Auch könnte die Angabe des persönlichen Codes fehlerhaft gewesen sein, sodass die Datensätze nicht mehr eindeutig zugeordnet werden konnten.

Die Auszubildenden waren zu Beginn der ZQ im Durchschnitt $M = 21.31$ ($SD = 4.44$) Jahre alt, wobei die Altersspanne von 17 bis 44 Jahre reichte. In der ersten Erhebungswelle sowie in der Gesamtstichprobe dominierte die Altersgruppe der 19- bis 21-Jährigen, während in der zweiten Erhebungswelle die meisten Teilnehmenden zwischen 22 und 28 Jahren alt waren. Die Gesamtstichprobe bestand zu 74.3 % aus männlichen und zu 25.7 % aus weiblichen Teilnehmenden. Der häufigste Schulabschluss war das Abitur bzw. die allgemeine oder fachgebundene Hochschulreife (50.5 %), gefolgt vom Realschulabschluss bzw. der Mittleren Reife (25.7 %).

Sowohl in den Teilstichproben der jeweiligen Erhebungswellen als auch in der Gesamtstichprobe befanden sich die meisten Auszubildenden im zweiten Lehrjahr ihrer Ausbildung. Die Mehrheit der Auszubildenden der ersten Erhebungswelle war in großen Unternehmen mit mehr als 500 Mitarbeitenden (95.2 %) beschäftigt. In der zweiten Erhebungswelle war dieser Anteil zwar geringer, blieb mit 56.8 % jedoch weiterhin dominant. Über die Gesamtstichprobe hinweg waren 64.2 % der Befragten in Unternehmen dieser Größenordnung tätig, gefolgt von 19.3 %, die in Unternehmen mit 50 bis 249 Mitarbeitenden arbeiteten. Während die Teilnehmenden der ersten Erhebungswelle überwiegend aus den Branchen Industrie, Verkehr/Logistik und sonstigen Dienstleistungen kamen, waren in der zweiten Erhebungswelle deutlich mehr Branchen vertreten.

Insgesamt lassen sich mehr als die Hälfte der Ausbildungsberufe der Gesamtstichprobe der Industriebranche zuordnen (55.1 %). Die vollständigen Angaben zu den soziodemografischen Variablen können **Tabelle *6.3*** entnommen werden.

**Tabelle 6.3** Soziodemografische Angaben der Auszubildenden (Zeitpunkt $t_0$)

| Soziodemografische Daten | | 1. Welle | | 2. Welle | | Gesamtstichprobe | |
|---|---|---|---|---|---|---|---|
| | | *n* | % | *n* | % | *n* | % |
| Alter* | < 19 | 7 | 33.3 | 6 | 6.9 | 13 | 11.9 |
| | 19–21 | 14 | 66.7 | 37 | 42.5 | 51 | 47.2 |
| | 22–28 | – | – | 39 | 44.8 | 39 | 36.1 |
| | > 28 | – | – | 5 | 5.8 | 5 | 4.6 |
| Geschlecht | weiblich | 3 | 14.3 | 25 | 28.4 | 28 | 25.7 |
| | männlich | 18 | 85.7 | 63 | 71.6 | 81 | 74.3 |
| Abschluss** | HS | – | – | 2 | 2.3 | 2 | 1.8 |
| | RS | 7 | 33.3 | 21 | 23.9 | 28 | 25.7 |
| | FOR | 4 | 19.1 | 19 | 21.6 | 23 | 21.1 |
| | HR | 10 | 47.6 | 45 | 51.1 | 55 | 50.5 |
| | SON | – | – | 1 | 1.1 | 1 | 0.9 |
| Lehrjahr | erstes | 3 | 14.3 | 10 | 11.4 | 13 | 11.9 |
| | zweites | 12 | 57.1 | 65 | 73.9 | 77 | 70.6 |
| | drittes | 6 | 28.6 | 13 | 14.8 | 19 | 17.4 |
| Branche | Industrie | 16 | 76.2 | 44 | 50 | 60 | 55 |
| | Groß- & Außenhandel | – | – | 4 | 4.6 | 4 | 3.7 |
| | Einzelhandel | – | – | 1 | 1.1 | 1 | 0.9 |
| | Verkehr/Logistik | 2 | 9.5 | 1 | 1.1 | 3 | 2.8 |
| | Bauwirtschaft | – | – | 1 | 1.1 | 1 | 0.9 |
| | Banken & Finanzen | – | – | 2 | 2.3 | 2 | 1.8 |
| | Unternehmensberatung | – | – | 3 | 3.4 | 3 | 2.8 |
| | Information, Kommunikation, Software | – | – | 16 | 18.2 | 16 | 14.7 |

(Fortsetzung)

**Tabelle 6.3** (Fortsetzung)

| Soziodemografische Daten | | 1. Welle | | 2. Welle | | Gesamtstichprobe | |
|---|---|---|---|---|---|---|---|
| | | *n* | % | *n* | % | *n* | % |
| | Sonstige Dienstleistungen | 3 | 14.3 | 16 | 18.2 | 19 | 17.4 |
| Anzahl MA*** | 1–9 MA | – | – | 2 | 2.3 | 2 | 1.8 |
| | 10–49 MA | – | – | 7 | 8 | 7 | 6.4 |
| | 50–249 MA | 1 | 4.8 | 20 | 22.7 | 21 | 19.3 |
| | 250–499 MA | – | – | 9 | 10.2 | 9 | 8.3 |
| | > 500 MA | 20 | 95.2 | 50 | 56.8 | 70 | 64.2 |

*Anmerkungen*: * $n_{Alter} = 108$, ** HS = Hauptschulabschluss/Volksschulabschluss, RS = Realschulabschluss/Mittlere Reife, FOR = Fachoberschulreife/Abschluss an einer Fachoberschule, HR = Allgemeine oder fachgebundene Hochschulreife/Abitur, SON = sonstiger Schulabschluss, *** Mitarbeitende

In **Tabelle *6.4*** sind zudem die spezifischen Ausbildungsgänge der Teilnehmenden dargestellt. Der häufigste Ausbildungsberuf in der Gesamtstichprobe war „Kaufmann:frau für IT-System-Management (21.1 %), gefolgt von „Fachinformatiker:in" (17.4 %) und „Mechatroniker:in" (14.7 %).

**Tabelle 6.4** Ausbildungsgänge der Teilnehmenden (Zeitpunkt $t_0$)

| Ausbildungsgang | 1. Welle | | 2. Welle | | Gesamtstichprobe | |
|---|---|---|---|---|---|---|
| | *n* | % | *n* | % | *n* | % |
| Anlagenmechaniker:in | 1 | 4.8 | – | – | 1 | 0.9 |
| Elektroniker:in für Automatisierungstechnik | – | – | 1 | 1.1 | 1 | 0.9 |
| Elektroniker:in für Betriebstechnik | 1 | 4.8 | 1 | 1.1 | 2 | 1.8 |
| Elektroniker:in für Geräte und Systeme | 1 | 4.8 | 1 | 1.1 | 2 | 1.8 |
| Fachinformatiker:in | 2 | 9.5 | 17 | 19.3 | 19 | 17.4 |
| Industriekaufmann:frau | – | – | 9 | 10.2 | 9 | 8.3 |
| Industriemechaniker:in | 3 | 14.3 | 2 | 2.3 | 5 | 4.6 |

(Fortsetzung)

**Tabelle 6.4** (Fortsetzung)

| Ausbildungsgang | 1. Welle | | 2. Welle | | Gesamtstichprobe | |
|---|---|---|---|---|---|---|
| | *n* | % | *n* | % | *n* | % |
| IT-System-Elektroniker:in | 3 | 14.3 | | | 3 | 2.8 |
| Kaufmann:frau für Büromanagement | – | – | 5 | 5.7 | 5 | 4.6 |
| Kaufmann:frau für Digitalisierungsmanagement | 1 | 4.8 | 9 | 10.2 | 10 | 9.2 |
| Kaufmann:frau für Groß- und Außenhandelsmanagement | – | – | 4 | 4.6 | 4 | 3.7 |
| Kaufmann:frau für IT-System-Management | – | – | 23 | 26.1 | 23 | 21.1 |
| Kaufmann:frau im Einzelhandel | – | – | 1 | 1.1 | 1 | 0.9 |
| Kraftfahrzeugmechatroniker:in | – | – | 5 | 5.7 | 5 | 4.6 |
| Mechatroniker:in | 9 | 42.9 | 7 | 8 | 16 | 14.7 |
| Technische:r Systemplaner:in | – | – | 1 | 1.1 | 1 | 0.9 |
| Zerspannungsmechaniker:in | – | – | 2 | 2.3 | 2 | 1.8 |

Aus **Tabelle** *6.5* geht deutlich hervor, dass die Auszubildenden zu Beginn der ZQ ($t_0$) insgesamt nur geringe Vorkenntnisse zum Thema KI hatten. Selbst in den Themenbereichen mit den höchsten Mittelwerten („Anwendungsbeispiele", „(potentielle) Anwendungsbereiche" und „Chancen, Herausforderungen und ethische Fragen der KI") blieben die Vorkenntnisse auf einem niedrigen Niveau. Noch geringere Mittelwerte zeigten sich in den Bereichen „Grundbegriffe der KI", „Umgang mit Daten" und „Maschinelles Lernen", während das geringste Vorwissen in den Themenfeldern „Grundlagen der Datenanalyse", „andere Themenbereiche" und „Programmierung" berichtet wurde.

**Tabelle 6.5** Mittelwerte zum Vorwissen in den Themenbereichen der KI (Zeitpunkt $t_0$)

| Themenbereich | *M* | *SD* |
|---|---|---|
| Anwendungsbeispiele | 2.45 | .74 |
| (potentielle) Anwendungsbereiche | 2.39 | .77 |
| Chancen, Herausforderungen und ethische Fragen der KI | 2.36 | .79 |
| Grundbegriffe der KI | 2.19 | .73 |
| Umgang mit Daten | 2.09 | .74 |
| Maschinelles Lernen | 2.03 | .71 |
| Grundlagen der Datenanalyse | 1.83 | .80 |
| andere Themenbereiche | 1.80 | .66 |
| Programmierung | 1.68 | .79 |

*Anmerkungen*: $n = 109$, $M$ = Mittelwert, $SD$ = Standardabweichung, Antwortformat 1 (= gar nicht) bis 4 (= sehr gut)

### 6.2.3 Übersicht über verwendete Skalen

Im folgenden Abschnitt werden die verwendeten Erhebungsinstrumente tabellarisch dargestellt, um einen Überblick über die zu den jeweiligen Messzeitpunkten erhobenen Konstrukte zu geben (siehe **Tabelle** ***6.6*** und **Tabelle** ***6.7***). Neben diesen etablierten Skalen wurden allgemeine soziodemografische Daten wie Alter, Geschlecht und höchster Schulabschluss sowie spezifische Angaben zur Ausbildung erhoben. Um die Daten in dieser längsschnittlichen Untersuchung jedem Fall anonymisiert zuordnen zu können, wurden die Teilnehmenden zu jedem Erhebungszeitpunkt gebeten, ihren persönlichen Code anzugeben. Die in der Arbeit verwendeten Erhebungsinstrumente wurden in die jeweiligen Evaluationsfragebögen integriert, die weitere für die Projektevaluation relevante Skalen enthielten. Vor diesem Hintergrund wurde besonderer Wert auf eine prägnante und zugleich aussagekräftige Gestaltung der eingesetzten Messinstrumente gelegt. Die Abfrage des persönlichen Codes sowie alle verwendeten Erhebungsinstrumente sind im Anhang a) des elektronischen Zusatzmaterials vollständig aufgeführt.

**Tabelle 6.6** Befragung zu Beginn der KI-Zusatzqualifikation (Zeitpunkt $t_0$)

| Konstrukt | Erhebungsinstrument |
|---|---|
| *Soziodemografische Angaben*:<br>persönlicher Code, Alter, Geschlecht, Allgemeinbildender Schulabschluss | selbst verfasste Skala |
| *Angaben zur Ausbildung*:<br>Ausbildungsgang, Lehrjahr, Größe des Ausbildungsbetriebs, Branche | selbst verfasste Skala |
| *UTAUT*:<br>Performance Expectancy, Effort Expectancy, Social Influence, Facilitating Conditions | Skala übersetzt und adaptiert von Bamufleh et al. (2020); Giannakos & Vlamos (2013); Venkatesh et al. (2011) |

**Tabelle 6.7** Befragung am Ende der KI-Zusatzqualifikation (Zeitpunkt $t_2$)

| Konstrukt | Erhebungsinstrument |
|---|---|
| *UTAUT*:<br>Performance Expectancy, Effort Expectancy, Social Influence, Facilitating Conditions | Skala übersetzt und adaptiert von Bamufleh et al. (2020); Giannakos & Vlamos (2013); Venkatesh et al. (2011) |
| Task-Technology-Fit | Skala übersetzt und adaptiert von Lee & Lehto (2013) |
| *Akzeptanzkonstrukte*:<br>1. Affective User Satisfaction<br>2. Cognitive User Satisfaction<br>3. Cognitive Absorption<br>4. Deep Structure Usage | Skala übersetzt und adaptiert von …<br>1. Venkatesh et al. (2011)<br>2. Kim et al. (2018); Caruana et al. (2016)<br>3. Burton-Jones & Straub (2006)<br>4. Burton-Jones & Straub (2006) |
| *Self-reported Learning Performance*<br>1. Lernerfolg Modul A<br>2. Lernerfolg Modul B<br>3. Lernerfolg Modul C<br>4. Lernerfolg Modul D | selbst verfasste Skala |

Die einzelnen Erhebungsinstrumente zu den theoretischen Konstrukten werden in den nachfolgenden Abschnitten näher dargestellt und erläutert (6.2.3.1 bis 6.2.3.4). Darüber hinaus wurden die Erhebungsinstrumente einem Pretest unterzogen, der in Abschnitt 6.2.3.5 näher beschrieben wird.

#### 6.2.3.1 Unified Theory of Acceptance and Use of Technology ($t_0$ und $t_2$)

Zur Erfassung der UTAUT-Faktoren wurde die Kurzskala von Venkatesh et al. (2011) herangezogen. Diese basiert auf der Originalskala von Venkatesh et al. (2003), erfasst jedoch jedes Konstrukt mit drei statt vier Items und zeigte in der Untersuchung zufriedenstellende Reliabilitäts- und Validitätswerte. Da das Instrument ursprünglich mit Berufstätigen getestet wurde, war eine Anpassung an den Bildungskontext notwendig. Zur Orientierung wurden insbesondere Studien hinzugezogen, die die UTAUT-Skala mit Lernenden einsetzten (Bamufleh et al., 2020; Giannakos & Vlamos, 2013). Die Items wurden an die Zielgruppe der Auszubildenden angepasst, wobei auf Verständlichkeit und einfache Sprache geachtet wurde. Die ursprünglich siebenstufige Likert-Skala wurde durch eine fünfstufige (1 = stimme gar nicht zu bis 5 = stimme voll und ganz zu) ersetzt, um eine kognitive Überforderung der Berufsschüler:innen zu vermeiden. Dieses Vorgehen wurde von Studien übernommen, bei denen der UTAUT-Fragebogen von Schüler:innen ausgefüllt wurde (Bamufleh et al., 2020; Giannakos & Vlamos, 2013). Die empirische Kenntnislage zeigt, dass fünf- und siebenstufige Skalen psychometrisch eine vergleichbare Güte aufweisen (Franzen, 2014).

Zuletzt wurde das Messinstrument ins Deutsche übersetzt und sprachlich an den jeweiligen Erhebungszeitpunkt angepasst: für $t_0$ wurden die Items im Konjunktiv formuliert, um die Erwartungen der Auszubildenden vor der Nutzung zu erfassen, während für $t_2$ die Gegenwartsform zum Einsatz kam, um die aktuellen Überzeugungen nach der Nutzung abzubilden. In der **Tabelle *6.8*** werden exemplarisch die adaptierten und übersetzten Items vorgestellt.

#### 6.2.3.2 Task-Technology-Fit-Model

Das Erhebungsinstrumente des TTF-Modells besteht aus insgesamt 34 Items (Goodhue & Thompson, 1995). Aufgrund seiner Länge gilt die Skala trotz akzeptabler Validität und Reliabilität als wenig praktikabel für den Einsatz in Befragungen und wird in aktuellen Studien kaum verwendet. Ein weiterer Grund dafür ist eingeschränkte Übertragbarkeit auf andere Kontexte, da der thematische Schwerpunkt auf den Umgang mit Daten in Unternehmen ist. Häufig wird das TTF-Modell in Kombination mit anderen Technologieakzeptanzmodellen und weiteren Konstrukten untersucht, sodass daher ein besonderes Interesse an kürzeren Messinstrumenten besteht.

**Tabelle 6.8** Auszug aus den Skalen zur Erfassung der UTAUT-Faktoren nach Bamufleh et al. (2020), Giannakos und Vlamos (2013) und Venkatesh et al. (2011) (Zeitpunkt $t_0$ und $t_2$)

| Konstrukt | Zeitpunkt | Item (Beispiele) |
|---|---|---|
| Performance Expectancy | $t_0$ | Die Nutzung der Lernsoftware würde meine Chancen erhöhen, eine gute Prüfungsleistung zu erbringen. |
| | $t_2$ | Die Nutzung der Lernsoftware erhöht meine Chancen, eine gute Prüfungsleistung zu erbringen. |
| Effort Expectancy | $t_0$ | Die Bedienung der Lernsoftware wäre einfach für mich. |
| | $t_2$ | Die Bedienung der Lernsoftware ist einfach für mich. |
| Social Influence | $t_0$ | Personen, die mir in der Ausbildung wichtig sind, würden mir empfehlen die Lernsoftware zu nutzen. |
| | $t_2$ | Personen, die mir in der Ausbildung wichtig sind, empfehlen mir die Lernsoftware zu nutzen. |
| Facilitating Conditions | $t_0$ | Bei Schwierigkeiten mit der Nutzung der Lernsoftware wäre eine Ansprechperson zur Unterstützung verfügbar. |
| | $t_2$ | Bei Schwierigkeiten mit der Nutzung der Lernsoftware ist eine Ansprechperson zur Unterstützung verfügbar. |

Für bildungstheoretische Fragestellungen hat sich die Kurzskala von Lee und Lehto (2013) bewährt. Diese besteht aus vier positiv formulierten Items, die auf einer siebenstufigen Likert-Skala von 1 (= strongly disagree) bis 7 (= strongly agree) beantwortet werden (Lee & Lehto, 2013, S. 197). Die Skala zeigte ein exzellentes Cronbachs $\alpha$ von .92 sowie eine stabile Konstruktvalidität (Lee & Lehto, 2013, S. 199, 201). Für diese Arbeit wurde die Skala an den Untersuchungskontext angepasst, wobei ein Item nach der Übersetzung ins Deutsche entfernt wurde, da es sprachlich den anderen Items zu ähnlich war. Dieses Vorgehen war auch in anderen Studien ohne negative Auswirkungen auf die Validität und Reliabilität üblich (Alyoussef, 2021; Ouyang et al., 2017). Daneben kam statt einer siebenstufigen eine fünfstufige Likert-Skala von 1 (= stimme gar nicht zu) bis 5 (= stimme voll und ganz zu) zum Einsatz, die zudem ins Deutsche übersetzt wurde.

Ein Beispielitem zur Erfassung von TTF lautet: „Die Lernsoftware ist ein gutes Hilfsmittel, um KI-Inhalte so zu erlernen, wie ich es möchte."

### 6.2.3.3 Akzeptanzkonstrukte

**Einstellungsakzeptanz**

**Affective und Cognitive User Satisfaction**

Affective User Satisfaction (AUSAT) wurde in der vorliegenden Arbeit mithilfe der Skala von Venkatesh et al. (2011) erhoben. Diese ist valide und reliabel und beinhaltet drei Items, die auf einer bipolaren Ratingskala mit zwei gegensätzlichen affektiven Reaktionen an den jeweiligen Skalenenden zu beantworten sind (z. B. extremely displeased vs. extremely pleased) (Venkatesh et al., 2011, S. 540). Aktuelle empirische Erkenntnisse legen zwar nahe, dass Befragte mit unipolaren Ratingskalen aufgrund ihrer einfachen Handhabung am besten zurechtkommen. Bei affektiven Konstrukten sollte jedoch eine Ausnahme gemacht werden, da sich affektive Bewertungen wie Zufriedenheit besonders präzise anhand bipolarer evaluativer Dimensionen erfassen lassen (Bhattacherjee, 2001). Venkatesh et al. (2011) machten keine Angabe zur Anzahl der Antwortkategorien, sodass für die vorliegende Untersuchung eine fünfstufige bipolare Antwortskala von 1 (= extrem enttäuscht/unzufrieden/großen Frust bereitet) bis 5 (= extrem begeistert/zufrieden/große Freude bereitet) zum Einsatz kam. Darüber hinaus wurde die Skala ins Deutsche übersetzt und angepasst.

Bisher gibt es noch keine anerkannte Skala zur Erfassung von Cognitive User Satisfaction (CUSAT). Die in dieser Arbeit verwendete Skala orientierte sich daher an empirischen Studien, die eine inhaltliche Nähe zum Konstrukt CUSAT aufwiesen. Dies war bei Kim et al. (2018) der Fall, die in ihrer Studie zwischen einer kognitiven und affektiven Verbraucherzufriedenheit differenzierten. Die Skala zur Erfassung der kognitiven Verbraucherzufriedenheit besteht aus vier positiv formulierten Items, die auf einer siebenstufigen Likert-Skala von 1 (= strongly disagree) bis 7 (= strongly agree) beantwortet werden (Kim et al., 2018, S. 216). Die Skala weist eine zufriedenstellende interne Konsistenz und stabile Konstruktvalidität auf (Kim et al., 2018). Auch Caruana et al. (2016) definierten das Zufriedenheitskonstrukt ähnlich wie in dieser Arbeit und setzten es im Bildungskontext mit UTAUT in Verbindung. Ihre Skala umfasst fünf positiv und negativ formulierte Items, die mithilfe einer siebenstufigen Likert-Skala von 1 (= strongly disagree) bis 7 (= strongly agree) beurteilt werden (Caruana et al., 2016, S. 112).

Für diese Arbeit wurden ausschließlich solche Items übernommen und übersetzt, die zum Untersuchungskontext passten und keine Überschneidungen mit der affektiven Zufriedenheit aufwiesen. Die finale Skala zu CUSAT bestand aus vier Items und wurde mit einer deutschsprachigen, fünfstufigen Likert-Antwortskala von 1 (= stimme gar nicht zu) bis 5 (= stimme voll und ganz zu) erhoben.

Folgende **Tabelle** *6.9* zeigt exemplarisch eine Auswahl der Items zur Erfassung von AUSAT und CUSAT.

**Tabelle 6.9** Auszug aus der Skala zur Erfassung von Affective und Cognitive User Satisfaction nach Caruana et al. (2016), Kim et al. (2018) und Venkatesh et al. (2011) (Zeitpunkt $t_2$)

| Konstrukt | Item |
|---|---|
| Affective User Satisfaction | Die Lernsoftware hat mir *großen Frust bereitet* ... *große Freude bereitet.* |
| Cognitive User Satisfaction | Es war eine kluge Entscheidung, die Lernsoftware in dieser Zusatzqualifikation einzusetzen. |

## Verhaltensakzeptanz

### Cognitive Absorption

Für die Erhebung von Cognitive Absorption (CA) wurde die Kurzskala von Burton-Jones und Straub (2006) herangezogen, die auf der Originalskala von Agarwal und Karahanna (2000) basiert. Während diese fünf Subskalen mit insgesamt 20 Items umfasst, griffen Burton-Jones und Straub (2006, S. 237) ausschließlich auf die Subskala „Focused Immersion“ zurück, da die vier Items die größte inhaltliche Übereinstimmung mit der Definition von CA aufwiesen und das Gesamtkonstrukt am besten abbildeten. Diese zeigte eine zufriedenstellende interne Konsistenz sowie eine stabile Konstruktvalidität (Burton-Jones & Straub, 2006). Die Kurzskala erlaubt somit eine kompakte und dennoch zuverlässige Erfassung von CA. In der vorliegenden Arbeit wurde die ursprünglich neunstufige Likert-Skala in eine fünfstufige (1 = stimme gar nicht zu bis 5 = stimme voll und ganz zu) umgewandelt und das Erhebungsinstrument an den Untersuchungskontext angepasst und ins Deutsche übersetzt.

### Deep Structure Usage

Auch die Skala zur Erhebung von Deep Structure Usage (DSU) orientierte sich an der empirischen Arbeit von Burton-Jones und Straub (2006). Die von den beiden Autoren entwickelte Skala ist valide und reliabel und besteht aus insgesamt vier positiv formulierten Items, die auf einer englischsprachigen, neunstufigen Ratingskala von 1 (= strongly disagree) und 9 (= strongly agree) zu beantworten sind (Burton-Jones & Straub, 2006, S. 237, 239). Burton-Jones und Straub (2006) folgten bei der Entwicklung der DSU-Skala einem bestimmten Ansatz, der auch in dieser Untersuchung zur Anpassung der Skala an den vorliegenden Forschungskontext herangezogen wurde. Ziel war es dabei, die Items der DSU-Skala aufgabenorientiert und aktivitätsspezifisch zu formulieren. Dazu war es zunächst notwendig, die Aufgaben zu identifizieren, die die Lernenden mithilfe der Lernsoftware bewältigen sollten. In einem zweiten Schritt wurden die einzelnen Aktivitäten beschrieben, die für die Erfüllung der Aufgaben erforderlich waren (Burton-Jones & Straub, 2006). Die für diese Untersuchung relevanten Aufgaben und Aktivitäten sowie die entsprechenden Funktionen der Lernsoftware sind in **Tabelle** ***6.10*** zusammengefasst. Die Items der Skala von Burton-Jones und Straub (2006) wurden entsprechend dieser Aufgaben und Aktivitäten abgeändert und ins Deutsche übersetzt. Die Beantwortung der DSU-Skala erfolgte auf einer deutschen, fünfstufigen Likertskala von 1 (= stimme gar nicht zu) bis 5 (= stimme voll und ganz zu).

In **Tabelle** ***6.11*** sind beispielhafte Items zur Erfassung von CA und DSU aufgeführt.

**Tabelle 6.10** Überblick zu den Aufgaben, Aktivitäten und relevanten Funktionen der Lernsoftware

| Aufgabe | Aktivität | Funktion der Lernsoftware |
|---|---|---|
| Erwerb von KI-Kenntnissen und KI-Kompetenzen | Erlernen von Fachbegriffen | • PDF-Dateien<br>• Interaktive Bücher<br>• Erklärvideos<br>• Glossar |
| | Stellen von Fragen und Beantwortung von Fragen anderer Lernender | • Diskussionsforum<br>• Chatfunktion |
| | Monitoring des eigenen Lernfortschritts | • Fortschrittsanzeige bei der Kursübersicht<br>• Reiter: Bewertungen, Badges und Berichte |
| Trainieren und festigen von KI-Kenntnissen und KI-Kompetenzen | Bearbeitung von Übungsaufgaben zur Festigung von KI-Kenntnissen | Quizze in Form von:<br>• Multiple-Choice-Aufgaben<br>• Lückentext<br>• Drag-and-Drop-Aufgaben |
| | Bearbeitung von Übungsaufgaben zum Trainieren von KI-Kompetenzen | • Jupyter-Notebook (Programmierübungen)<br>• Praxisprojekt mit Google Teachable Machine |

**Tabelle 6.11** Auszug aus der Skala zur Erfassung von Cognitive Absorption und Deep Structure Usage nach Burton-Jones und Straub (2006) (Zeitpunkt $t_2$)

| Konstrukt | Item |
|---|---|
| Cognitive Absorption | Wenn ich die Lernsoftware benutzt habe, konnte ich alle Ablenkungen ausblenden. |
| Deep Structure Usage | Wenn ich die Lernsoftware benutzt habe, habe ich Funktionen genutzt, die mir helfen, das Erlernte zu üben. |

#### 6.2.3.4 Self-reported Learning Performance

Die Skala zur Erfassung des Konstrukts Self-reported Learning Performance (SLP) wurde selbst entwickelt. Dabei orientierte sich die Konzeption der einzelnen Items an dem Rahmenlehrplan der ZQ (IHK Reutlingen, 2024), in welchem die spezifischen Lernziele basierend auf Bloom (1974; 1956) gegliedert nach den Modulen A bis D dargestellt sind. Die Skala wurde zunächst vom Evaluationsteam des Projekts (LMU) verfasst und in Zusammenarbeit mit der Universität Stuttgart, die die Lerninhalte der ZQ entwickelte, überarbeitet und verfeinert. Auch beim subjektiven Lernerfolg erfolgte die Beantwortung der Fragen auf einer fünfstufigen Likert-Skala von 1 (= stimme gar nicht zu) bis 5 (= stimme voll und ganz zu). Auf die Durchführung eines Pre- und Posttests zur Ermittlung des wahrgenommenen Lernerfolgs wurde gemäß den Empfehlungen von Kirkpatrick und Kirkpatrick (2006) verzichtet, da die $t_0$-Befragung ergab, dass die Auszubildenden kaum Vorkenntnisse zum Thema KI hatten (siehe **Tabelle *6.5***).

In der **Tabelle *6.12*** sind exemplarisch einige Items und die dazugehörigen Lernziele aus dem Rahmenlehrplan aufgeführt.

**Tabelle 6.12** Auszug aus der Skala zur Erfassung von Self-reported Learning Performance (Zeitpunkt $t_2$)

| Modul | Item | Lernziel |
|---|---|---|
| Modul A: Grundbegriffe der Künstlichen Intelligenz (KI) | Ich kann gut beschreiben, was ein KI-Modell ist. | „Die Lernenden verstehen, dass Modelle helfen können, Daten besser zu verstehen. Sie können das Erstellen von Vorhersagen durch Anwendung von Modellen auf neue Daten beschreiben." (IHK Reutlingen, 2024) |

(Fortsetzung)

**Tabelle 6.12** (Fortsetzung)

| Modul | Item | Lernziel |
|---|---|---|
| Modul B: Chancen & Herausforderungen der KI | Ich verstehe genau, warum Modellparameter von Künstlichen Neuronalen Netzen nicht leicht interpretiert werden können. | „Die Lernenden verstehen, dass die Parameter einfacher Lernverfahren interpretierbar sind. Sie können beschreiben, dass Entscheidungen der Modelle dadurch erklärbar/nachvollziehbar sind. Sie verstehen, dass die Interpretation der einzelnen Parameter bei neuronalen Netzen aufgrund der Menge nicht möglich ist." (IHK Reutlingen, 2024) |
| Modul C: Umgang mit Daten | Ich kenne unterschiedliche Maßnahmen, um Daten z. B. vor einem unberechtigten Zugriff zu schützen. | „Die Lernenden kennen technische und organisatorische Maßnahmen zum Schutz von Daten generell und können diese nennen und erläutern. Sie können die Begriffe Vertraulichkeit, Integrität und Verfügbarkeit in diesem Zusammenhang erklären." (IHK Reutlingen, 2024) |
| Modul D: Grundbegriffe von Datenanalyse & maschinellem Lernen | Ich kann beschreiben, wie man einen Entscheidungsbaum trainiert und anwendet. | „Die Lernenden können in einfachen Worten den Algorithmus zur Erstellung von Klassifikationsbäumen beschreiben. Sie können Overfitting als Problem beim Training von Entscheidungsbäumen erläutern." (IHK Reutlingen, 2024) |

#### 6.2.3.5 Durchführung eines kognitiven Pretests

Zentrale Voraussetzung für die „Funktionsfähigkeit eines Fragebogens und damit [...] die Qualität der mit dem Fragebogen erhobenen Daten" (Lenzner et al., 2015, S. 1) ist ein Pretest, d. h. das Testen des Fragebogens vor dem eigentlichen Einsatz. Ziel ist es, die Verständlichkeit und Handhabbarkeit zu überprüfen,

Missverständnissen vorzubeugen und Probleme bei der Beantwortung aufzudecken (Collins, 2003). Die in Abschnitt 6.2.3.1 bis 6.2.3.4 vorgestellten Skalen wurden überwiegend in Studien mit Studierenden und Erwerbstätigen verwendet. Da sich die Zielgruppe dieser Arbeit aus Auszubildenden zusammensetzte, sollte der Pretest prüfen, ob die sprachlichen Anpassungen ausreichend waren. Zudem wurde untersucht, ob die Verständlichkeit und die Lesefreundlichkeit trotz Übersetzung ins Deutsche erhalten blieb.

Für den Pretest wurde eine qualitative gegenüber einer quantitativen Herangehensweise gewählt. Zwar testet der quantitative Standard-Pretest den Fragebogen unter realistischen Bedingungen der späteren Erhebung, eine Überprüfung des Frageverständnisses ist damit jedoch nur eingeschränkt möglich (Collins, 2003). Hierbei handelt es sich um ein „passives Verfahren" (Lenzner et al., 2015, S. 2), bei dem das Verständnis der Fragen nicht aktiv hinterfragt wird.

Ziel des Pretests in der vorliegenden Arbeit war es jedoch, das (sprachliche) Verständnis und die Formulierung kritischer Items zu überprüfen. Dies lässt sich am besten mit einem kognitiven Pretest bzw. kognitiven Interview erreichen (Lenzner et al., 2015). Ein kognitives Interview ist ein psychologisch ausgerichtetes Verfahren zur empirischen Untersuchung, wie Personen Fragebogenitems kognitiv verarbeiten und beantworten (Willis & Artino, 2013). Das kognitive Interview ermöglicht es, die Denkprozesse während der Beantwortung nachzuvollziehen, Fehlerquellen zu identifizieren und deren Ursache zu ergründen. So lassen sich beispielsweise fehlerhafte Interpretationen von Items oder einzelnen Begriffen aufgrund individueller Merkmale (z. B. Bildungsniveau, Fachjargon, Sprachkenntnis) gezielt identifizieren (Collins, 2003; Miller, 2014; Schoua-Glusberg & Villar, 2014; Willis, 2015).

Bei kognitiven Interviews kommen überwiegend zwei Techniken zum Einsatz: Think-Aloud und Probing. Bei der Think-Aloud-Technik sollen die Interviewpersonen laut denken und ihre Gedankengänge beim Lesen der Items verbalisieren (Lenzner et al., 2015). Der:die Interviewer:in hält sich dabei zurück, um die Äußerungen der Interviewperson nicht zu beeinflussen (Willis & Artino, 2013; Willson & Miller, 2014). Da die Probanden den größten Redebeitrag leisten soll, empfinden viele diese Methode jedoch als unnatürlich und schwierig (Willis & Artino, 2013). Daher erfreut sich die Technik Probing zunehmender Beliebtheit (Willson & Miller, 2014). Dabei werden gezielte Nachfragen (Probes) zu bestimmten Begriffen, Formulierungen oder Antwortoptionen gestellt, um das Verständnis zu prüfen (Lenzner et al., 2015; Thompson et al., 2021). Probes können direkt nach einzelnen Items oder nach dem gesamten Fragebogen erfolgen (Willis & Artino, 2013). Anders als bei Think-Aloud wird das Interview durch

Probing stärker vom Forschenden gesteuert, was es strukturierter, kompakter und übersichtlicher macht (Willis, 2015).

Die Durchführung kognitiver Interviews unterliegt keinen festen Vorgaben, jedoch wird eine Audio- oder Videoaufzeichnung empfohlen. Sie erleichtert die Durchführung und dient der Qualitätssicherung (Lenzner et al., 2015; Miller et al., 2014). Auch zur Stichprobengröße gibt es keine allgemeingültige Vorgabe (Willson & Miller, 2014). Je nach Erkenntnisinteresse, Fragebogenkomplexität und Ressourcen werden meist 5 bis 15 Interviews empfohlen, da bereits kleine Stichproben zentrale Verständnisprobleme aufdecken können (Willson & Miller, 2014, S. 17). Die Anzahl sollte so gewählt werden, bis alle relevanten Problemen aufgedeckt sind (Lenzner et al., 2015). Idealerweise werden Personen befragt, die der Stichprobe der Haupterhebung ähneln (Schoua-Glusberg & Villar, 2014).

Kognitive Interviews können strukturiert oder unstrukturiert erfolgen. Bei strukturierten Interviews wird ein Leitfaden mit festgelegten Probes verwendet, während unstrukturierte Interviews spontane Nachfragen erlauben. Empfohlen wird eine Kombination beider Ansätze, um Struktur zu gewährleisten und flexibel auf das Verhalten der Befragten reagieren zu können (Lenzner et al., 2015). Die Notwendigkeit einer Transkription und einer inhaltsanalytischen Auswertung der geführten Gespräche ergibt sich aus dem Forschungsinteresse sowie der Anzahl und der Dauer der Interviews (Miller et al., 2014).

**Vorgehen in dieser Arbeit**

Die Zielgruppe dieser Studie bestand aus Auszubildenden, sodass sich auch die Stichprobe der kognitiven Interviews aus Auszubildenden zusammensetzte. Mithilfe der IHK Reutlingen konnten sechs Auszubildende für die Präsenzinterviews rekrutiert werden. Jeweils zwei Personen wurden gemeinsam befragt, sodass insgesamt drei Interviews stattfanden. Dieses Vorgehen basierte auf der Erkenntnis, dass das laute Denken für viele gewöhnungsbedürftig und schwierig ist (Willis & Artino, 2013). Um diesen Prozess zu erleichtern, wurden die Teilnehmenden gebeten, sich gegenseitig die Items und Antwortoptionen vorzulesen, deren Verständlichkeit gemeinsam zu diskutieren und auf Unklarheiten hinzuweisen.

Der getestete Fragenbogen enthielt insbesondere Items, die im Projektteam häufig kritisch diskutiert wurden. Wie in der Literatur empfohlen wurde das strukturierte und unstrukturierte Vorgehen kombiniert, indem Think-Aloud und Probing zum Einsatz kamen. Die Interviewpersonen wurden ermutigt, ihre Gedanken mit dem jeweils anderen zu teilen. Ergänzend wurden gezielte Nachfragen aus dem Interviewleitfaden gestellt und bei Bedarf durch spontane Probes ergänzt. Zum Einsatz kamen v. a. zwei Formen von Probing. Beim General Probing handelt es sich um eher unspezifische Nachfragen zum allgemeinen Verständnis (z. B. Wie schätzen

Sie die Verständlichkeit dieser Fragen ein?) (Lenzner et al., 2015; Thompson et al., 2021; Willis & Artino, 2013). Response Probing hingegen umfasst gezielte Nachfragen zu den Antwortoptionen (z. B. Passen hier die Antwortoptionen zu dieser Frage?) (Lenzner et al., 2015; Thompson et al., 2021; Willis & Artino, 2013).

Alle Interviews wurden mit Zustimmung der Teilnehmenden per Audiorekorder aufgezeichnet. Aufgrund der kompakten Struktur des Fragebogens sowie der überschaubaren Interviewdauer (20 bis 40 Minuten) wurde auf eine vollständige Transkription und inhaltsanalytische Auswertung verzichtet. Stattdessen wurden alle Audiodateien angehört und relevanten Aussagen notiert. Missverständliche oder kritisch angemerkte Items und Antwortoptionen wurden auf Grundlage der Anmerkungen überarbeitet.

### 6.2.4 Auswertungsmethoden

Um die in dieser Arbeit postulierten Zusammenhänge zwischen den Konstrukten empirisch zu überprüfen, kamen der Wilcoxon-Signed-Rank-Test und die Partial-Least-Squares Strukturgleichungsmodellierung (PLS-SEM) zum Einsatz. Da beide Verfahren für den Einsatz nicht-normalverteilter Daten geeignet sind und die Normalverteilungsannahme für den vorliegenden Datensatz nicht erfüllt waren (siehe 7.1.1), wurden diese Methoden zur Analyse herangezogen.

Der **Wilcoxon-Signed-Rank-Test** wird für die Überprüfung von Unterschieden zwischen zwei verbundenen Stichproben eingesetzt und stellt eine nicht-parametrische Alternative zum t-Test für abhängige Stichproben dar (Field, 2009). Er wird insbesondere dann angewendet, wenn die Annahme der Normalverteilung verletzt ist oder ordinal skalierte bzw. nicht-normalverteilte metrische Daten vorliegen. Durch den Vergleich der Ränge der Differenzen liefert er auch bei nicht-normalverteilten Daten zuverlässige Ergebnisse und ist weniger anfällig für Verzerrungen durch Ausreißer (Field, 2009).

Allerdings weist der Wilcoxon-Signed-Rank-Test auch einige methodische Einschränkungen auf. So setzt er voraus, dass die Differenzen der gepaarten Werte symmetrisch um den Median verteilt sind. Eine Verletzung dieser Annahme kann die Testergebnisse verfälschen (Li & Johnson, 2014). Zudem verliert der Test an statistischer Power im Vergleich zum t-Test, wenn die Normalverteilungsannahme erfüllt ist (Nahm, 2016). Da der t-Test mit exakten Messwerten arbeitet, weist er tendenziell eine höhere Teststärke auf und erkennt Unterschiede zwischen Gruppen mit höherer Wahrscheinlichkeit als signifikant (Nahm, 2016).

Strukturgleichungsmodelle (**Structural Equation Modeling, SEM**) sind statistische Verfahren zur Analyse von Zusammenhängen zwischen manifesten und latenten Variablen (Hair et al., 2021; Hair et al., 2014). Diese setzen sich aus Mess- und Strukturmodellen zusammen. Während Messmodelle spezifizieren, welche manifesten Indikatoren latente Variablen messen, beschreiben Strukturmodelle die Beziehungen zwischen den latenten Variablen untereinander (Hair et al., 2014). Damit kombinieren SEM-Ansätze die Faktorenanalyse im Messmodell mit Regressionsmethoden im Strukturmodell (Henseler, 2005).

Der am weitesten verbreitete SEM-Ansatz ist das kovarianzbasierte SEM (CB-SEM) (Henseler, 2005). Das CB-SEM testet theoretisch begründete Modelle und überprüft, ob die empirischen Daten mit einer vorgegebenen Theorie übereinstimmen. Sein Ziel ist es somit die empirische Datenstruktur möglichst genau zu reproduzieren (Gana & Broc, 2019). Das CB-SEM basiert auf einem faktoranalytischen Ansatz, bei der alle Modellparameter simultan geschätzt werden. Die mathematische Grundlage bildet die Kovarianzstruktur-Analyse, bei der die Differenz zwischen der empirischen und der modellbasierten Kovarianzmatrix minimiert wird (Gana & Broc, 2019).

Für die vorliegende Arbeit kommt das Partial-Least-Squares SEM (PLS-SEM) zum Einsatz. Das PLS-SEM verfolgt einen varianzanalytischen Ansatz, der darauf abzielt, die erklärte Varianz der Zielvariablen zu maximieren. Die Parameterschätzung erfolgt in einem zweistufigen Verfahren, bei dem die durch das Modell unerklärte Varianz (Fehlervarianz) auf der Ebene des Mess- und Strukturmodells reduziert wird (Hair et al., 2017; Henseler, 2005).

Für die vorliegende Untersuchung wurde das PLS-SEM als geeignete Methode gewählt und aufgrund inhaltlicher sowie methodischer Überlegungen dem kovarianzanalytischen Ansatz vorgezogen. So handelt es sich beim UTAUT-Modell um ein etabliertes theoretisches Konzept, das in dieser Untersuchung jedoch in einem neuen und bisher weniger erforschten Kontext, der beruflichen Bildung, angewendet wird. Zudem wurde das Modell um zusätzliche Konstrukte und Pfadbeziehungen erweitert. Während das CB-SEM primär zur Bestätigung theoretisch fundierter Modelle eingesetzt wird, eignet sich das PLS-SEM insbesondere für die Erforschung neuer Einflussfaktoren und Zusammenhänge (Hair et al., 2017). Daher wird der varianzbasierte Ansatz in der Technologieakzeptanzforschung häufig bevorzugt eingesetzt (Brown et al., 2002; Ghanbarzadeh & Ghapanchi, 2020; Venkatesh et al., 2011).

Auch aus methodischer Perspektive bietet PLS-SEM grundlegende Vorteile. Es ermöglicht die Modellierung komplexer Strukturen mit einer Vielzahl an Variablen und Indikatoren und erlaubt die simultane Analyse reflektiv und formativ spezifizierter Konstrukte, was mit dem CB-SEM nur bedingt möglich ist

(Hair et al., 2017; Henseler, 2005). Ein weiterer entscheidender Vorteil von dem PLS-SEM liegt in den geringeren Anforderungen an den Stichprobenumfang und die Verteilung der Daten (Hair et al., 2014). Während das CB-SEM eine große Stichprobe von mindestens 200 Beobachtungen und normalverteilte Daten erfordert, liefert das PLS-SEM auch bei mittelgroßen bis kleinen Stichproben ($n \geq 50$) zuverlässige Ergebnisse und ist nicht an die Erfüllung der Normalverteilungsannahme gebunden (Hair et al., 2021; Hair et al., 2014).

Die Stichprobengröße der vorliegenden Untersuchung ($n = 109$) war ausreichend, um eine angemessene statistische Power für die Überprüfung des Forschungsmodells zu gewährleisten. Gemäß den Empfehlungen von Ringle et al. (2012) und Chin (2010) wurde zur Bestimmung der erforderlichen Stichprobengröße zunächst die Powertabelle für multiple Regressionen von Cohen (1992) herangezogen. Bei einer angenommenen mittleren Effektgröße ($f^2 = .15$) und einem Signifikanzniveau von $\alpha = .05$ wäre eine Stichprobengröße von 91 erforderlich, um eine statistische Power von .80 zu erreichen (Cohen, 1992, S. 158). Darüber hinaus überstieg die vorliegende Stichprobengröße die häufig empfohlene 10-fach Regel (Barclay et al., 1995). Nach dieser Faustregel sollte die Mindeststichprobe das 10-fache der größeren der beiden folgenden Möglichkeiten betragen:

1. Die höchste Anzahl an formativen Indikatoren, die zur Messung eines einzelnen Konstrukts verwendet werden (d. h. die größte Messgleichung), oder
2. Die abhängige Variable mit der größten Anzahl an unabhängigen Variablen (d. h. die größte Strukturgleichung).

Das Konstrukt Self-reported Learning Performance (SLP) wurde als formativ spezifiziertes Second-Order-Konstrukt modelliert und umfasste vier reflektive First-Order-Konstrukte als Indikatoren. Nach der ersten Regel ergab sich somit eine erforderliche Mindeststichprobengröße von 40 (4 Indikatoren × 10). Gemäß der zweiten Regel wiesen die einzelnen Akzeptanzkonstrukte mit jeweils 5 Prädiktoren die größte Anzahl an unabhängigen Variablen auf, sodass sich daraus eine Mindeststichprobengröße von 50 (5 Prädiktoren × 10) ergab. Die tatsächliche Stichprobengröße von $n = 109$ überstieg somit sowohl die Empfehlung von Cohen (1992) als auch die Mindestanforderungen der 10-fachen Regel nach Barclay et al. (1995). Folglich kann die vorliegende Stichprobe als ausreichend groß betrachtet werden, um robuste Ergebnisse im Rahmen einer PLS-SEM-Analyse zu erzielen.

Ein Nachteil des PLS-SEM besteht jedoch darin, dass im Gegensatz zum CB-SEM keine etablierten Modell-Fit-Indizes wie der $\chi2$-Test oder der Root Mean

Square Error of Approximation (RMSEA) berechnet werden können. Stattdessen basiert die Modellbewertung primär auf lokalen Gütemaßen wie der erklärten Varianz ($R^2$) und den Effektstärken ($f^2$), was die Vergleichbarkeit mit CB-SEM-basierten Studien erschweren kann (Hair et al., 2021). Allerdings gewinnt das $PLS_{predict}$-Verfahren zunehmend an Bedeutung (Shmueli et al., 2019) (siehe Abschnitt 7.4.2.3). Dieses Verfahren ergänzt die Modellbewertung des PLS-SEM, indem es eine systematische Möglichkeit bietet, die prädiktive Genauigkeit eines Modells über traditionelle Gütemaße hinaus zu untersuchen. Zudem ist das PLS-SEM stark auf Varianzmaximierung ausgerichtet, sodass die geschätzten Beziehungen primär als Vorhersagen interpretiert werden. Dies kann dazu führen, dass kausale Schlussfolgerungen nur eingeschränkt zulässig sind, da keine strikte Theorieprüfung im Sinne der Kovarianzanalyse erfolgt (Hair et al., 2014).

Alle deskriptiven und inferenzstatistischen Auswertungen wurden mit dem Statistikprogramm *R (Version 4.3.1)* durchgeführt. Während für den Wilcoxon-Signed-Rank-Test kein zusätzliches Paket erforderlich war, wurden für die PLS-basierten Analysen das *R*-Paket SEMinR verwendet (Hair et al., 2021). SEMinR wurde gegenüber anderen Paketen wie plspm bevorzugt, da es eine flexible und benutzerfreundliche Modellierung ermöglicht und eine umfangreichere Unterstützung für moderne PLS-Analysen, Bootstrapping und prädikative Validität bietet (Hair et al., 2021).

Die Modellschätzung erfolgte mit der Funktion *estimate_pls()*, wobei die Parameter mittels Ordinary Least Squares berechnet wurden. Gemäß den Empfehlungen von Hair et al. (2021) wurde zur Überprüfung der Signifikanz der Pfadkoeffizienten die Bootstrapping-Analyse mit 1000 Resamples durchgeführt (S. 64). Dies ermöglichte die Berechnung robuster Konfidenzintervalle für die geschätzten Modellparameter. In PLS-SEM-Analysen werden grundsätzlich Konfidenzintervalle den p-Werten vorgezogen, da die Signifikanztests auf Bootstrapping beruhen. Konfidenzintervalle gelten in diesem Kontext als robuster und aussagekräftiger, da sie unmittelbar die empirisch ermittelte Verteilung der Bootstraps widerspiegeln (Hair et al., 2021). Aus diesem Grund werden in der vorliegenden Arbeit Konfidenzintervalle anstelle von p-Werten berichtet.

Zudem ist es üblich, Ergebniswerte mit drei Nachkommastellen anzugeben, um kleine Effektgrößen und Unterschiede präziser abzubilden und die Vergleichbarkeit der Ergebnisse zu gewährleisten (Hair et al., 2021). In Übereinstimmung mit Hair et al. (2021) wurden daher alle Werte mit drei Nachkommastellen berichtet. Ausnahmen bildeten Mittelwerte, Standardabweichung, Cronbachs Alpha und Composite Reliability, die aufgrund etablierter Konventionen in der Literatur mit zwei Nachkommastellen angegeben wurden (Hair et al., 2021; Hair et al., 2017).

## 6.3 Qualitative Untersuchung

Dieses Unterkapitel beschreibt die methodische Konzeption der qualitativen Untersuchung. Im Fokus stehen das Untersuchungsdesign (6.3.1), die Stichprobe (6.3.2) und die angewandte Auswertungsmethode (6.3.3).

### 6.3.1 Design der qualitativen Untersuchung

Im Rahmen der qualitativen Untersuchung wurden Auszubildende aus dem ersten und zweiten Durchgang der ZQ interviewt. Obwohl das Forschungsmodell zwei Untersuchungszeitpunkte vorsah ($t_0$ und $t_2$) (siehe Abschnitt 5.1), wurden die Interviews jeweils am Ende der ZQ durchgeführt (Zeitpunkt $t_2$), da die Lernenden zu diesem Zeitpunkt über ausreichend Nutzungserfahrung verfügten und ihren Lernerfolg nach der Prüfung besser einschätzen konnten. Um dennoch beide Zeitpunkte des Modells zu berücksichtigen, enthielten die Interviews Fragen, die beide Phasen abdeckten. Die erste ZQ endete im Juli 2023. Da eine direkte Kontaktaufnahme aus Datenschutzgründen nicht möglich war, erfolgte die Rekrutierung in Zusammenarbeit mit dem Verbundpartner, der IHK Karlsruhe, der ebenfalls Interviews durchführte. Aufgrund personeller Wechsel bei der IHK Karlsruhe fanden die Interviews im November 2023 statt.

Im zweiten Durchgang wurde vom ursprünglichen Plan abgewichen, die Interviews am Ende der ZQ durchzuführen. Gründe hierfür waren die Sommerferien, durch die sich die Rekrutierung erschwerte, sowie die Schwierigkeit der Lernenden, sich an die Nutzungserfahrungen mit der Lernsoftware zu erinnern oder ihren Lernerfolg einzuschätzen. Daneben waren mit der IHK Karlsruhe hauptsächlich Doppel- oder Gruppeninterviews möglich, während in dieser Arbeit Einzelgespräche angestrebt wurden. Daher wurden die Interviews nach der ersten Hälfte der ZQ (Zeitpunkt $t_1$) durchgeführt. Zu diesem Zeitpunkt hatten die Teilnehmenden bereits ausreichend Erfahrungen mit der Lernsoftware gesammelt und auch einen guten Eindruck von ihrem bisherigen Lernerfolg gewonnen. Die Rekrutierung erfolgte über einen Aufruf am Ende einer Onlinebefragung der Projektevaluation. Alle Interviewteilnehmende erhielten als Anreiz 20 Euro.

Für die qualitative Untersuchung wurden halbstrukturierte Interviews mithilfe eines Interviewleitfadens durchgeführt (Helfferich, 2011). Diese ermöglichen eine flexible Gesprächsführung, bei der die Fragen im Leitfaden zwar vorab formuliert sind, aber je nach Gesprächsverlauf in Reihenfolge und Gewichtung angepasst werden können (Bock, 1992). Das Ziel eines Leitfadens ist es, standardisiertes und vergleichbares Datenmaterial zu gewinnen, während durch das offene Erzählen spontane und unerwartete Informationen erfasst werden können (Bock, 1992). Dies hat den Vorteil vielfältiges Material zu erhalten und die Breite und Tiefe der Thematik zu erweitern (Bock, 1992).

Vor diesem Hintergrund wurde ein Interviewleitfaden als „Palette von Fragen" (Friebertshäuser & Langer, 2013, S. 439) konzipiert, die in jedem Interview und ohne eine strikte Reihenfolge gestellt wurden. Der im Anhang b) des elektronischen Zusatzmaterials dokumentierte Leitfaden umfasst Fragen zur Rekonstruktion der Konstrukte wie etwa „Welche Vorteile hatte die Lernsoftware für dich?" (Performance Expectancy, PE $t_2$). Zudem wurden Fragen zur Identifikation neuer Einflussfaktoren gestellt, z. B. „Warum bist du mit der Lernsoftware zufrieden?". Offene Erzählaufforderungen wie „Gab es Übungen oder Lektionen, die du nicht verstanden hast? Wenn ja, wie bist du damit umgegangen? Kannst du das näher beschreiben?" gaben Raum für persönliche Erfahrungen (Friebertshäuser & Langer, 2013). Alle Fragen wurden klar und verständlich formuliert, um eine Gesprächsatmosphäre zu schaffen, die einem alltäglichen Gespräch ähnelt (Lamnek & Krell, 2016).

Die **Tabelle *6.1*** in Abschnitt 6.1 zeigt die konkreten Messzeitpunkte der qualitativen Untersuchung.

### 6.3.2 Beschreibung der Stichprobe

Im ersten ZQ-Durchgang wurden zusammen mit dem Verbundpartner insgesamt sieben Auszubildende im Rahmen eines Einzel-, Doppel- und eines Gruppeninterviews mit vier Teilnehmenden befragt. Alle Interviews, an denen eine Frau und sechs Männer beteiligt waren, wurden im November 2023 geführt und dauerten jeweils 15 bis 30 Minuten. Für den zweiten ZQ-Durchgang standen acht Auszubildende (eine Frau und sieben Männer) für ein Einzelinterview zur Verfügung. Die Interviews des zweiten Durchgangs wurden zwischen Januar und März 2024 durchgeführt und dauerten zwischen 13 und 33 Minuten.

Alle Interviews wurden online via Zoom oder MS Teams durchgeführt. Um demografische Variablen aus der quantitativen Erhebung den Interviewteilnehmenden zuordnen zu können, wurde mit Einverständnis der Auszubildenden ihr persönlicher Code abgefragt. Von 11 der insgesamt 15 interviewten Personen lag dieses mündliche Einverständnis vor. Die demografischen Angaben der Interviewteilnehmenden können der **Tabelle *6.13*** entnommen werden.

**Tabelle 6.13** Demografische Angaben der Interviewteilnehmenden

| Code | Geschlecht | Alter | Schulabschluss | Ausbildungsberuf | Lehrjahr | Branche |
|---|---|---|---|---|---|---|
| 28HEIS0 | männlich | 19 | Allgemeine oder fachgebundene Hochschulreife/Abitur | Mechatroniker | 2 | Industrie |
| 27FLSI0* | weiblich | – | – | – | – | – |
| 15THBR0 | männlich | 19 | Allgemeine oder fachgebundene Hochschulreife/Abitur | Mechatroniker | 2 | Industrie |
| 20GUKA1 | männlich | 19 | Realschulabschluss/Mittlere Reife | Fachinformatiker | 3 | Industrie |
| 7EUVI1 | männlich | 21 | Fachhochschulreife/Abschluss an einer Fachoberschule | Fachkraft für Lagerlogistik | 2 | Industrie |
| 28JULE0 | männlich | 22 | Allgemeine oder fachgebundene Hochschulreife/Abitur | Kaufmann für IT-System-Management | 2 | Information, Kommunikation, Software |
| 18DIBI0 | männlich | 44 | Allgemeine oder fachgebundene Hochschulreife/Abitur | Fachinformatiker | 2 | Information, Kommunikation, Software |
| 13BIBE1 | weiblich | 20 | Fachhochschulreife/Abschluss an einer Fachoberschule | Kauffrau für Büromanagement | 1 | Sonstige Dienstleistungen |
| 7ILSE2 | männlich | 18 | Realschulabschluss/Mittlere Reife | Fachinformatiker | 2 | Industrie |
| 7HAES0 | männlich | 19 | Realschulabschluss/Mittlere Reife | Industriemechaniker | 3 | Industrie |
| 8JÜIL2 | männlich | 18 | Realschulabschluss/Mittlere Reife | Industriekaufmann | 2 | Industrie |

*Anmerkungen*: * = Person hat den $t_0$-Fragebogen nicht ausgefüllt, sodass keine demografischen Angaben vorlagen

### 6.3.3 Auswertungsmethode

Die Interviews wurden mit der Aufzeichnungsfunktion von Zoom oder mit OBS Studio aufgenommen und mit Amberscript transkribiert. Die Transkripte wurden anschließend gemäß den Transkriptionsregeln von Kruse (2015) und Langer (2010) überarbeitet. Um die Lesbarkeit zu erhöhen, wurde auf eine korrekte Groß- und Kleinschreibung geachtet, Dialekt ins Hochdeutsche übertragen und Füllwörter wie „ähm" nicht verschriftlicht, da sie für die Beantwortung der Forschungsfragen nicht relevant waren.

Um die Forschungsfragen klar und eindeutig beantworten zu können, war eine theoriegeleitete und systematische Auswertung notwendig, sodass die qualitative Inhaltsanalyse nach Mayring (2015) zum Einsatz kam. Diese Methode ist durch ihre theorie- und regelgeleitete Vorgehensweise besonders geeignet, da sie das Datenmaterial unter einer theoretischen Fragestellung analysiert und die Ergebnisse theoriegestützt interpretiert (Mayring, 2015).

Um die Genauigkeit der Inhaltsanalyse zu gewährleisten, wurden die Analyseeinheiten bestimmt (Mayring, 2015; Mayring & Brunner, 2010). Mit der *Auswertungseinheit* wird festgelegt, welche Textteile der Reihe nach ausgewertet werden (Mayring, 2015). In der vorliegenden Arbeit bezog sich dies auf jedes durchgeführte und transkribierte Interview mit einem:einer Auszubildenden. Die *Kontexteinheit* bezeichnet den größten Textbaustein, der einer Kategorie zugeordnet werden kann (Mayring, 2015) und stellte in diesem Fall vollständige Antworten auf einzelne Fragen dar. Die *Kodiereinheit* definiert den minimalen Textbestandteil, der unter eine Kategorie fällt und umfasste in dieser Untersuchung bereits ein einzelnes Wort (Mayring, 2015).

Die wesentlichen Techniken der qualitativen Inhaltsanalyse umfassen die Explikation, Zusammenfassung und Strukturierung, wobei in dieser Arbeit die letzten beiden Techniken zum Einsatz kamen. Die Zusammenfassung reduziert das Datenmaterial, indem durch kontinuierliche Abstraktion ein Kategoriensystem entsteht (induktive Kategorienbildung) (Mayring, 2015). Die Strukturierung zielt darauf ab, zuvor festgelegte Kategorien, die aus theoretischen Überlegungen entstanden sind (deduktive Kategorienbildung), den passenden Textstellen aus dem Material zu zuordnen (Mayring, 2015). Hier werden weitere Formen differenziert: die formale, inhaltliche, typisierende und skalierende Strukturierung (Mayring, 2015). In dieser Untersuchung wurde die inhaltliche Strukturierung eingesetzt, die „bestimmte Themen, Inhalte, Aspekte aus dem Material" (Mayring, 2015, S. 103) herausfiltert und zusammenfasst. Die Ableitung bestimmter Themen und Inhalte orientiert sich dabei an die theoretisch entwickelten Haupt- und Unterkategorien (Mayring, 2015).

Auf Basis des Forschungsmodells und Interviewleitfadens wurde zunächst ein deduktives Hauptkategoriensystem erstellt (Strukturierung). Ergänzend wurden induktiv Kategorien aus dem Material entwickelt (Zusammenfassung), wenn Textstellen nicht zuordenbar waren oder Hauptkategorien in Unterkategorien zu differenzieren waren. Diese kombinierte Herangehensweise sichert sowohl die theoretische Fundierung als auch den engen Bezug zum Datenmaterial (Gläser & Laudel, 2010). Um die intersubjektive Nachvollziehbarkeit der Analyse sicherzustellen (Mayring, 2015), wurde ein Kategoriensystem entwickelt und in einem Kodierleitfaden zusammenfassend dargestellt (siehe Anhang c) des elektronischen Zusatzmaterials).

Die inhaltsanalytische Auswertung erfolgte mit Maxqda. Nach Mayring (2015) ist eine Überprüfung der Kategorien nach etwa 10 % bis 50 % des Interviewmaterials empfohlen (S. 87). In dieser Arbeit wurde das Kategoriensystem nach der Auswertung von fünf Interviews kontrolliert und ggf. angepasst. Auch während der restlichen Auswertung wurde es wiederholt überprüft und überarbeitet.

# 7 Ergebnisse der quantitativen Untersuchung

Im folgenden Abschnitt dieser Arbeit werden die Ergebnisse der quantitativen Untersuchung präsentiert. Dazu erfolgt zunächst die Darstellung der Prüfung auf methodische Verzerrungen (7.1), gefolgt von den Befunden zur Validierung der Skalen (7.2). In den Abschnitten 7.3 und 7.4 stehen die Ergebnisse der Forschungsfragen 1 bis 4 im Vordergrund. Als statistische Verfahren zur Prüfung der formulierten Hypothesen wurden Wilcoxon-Signed-Rank-Tests sowie Partial-Least-Squares Strukturgleichungsmodelle (PLS-SEM) durchgeführt. Die Ergebnisse einer zusätzlichen PLS-SEM-Analyse mit einer größeren Stichprobe sind in Abschnitt 7.5 aufgeführt. Die Ergebnisdarstellung schließt mit einem zusammenfassenden Fazit ab (7.6).

## 7.1 Statistische Prüfung auf mögliche Verzerrung der Datenbasis

### 7.1.1 Prüfung der Konstrukte auf Normalverteilung

Der vorliegende Datensatz wurde zunächst auf Normalverteilung überprüft. Obwohl die Datenanalyse mit nichtparametrischen Methoden wie PLS-SEM und dem Wilcoxon-Signed-Rank-Test erfolgte und diese keine strengen Anforderungen an die Verteilung der Daten stellen, können deutliche Abweichungen

**Ergänzende Information** Die elektronische Version dieses Kapitels enthält Zusatzmaterial, auf das über folgenden Link zugegriffen werden kann https://doi.org/10.1007/978-3-658-51906-3_7.



L. Lao, *Technologieakzeptanz in der beruflichen Bildung*, Münchner Studien zur empirischen Bildungs- und Sozialisationsforschung,
https://doi.org/10.1007/978-3-658-51906-3_7

von der Normalverteilung die Stabilität des Bootstrapping-Verfahrens im Rahmen des PLS-Ansatzes beeinflussen (Hair et al., 2017). Da das Bootstrapping auf der Ziehung wiederholter Stichproben basiert, können nicht normalverteilte Daten zu verzerrten Standardfehlern der Pfadkoeffizienten führen. Dies kann die Signifikanzprüfung der Pfade beeinträchtigen, indem potenziell signifikante Pfadbeziehungen aufgrund überschätzter Standardfehler fälschlicherweise als nicht signifikant bewertet werden (Hair et al., 2017).

Vor dem Hintergrund des PLS-Ansatzes wurde für die Beurteilung der Normalverteilung der Daten der Shapiro-Wilk-Test sowie die Maße für Schiefe und Wölbung herangezogen. Beim Shapiro-Wilk-Test werden die Stichprobendaten mit einer theoretischen Normalverteilung verglichen, die den gleichen Mittelwert und dieselbe Standardabweichung wie die erhobene Stichprobe aufweist (Boedec, 2016). Der Shapiro-Wilk-Test wurde dem Kolmogorov-Smirnov-Test vorgezogen, da dieser bei kleineren bis mittleren Stichproben als zuverlässiger und sensibler gilt (Boedec, 2016; Royston, 1982; Royston, 1992). Die Ergebnisse zeigen, dass für alle Konstrukte die Nullhypothese der Normalverteilung abgelehnt wurde ($p < .001$). Dies weist darauf hin, dass keine der Variablen normalverteilt war. Die detaillierten Ergebnisse des Shapiro-Wilk-Tests sind in **Tabelle *48*** im Anhang d) des elektronischen Zusatzmaterials dargestellt.

Der Shapiro-Wilk-Test liefert jedoch nur begrenzte Informationen darüber, wie stark die Daten von der Normalverteilung abweichen, sodass Hair et al. (2017) empfehlen, zusätzlich die Schiefe und Wölbung der Daten näher zu betrachten. Die Schiefe („skewness") beschreibt die Symmetrie einer Variablenverteilung. Positive Schiefe-Koeffizienten deuten auf eine rechtsschiefe Verteilung hin, während negative Koeffizienten eine linksschiefe Verteilung anzeigen (Hair et al., 2017). Das Maß der Wölbung („kurtosis") beschreibt die Steilheit oder Spitzigkeit der Wahrscheinlichkeitsverteilung einer Variablen im Vergleich zur Normalverteilung. Positive Wölbungswerte weisen auf eine spitze, hochgipflige Verteilung hin, während negative Werte auf eine flache, breite Verteilung schließen lassen (Hair et al., 2017).

In der Literatur werden unterschiedliche Grenzwerte für die Verletzung der Normalverteilungsannahme diskutiert. Kline (2011, S. 63) und Curran et al. (1996, S. 26) betrachten Werte außerhalb von $\pm 3$ bzw. $\pm 2$ bei der Schiefe sowie außerhalb von $\pm 8$ bzw. $\pm 7$ bei der Wölbung als Abweichung von der Normalverteilung. Dagegen gehen Hair et al. (2017, S. 61) davon aus, dass bereits Werte außerhalb des Bereichs von $\pm 1$ bei beiden Maßen eine Abweichung von der Normalverteilung darstellen. Die definierten Grenzwerte von Hair et al. (2017) wurden auch für diese Arbeit als Referenzwerte herangezogen, da diese eng mit dem PLS-Ansatz verbunden sind.

In **Tabelle** *7.1* sind die Schiefe- und Wölbungskoeffizienten für alle Konstruktindikatoren dargestellt. Die Mehrheit der Indikatoren überschritten den Schwellenwert von $\pm 1$ nicht,was darauf hinweist, dass die Verteilungen der meisten Variablen symmetrisch oder nur leicht asymmetrisch waren. Einige wenige Indikatoren (PE01, FC01, FC02 und FC21) wiesen jedoch Schiefe-Werte unter $-1$ auf, was eine deutliche Linksschiefe indiziert. Insgesamt blieb die Schiefe der meisten Variablen im akzeptablen Bereich, sodass hier keine schwerwiegenden Verletzungen der Normalverteilungsannahme vorlagen. Die Wölbungswerte hingegen überschritten bei allen Indikatoren deutlich den Schwellenwert von $+1$, was auf hochgipflige und spitze Verteilungen hinweist und eine starke Abweichung von der Normalverteilung darstellt.

Basierend auf dem Shapiro-Wilk-Test sowie den Schiefe- und Wölbungskoeffizienten kann geschlussfolgert werden, dass die Daten für alle Konstrukte nicht normalverteilt waren. Der Shapiro-Wilk-Test ergab signifikante Abweichungen von der Normalverteilung. Die stark erhöhten Wölbungswerte untermauerten dieses Ergebnis. Da die Schiefe jedoch keine kritischen Werte erreichte, wurde die Abweichung von der Normalverteilung insgesamt als bedeutsam, jedoch nicht als extrem eingestuft.

### 7.1.2 Prüfung auf Common Method Variance

Daneben wurde der vorliegende Datensatz auf Common Method Variance (CMV) geprüft. CMV beschreibt einen systematischen Messfehler, der durch die gemeinsame Erhebungsmethode verursacht wird und nicht auf tatsächliche Zusammenhänge zwischen den untersuchten Variablen zurückzuführen ist (Söhnchen, 2007). Diese Verzerrung stellt somit ein Risiko für die Validität dar, da sie die Korrelationen zwischen unabhängigen und abhängigen Variablen verfälschen kann. Dies geschieht, indem methodenbedingte Einflüsse eine Scheinkorrelation erzeugen oder bestehende Zusammenhänge verzerren (Podsakoff et al., 2003). CMV tritt häufig dann auf, wenn Teilnehmende aus den im Fragebogen thematisierten Sachverhalten vermeintlich logische Schlussfolgerungen ziehen und ihr Antwortverhalten z. B. durch sozial erwünschte Antworten anpassen (Straub & Burton-Jones, 2007).

**Tabelle 7.1** Schiefe- und Wölbungskoeffizienten

| Konstrukt mit Indikatoren | | *M (SD)* | Schiefe | Wölbung | Konstrukt mit Indikatoren | | *M (SD)* | Schiefe | Wölbung |
|---|---|---|---|---|---|---|---|---|---|
| PE ($t_0$) | PE01 | 4.11 (.72) | −1.05 | 5.73 | AUSAT | AUSAT21 | 2.92 (.91) | .02 | 3.10 |
| | PE02 | 3.58 (.83) | −.74 | 3.65 | | AUSAT22 | 3.05 (.94) | −.02 | 3.04 |
| | PE03 | 3.95 (.77) | −.88 | 4.58 | | AUSAT23 | 2.89 (.87) | −.20 | 2.86 |
| EE ($t_0$) | EE01 | 3.96 (.91) | −.74 | 3.19 | CUSAT | CUSAT21 | 2.67 (1.04) | .05 | 2.31 |
| | EE02 | 3.88 (.87) | −.79 | 3.97 | | CUSAT22 | 3.23 (1.22) | −.11 | 2.13 |
| | EE03 | 3.97 (.84) | −.60 | 3.32 | | CUSAT23 | 3.23 (1.17) | −.07 | 2.34 |
| SI ($t_0$) | SI01 | 3.41 (1.00) | −.29 | 2.71 | | CUSAT24 | 3.31 (1.20) | −.14 | 2.05 |
| | SI02 | 3.50 (.99) | −.39 | 2.94 | CA | CA21 | 2.58 (.97) | .20 | 2.68 |
| | SI03 | 3.66 (.94) | −.47 | 3.18 | | CA22 | 2.62 (.98) | .27 | 2.79 |
| FC ($t_0$) | FC01 | 4.46 (.95) | −2.01 | 6.74 | | CA23 | 2.72 (.98) | .42 | 2.91 |
| | FC02 | 4.24 (.89) | −1.12 | 3.90 | | CA24 | 2.78 (.98) | .33 | 3.08 |
| | FC03 | 3.89 (.93) | −.55 | 2.82 | DSU | DSU21 | 3.06 (1.05) | −.01 | 2.54 |
| PE ($t_2$) | PE21 | 3.18 (1.16) | −.22 | 2.39 | | DSU22 | 3.05 (.98) | .26 | 2.89 |
| | PE22 | 2.82 (1.12) | −.03 | 2.33 | | DSU23 | 3.21 (1.02) | −.17 | 2.66 |
| | PE23 | 3.13 (1.01) | −.26 | 2.55 | | DSU24 | 3.22 (1.01) | −.13 | 2.78 |
| EE ($t_2$) | EE21 | 3.44 (1.17) | −.39 | 2.38 | LEA | LEA1 | 3.83 (1.00) | −.63 | 2.86 |
| | EE22 | 3.50 (1.18) | −.41 | 2.35 | | LEA2 | 3.23 (.90) | .07 | 2.40 |
| | EE23 | 3.61 (1.15) | −.62 | 2.71 | | LEA3 | 3.45 (.97) | −.13 | 2.52 |
| SI ($t_2$) | SI21 | 2.64 (1.21) | .17 | 2.17 | | LEA4 | 3.28 (1.12) | −.12 | 2.14 |

(Fortsetzung)

**Tabelle 7.1** (Fortsetzung)

| Konstrukt mit Indikatoren | | *M* (*SD*) | Schiefe | Wölbung | Konstrukt mit Indikatoren | | *M* (*SD*) | Schiefe | Wölbung |
|---|---|---|---|---|---|---|---|---|---|
| | SI22 | 2.51 (1.18) | .19 | 2.10 | | LEA5 | 3.36 (1.21) | −.27 | 2.19 |
| | SI23 | 2.77 (1.24) | .03 | 2.08 | LEB | LEB1 | 3.01 (1.07) | .03 | 2.35 |
| FC ($t_2$) | FC21 | 4.25 (1.04) | −1.01 | 2.58 | | LEB2 | 3.39 (1.04) | −.18 | 2.27 |
| | FC22 | 3.94 (1.03) | −.59 | 2.36 | | LEB3 | 3.00 (1.15) | .04 | 2.39 |
| | FC23 | 3.94 (1.06) | −.63 | 2.53 | LEC | LEC1 | 3.92 (.97) | −.50 | 2.24 |
| TTF | TTF21 | 3.14 (1.06) | −.24 | 2.46 | | LEC2 | 3.40 (.94) | −.35 | 3.06 |
| | TTF22 | 3.02 (1.15) | −.15 | 2.22 | | LEC3 | 3.68 (.96) | −.33 | 2.45 |
| | TTF23 | 3.30 (1.06) | −.29 | 2.71 | | LEC4 | 3.52 (1.02) | −.30 | 2.32 |
| | | | | | LED | LED1 | 3.90 (1.11) | −.65 | 2.50 |
| | | | | | | LED2 | 3.31 (1.21) | −.20 | 2.18 |
| | | | | | | LED3 | 3.17 (1.01) | −.08 | 2.31 |
| | | | | | | LED4 | 3.65 (1.01) | −0.55 | 2.81 |
| | | | | | | LED5 | 3.93 (.93) | −.51 | 2.46 |
| | | | | | | LED6 | 3.13 (1.04) | .04 | 2.58 |

*Anmerkungen*: $n = 109$; $M$ = Mittelwert, $SD$ = Standardabweichung; PE ($t_0$) = Performance Expectancy Zeitpunkt $t_0$, EE ($t_0$) = Effort Expectancy Zeitpunkt $t_0$, SI ($t_0$) = Social Influence Zeitpunkt t0, FC ($t_0$) = Facilitating Conditions Zeitpunkt $t_0$, PE ($t_2$) = Performance Expectancy Zeitpunkt $t_2$, EE ($t_2$) = Effort Expectancy Zeitpunkt $t_2$, SI ($t_2$) = Social Influence Zeitpunkt t2, FC ($t_2$) = Facilitating Conditions Zeitpunkt $t_2$, TTF = Task-Technology-Fit, AUSAT = Affective User Satisfaction, CUSAT = Cognitive User Satisfaction, CA = Cognitive Absorption, DSU = Deep Structure Usage, LEA = Lernerfolg Modul A, LEB = Lernerfolg Modul B, LEC = Lernerfolg Modul C, LED = Lernerfolg Modul D

In der vorliegenden Arbeit wurden mehrere Maßnahmen ergriffen, um CMV zu minimieren. Um soziale Erwünschtheit zu reduzieren, wurde den Auszubildenden Anonymität und Vertraulichkeit zugesichert. Dies wurde durch die Abfrage eines persönlichen Codes gewährleistet, der es ermöglicht, die ausgefüllten Fragebögen anonym zuzuordnen, ohne sie auf einzelne Personen zurückzuführen. Zusätzlich wurden etablierte und in früheren Studien validierte Messinstrumente eingesetzt, um die Qualität und Zuverlässigkeit der Erhebung zu gewährleisten. Zudem wurden die Fragen zu den unabhängigen und abhängigen Variablen an unterschiedlichen Stellen im Fragebogen platziert, um systematische Antwortmuster zu vermeiden.

Das Vorliegen von CMV kann trotz der ergriffenen Maßnahmen jedoch nie vollständig ausgeschlossen werden, sodass Podsakoff und Organ (1986) (1986, S. 536) empfehlen, den Harman's One-Factor Test durchzuführen. Dabei wird mithilfe einer explorativen Faktorenanalyse (konkret einer Hauptkomponentenanalyse mit unrotierter Faktorenlösung) geprüft, ob ein signifikanter Anteil der Gesamtvarianz durch einen einzigen Faktor erklärt wird. Wenn ein einzelner Faktor mehr als 50% der Gesamtvarianz erklärt, könnte dies auf CMV hinweisen (Podsakoff & Organ, 1986, S. 536). In Anlehnung an Venkatesh et al. (2011) wurden für die Konstrukte der Zeitpunkte $t_0$ und $t_2$ jeweils separate Harman's One-Factor Tests durchgeführt. Im ersten Test wurden alle Items von $t_0$ in einer explorativen Faktorenanalyse zu einem Faktor zusammengefasst. Der erste Faktor erklärte dabei 42.9% der Gesamtvarianz. Im Rahmen des zweiten Tests lag der Erklärungsanteil des ersten Faktors bei 37.8%. Da der Erklärungsanteil des ersten Faktors in beiden Analysen unter der 50%-Schwelle lag, deutet dies darauf hin, dass keine relevante CMV vorlag.

Der Harman's One-Factor Test wird jedoch häufig aufgrund seiner begrenzten Sensitivität kritisiert: Mit steigender Anzahl der berücksichtigten Indikatoren nimmt die Wahrscheinlichkeit ab, eine einfaktorielle Lösung und damit mögliche methodenbedingte Verzerrungen zu identifizieren (Paulssen et al., 2009). Daher wird empfohlen, den Test mit dem robusteren Ansatz der Marker Variable Technik von Lindell und Whitney (2001) zu kombinieren. Bei diesem Ansatz wird eine zusätzliche latente Variable in das Modell integriert, die theoretisch unabhängig von den anderen Variablen im Modell ist, jedoch mit demselben Messdesign erhoben wurde (Temme et al., 2009). Eine hohe Korrelation zwischen der Marker-Variable und den modellbezogenen Konstruktvariablen deutet auf eine Methodenverzerrung hin.

Die Marker Variable Technik konnte in dieser Arbeit nicht angewendet werden, da in den Fragebögen keine zusätzliche Marker Variable erhoben wurde, die

die genannten Anforderungen erfüllt. Dennoch lassen die bivariaten Spearman-Korrelationen zwischen den 60 Konstruktindikatoren darauf schließen, dass kein kritisches Ausmaß an CMV vorliegt. Für die Berechnung der Korrelationen wurde die Spearman-Korrelation verwendet, da die zugrunde liegenden Daten nicht normalverteilt waren. In solchen Fällen ist die Spearman-Korrelation robuster als die Pearson-Korrelation (Field, 2009). Alle paarweisen Korrelationskoeffizienten liegen deutlich unter dem Schwellenwert von $r_S = \pm.90$, der in der Literatur als Hinweis auf methodenbedingte Verzerrungen betrachtet wird (Bagozzi & Yi, 1991, S. 164). Die vollständige Korrelationstabelle ist im Anhang e) des elektronischen Zusatzmaterials einsehbar (siehe **Tabelle** ***49***).

## 7.2 Skalenvalidierung

### 7.2.1 Explorative Faktorenanalyse

Im Rahmen der Skalenvalidierung wurde zunächst eine explorative Faktorenanalyse (EFA) mit der Skala zur Erfassung von Self-reported Learning Performance (SLP) durchgeführt. Da diese Skala selbst konzipiert war, diente die EFA dazu, die faktorielle Struktur zu analysieren und zu überprüfen, ob die Indikatoren wie erwartet den zugrunde liegenden Faktoren zugeordnet werden konnten. Bei den übrigen Skalen handelte es sich um etablierte Messinstrumente, die in früheren Studien und unterschiedlichen Untersuchungskontexten bereits umfassend validiert wurden. Daher wurde für diese Skalen auf eine EFA verzichtet.

Die Skala zum subjektiven Lernerfolg umfasste insgesamt 18 Items, die in vier theoretische Faktoren unterteilt waren: Lernerfolg Modul A (LEA) mit 5 Items, Lernerfolg Modul B (LEB) mit 3 Items, Lernerfolg Modul C (LEC) mit 4 Items und Lernerfolg Modul D (LED) mit 6 Items. Ein KMO-Wert von .91 und ein statistisch signifikanter Bartlett-Test ($\chi 2 = 1084.62$, df $= 153$, $p < .001$) bestätigten die Eignung der Daten für eine EFA. Die vier extrahierten Faktoren erklärten insgesamt 47.4% der Gesamtvarianz in den Items. Da die Daten von SLP nicht normalverteilt waren, wurde für die EFA die Hauptachsenanalyse (Principal Axis Factoring) verwendet, da diese gegenüber Abweichungen von der Normalverteilung weniger anfällig ist (Brown, 2015). Daneben wurde eine oblique Rotation (Promax) angewandt, um potenzielle Interkorrelationen zwischen den Faktoren zu berücksichtigen, was eine realistischere Abbildung ihrer Beziehungen ermöglicht (Brown, 2015).

Die EFA zeigte, dass einige Items wie erwartet auf die jeweiligen Faktoren luden (siehe **Tabelle** ***50*** im Anhang f) des elektronischen Zusatzmaterials). In mehreren Fällen wichen die Ergebnisse jedoch von der angenommenen Struktur ab. Problematisch waren insbesondere die Items *LED1* und *LED6*, die auf mehr als einem Faktor hohe Ladungen ($\lambda > .40$) aufwiesen, sowie *LEA4* und *LEC2*, deren Ladung unter dem empfohlenen Schwellenwert von $\lambda = .40$ lag (Field, 2009). Um die Struktur zu verbessern, wurde *LED1* entfernt, da es Querladungen zeigte und inhaltlich zu keinem der beiden Faktoren passte. Für *LED6* wurde entschieden, es aufgrund der besseren inhaltlichen Passung einem der Faktoren eindeutig zuzuordnen. Dies beeinträchtigte die interne Konsistenz dieses Faktors nicht. *LEA4* wurde aufgrund der niedrigen Ladung ausgeschlossen. Obwohl auch *LEC2* eine niedrige Ladung zeigte, wurde es vorerst beibehalten, da der Faktor mit nur zwei Items ansonsten instabil geworden wäre (DeVellis, 2003; Nunnally & Bernstein, 1994). Trotz des Verbleibs von *LEC2* erreichte die Skala eine akzeptable interne Konsistenz von Cronbachs $\alpha = .77$.

Nach Entfernung der problematischen Items *LEA4* und *LED1* wurde die EFA erneut durchgeführt. Die überarbeitete Faktorenstruktur zeigte eine Verbesserung, wobei die vier Faktoren nun 50.4% der Gesamtvarianz erklärten. Im Vergleich zu den ursprünglichen 47.4% deutet dieser Anstieg auf eine Verbesserung der Erklärungskraft der Skala hin. Die Faktorladungen der verbleibenden Items waren überwiegend klar und überschritten den Schwellenwert von $\lambda = .40$. Um die Vergleichbarkeit und Konsistenz der Ergebnisse sicherzustellen, wurden die ursprünglichen Bezeichnungen der Faktoren beibehalten, auch wenn einige Items nicht mehr ausschließlich den ursprünglichen Modulen zugeordnet werden können. Die überarbeitete Zuordnung der Items kann der **Tabelle** ***7.2*** entnommen werden.

Aus der **Tabelle** ***7.2*** geht hervor, dass das Item *LEA5* mit einer Faktorladung von $\lambda = .408$ knapp über dem Schwellenwert von $\lambda = .40$ liegt. Die endgültige Entscheidung über den Verbleib von *LEA5* wurde in einer anschließenden Confirmatory Composite Analysis überprüft, um die faktorielle Validität weiter zu untersuchen (siehe Abschnitt 7.2.2). Die interne Konsistenz der überarbeiteten Skala lag für die vier Faktoren zwischen Cronbachs $\alpha = .77$ bis $\alpha = .85$, was überwiegend akzeptable bis gute Werte darstellt.

Insgesamt zeigen die Ergebnisse der EFA, dass die ursprüngliche theoretische Faktorenstruktur der Skala nicht vollständig bestätigt werden konnte. Diese Abweichungen könnten darauf hindeuten, dass einige Items inhaltlich nicht optimal zur theoretischen Definition der Faktoren passten. Darüber hinaus ist es möglich, dass die vier Module der Skala unterschiedliche Dimensionen von Lernerfolg maßen, die nicht vollständig unabhängig voneinander waren.

**Tabelle 7.2** Ergebnisse der bereinigten explorativen Faktorenanalyse für Self-reported Learning Performance (ohne LEA4 und LED1)

| Item | Faktor 1 (LEA) | Faktor 2 (LEB) | Faktor 3 (LEC) | Faktor 4 (LED) |
|---|---|---|---|---|
| LEA2 | .645 | | | |
| LEA3 | .780 | | | |
| LEA5 | .408 | | | |
| LEB1 | .479 | | | |
| LEC3 | .742 | | | |
| LEB3 | | .589 | | |
| LED2 | | .761 | | |
| LED3 | | .796 | | |
| LED4 | | .701 | | |
| LED6 | | .549 | | |
| LEA1 | | | .505 | |
| LEC1 | | | .508 | |
| LED5 | | | .956 | |
| LEB2 | | | | .569 |
| LEC2 | | | | .377 |
| LEC4 | | | | .849 |
| Eigenwerte | 2.617 | 2.362 | 1.629 | 1.456 |
| Erklärte Varianz | .164 | .148 | .102 | .091 |
| Kumulative Varianz | .164 | .311 | .413 | .504 |
| Cronbachs Alpha | .84 | .85 | .83 | .77 |

*Anmerkungen*: $n = 109$, LEA = Lernerfolg Modul A, LEB = Lernerfolg Modul B, LEC = Lernerfolg Modul C, LED = Lernerfolg Modul D, nur Faktorladungen $\lambda > .40$ werden angezeigt. Extraktionsmethode: Principal Axis Factoring, Rotation: Promax

### 7.2.2 Confirmatory Composite Analysis

Zur Überprüfung der in der EFA identifizierten Faktorenstruktur von SLP sowie zur Bestätigung der Faktorenstruktur der übrigen Skalen wurde eine konfirmatorische Analyse im PLS-Kontext im Sinne einer Confirmatory Composite Analysis (CCA) nach Hair et al. (2022) und Henseler et al. (2016) durchgeführt. Die CCA ist eine PLS-basierte Methode zur konfirmatorischen Überprüfung von Messmodellen, bei der Konstrukte als Komposite modelliert und hinsichtlich Reliabilität und Validität evaluiert werden, ohne dass ein Strukturmodell spezifiziert werden muss (Hair et al., 2022; Henseler et al., 2016). Sie stellt somit das PLS-Äquivalent zur klassischen konfirmatorischen Faktorenanalyse (CFA) dar und dient der Validierung der Konstrukte innerhalb eines theoretisch begründeten Netzwerks, bevor kausale Zusammenhänge im Strukturmodell analysiert werden (Hair et al., 2022). Die Wahl der CCA anstelle der kovarianzbasierten CFA war methodisch begründet, da die Stichprobe mit $n = 109$ relativ klein war. PLS-basierte Verfahren gelten als robuster gegenüber kleinen Stichproben und stellen geringere Anforderungen an Verteilungsannahmen wie Multikollinearität oder Normalverteilung (Hair et al., 2017).

Gemäß den Empfehlungen von Hair et al. (2022) wurden im Rahmen der durchgeführten CCA die Skalen hinsichtlich folgender Kriterien beurteilt:

- Indikatorladung und -reliabilität
- Interne Konsistenz
- Konvergente und diskriminante Validität.

Auf globale Modell-Fit-Indizes (z. B. SRMR) wurde verzichtet, da keine Modellvergleiche durchgeführt wurden und der Schwerpunkt auf der Bewertung der Messmodelle lag (Hair et al., 2022). Diese Vorgehensweise ermöglichte eine gezielte und isolierte Beurteilung der einzelnen Konstrukte, bevor diese im Gesamtkontext der PLS-SEM integriert und zusammen mit einem übergeordneten Strukturmodell untersucht wurden. Dadurch sollte die Robustheit der nachfolgenden Analysen gestärkt werden (Brown, 2015). Eine isolierte Betrachtung war insbesondere bei der Skala zu SLP erforderlich, da diese in der Hauptanalyse als Second-Order-Konstrukt spezifiziert wurde (siehe Abschnitt 7.4.1). Um dieses höherstufige Konstrukt valide modellieren zu können, musste die Güte der vier zugehörigen First-Order-Konstrukte vorab sichergestellt werden.

Die Indikatorladung ($\lambda$) beschreibt die Stärke der bivariaten Korrelation zwischen einem Indikator und seinem zugrunde liegenden Konstrukt (Hair et al.,

2021). Bei der Indikatorreliabilität ($\lambda 2$) handelt es sich um die quadrierte Indikatorladung, die angibt, wie viel Varianz eines Indikators durch das zugehörige Konstrukt erklärt wird. Eine Indikatorladung über $\lambda > .708$ gilt als akzeptabel, da sie zeigt, dass mehr als 50% der Varianz des Indikators durch das Konstrukt erklärt werden ($\lambda 2 > .50$) (Hair et al., 2021, S. 77). Die meisten Konstrukte erreichten akzeptable bis hohe Werte bei den Indikatorladungen und der Indikatorreliabilität. Einige Items unterschritten jedoch die empfohlenen Schwellwerte und wurden daher als problematisch eingestuft. Dennoch blieben die Reliabilitätskennzahlen und die Konvergenzvalidität der betroffenen Konstrukte auf akzeptablem Niveau. Details zu diesen problematischen Items sind in **Tabelle** ***7.3*** dargestellt, während eine vollständige Übersicht aller Konstrukte im Anhang g) des elektronischen Zusatzmaterials enthalten ist (siehe **Tabelle** ***51***).

**Tabelle 7.3** Problematische Items mit Indikatorladung, -reliabilität, interne Konsistenz und Konvergenzvalidität

| Konstrukt | Items | $\lambda$ | $\lambda^2$ | $\alpha$ | $\rho_c$ | AVE |
|---|---|---|---|---|---|---|
| PE ($t_0$) | PE01 | .784 | .615 | .75 | .75 | .511 |
| | PE02 | .801 | .641 | | | |
| | **PE03** | **.525** | **.276** | | | |
| FC ($t_0$) | **FC01** | **.336** | **.113** | .57 | .55 | .311 |
| | **FC02** | **.481** | **.232** | | | |
| | FC03 | .767 | .589 | | | |
| FC ($t_2$) | **FC21** | **.425** | **.181** | .77 | .75 | .528 |
| | FC22 | .714 | .510 | | | |
| | FC23 | .945 | .893 | | | |
| LEA | LEA2 | .759 | .576 | .84 | .83 | .504 |
| | LEA3 | .735 | .541 | | | |
| | **LEA5** | **.695** | **.483** | | | |
| | LEB1 | .783 | .614 | | | |
| | **LEC3** | **.552** | **.305** | | | |
| LEB | LEB3 | .747 | .558 | .86 | .84 | .530 |

(Fortsetzung)

**Tabelle 7.3** (Fortsetzung)

| Konstrukt | Items | $\lambda$ | $\lambda^2$ | $\alpha$ | $\rho_c$ | AVE |
|---|---|---|---|---|---|---|
| | **LED2** | **.425** | **.180** | | | |
| | LED3 | .742 | .551 | | | |
| | LED4 | .776 | .602 | | | |
| | LED6 | .872 | .760 | | | |
| LEC | LEA1 | .778 | .606 | .83 | .83 | .624 |
| | **LEC1** | **.667** | **.445** | | | |
| | LED5 | .906 | .820 | | | |
| LED | LEB2 | .863 | .744 | .77 | .77 | .545 |
| | **LEC2** | **.491** | **.241** | | | |
| | LEC4 | .806 | .649 | | | |

*Anmerkungen*: $n = 109$; $\lambda$ = Indikatorladung, $\lambda^2$ = Indikatorreliabilität, $\alpha$ = Cronbachs Alpha, $\rho_c$ = Composite Reliability, AVE = Average Variance Extracted, PE ($t_0$) = Performance Expectancy Zeitpunkt $t_0$, FC ($t_0$) = Facilitating Conditions Zeitpunkt $t_0$, FC ($t_2$) = Facilitating Conditions Zeitpunkt $t_2$, LEA = Lernerfolg Modul A, LEB = Lernerfolg Modul B, LEC = Lernerfolg Modul C, LED = Lernerfolg Modul D, Fettdruck = Items, deren Faktorladung und -reliabilität unterhalb des Schwellenwerts ($\lambda > .708$, $\lambda^2 > .50$) liegen

Hair et al. (2021) empfehlen, problematische Indikatoren erst dann zu entfernen, wenn eine Verbesserung der Reliabilität und Validität erreicht werden kann. Zur Beurteilung der internen Konsistenz wurde neben Cronbachs Alpha auch die Composite Reliability herangezogen, da diese in PLS-basierten Ansätzen als etabliertes Maß gilt (Hair et al., 2021). Ein grundlegender Vorteil der Composite Reliability liegt darin, dass sie im Gegensatz zu Cronbachs Alpha nicht auf der restriktiven Annahme der Tau-Äquivalenz beruht (Hair et al., 2021).

Die konvergente Validität beschreibt, inwieweit ein Konstrukt mit seinen Indikatoren übereinstimmt, um deren Varianz zu erklären. Zur Bewertung wird die Average Variance Extracted (AVE) herangezogen, die als der Durchschnitt der quadrierten Indikatorladungen definiert ist. Ein Wert von mindestens AVE = .50 zeigt, dass das Konstrukt mehr als 50% der Varianz seiner Indikatoren erklärt und somit eine ausreichende konvergente Validität aufweist (Hair et al., 2021, S. 78). In der **Tabelle** ***7.4*** sind die Werte der internen Konsistenz und der konvergenten Validität der problematischen Indikatoren und ihrer Konstrukte dargestellt. Die letzten drei Spalten der **Tabelle** ***7.4*** zeigen die Reliabilitäts- und Validitätskennzahlen, die sich ergaben, wenn das problematische Item entfernt wurde.

**Tabelle 7.4** Gegenüberstellung der Reliabilitäts- und Validitätswerte mit und ohne problematisches Item

| Konstrukt | Problematisches Item | Mit problematischem Item | | | Ohne problematischem Item | | |
|---|---|---|---|---|---|---|---|
| | | α | $\rho_c$ | AVE | α | $\rho_c$ | AVE |
| PE ($t_0$) | PE03 | .75 | .75 | .511 | .69 | .69 | .524 |
| FC ($t_0$) | FC01 | .57 | .55 | .311 | .46 | .49 | .336 |
| FC ($t_0$) | FC02 | | | | .33 | .39 | .267 |
| FC ($t_2$) | FC21 | .77 | .75 | .528 | .69 | .70 | .545 |
| LEA | LEA5 | .84 | .83 | .504 | .84 | .84 | .567 |
| LEA | LEC3 | | | | .80 | .80 | .502 |
| LEA | LEA5, LEC3* | | | | .81 | .81 | .589 |
| LEB | LED2 | .86 | .84 | .530 | .83 | .83 | .543 |
| LEC | LEC1 | .83 | .83 | .624 | .78 | .79 | .649 |
| LED | LEC2 | .77 | .77 | .545 | .78 | .78 | .634 |

*Anmerkungen*: $n = 109$, $\alpha$ = Cronbachs Alpha, $\rho_c$ = Composite Reliability, AVE = Average Variance Extracted, PE ($t_0$) = Performance Expectancy Zeitpunkt $t_0$, FC ($t_0$) = Facilitating Conditions Zeitpunkt $t_0$, FC ($t_2$) = Facilitating Conditions Zeitpunkt $t_2$, LEA = Lernerfolg Modul A, LEB = Lernerfolg Modul B, LEC = Lernerfolg Modul C, LED = Lernerfolg Modul D, * = Reliabilitäs- und Validitätswerte in den letzten drei Spalten beziehen sich auf den Fall, wenn beide Items (LEA5 und LEC3) entfernt werden

Die Analysen zum Konstrukt PE ($t_0$) ergaben, dass sich die Reliabilitätswerte verschlechterten, während der AVE-Wert für die konvergente Validität minimal anstieg, wenn das Item *PE03* entfernt wurde (siehe **Tabelle** *7.4*). Vor diesem Hintergrund wurde entschieden, PE03 beizubehalten, da die Reliabilitätskennzahlen mit diesem Item besser ausfielen und der Anstieg des AVE-Werts nicht entscheidend genug war, um eine Entfernung zu rechtfertigen.

Aus der **Tabelle** *7.4* geht hervor, dass sich für die Skala FC ($t_0$) sowohl bei der Reliabilität als auch bei der Konvergenzvalidität Werte unterhalb der empfohlenen Schwellenwerte ($\alpha = \rho_c > .70$ und AVE > .50) zeigten. Die fallweise Entfernung der problematischen Items *FC01* und *FC02* ergab, dass sich die Kennzahlen weiter verschlechterten oder nur marginal verbesserten. Weder durch die Beibehaltung noch durch die Entfernung der problematischen Items konnten akzeptable Werte für die Reliabilität und konvergente Validität erzielt werden. Die Ergebnisse legen nahe, dass das Konstrukt FC ($t_0$) methodische Schwächen aufwies. Eine Messung des Konstrukts FC ($t_0$) mit nur einem Item FC03 wurde ebenfalls ausgeschlossen, da Konstrukte mit lediglich einem Indikator als wenig robust gelten und die Messqualität ausschließlich von der Güte dieses einen Items abhängt (DeVellis, 2003; Nunnally & Bernstein, 1994). Basierend auf diesen Ergebnissen wurde entschieden, das gesamte Konstrukt FC ($t_0$) von weiteren Analysen auszuschließen.

Für das Konstrukt FC ($t_2$) zeigte die Analyse, dass sich die interne Konsistenz verschlechterte, während sich die Kovergenzvalidität leicht verbesserte, wenn *FC21* entfernt wurde (siehe **Tabelle** *7.4*). Da jedoch der ursprüngliche AVE-Wert von .528 bereits über dem empfohlenen Schwellenwert von AVE > .50 lag und der Anstieg durch eine Entfernung minimal war, wurde beschlossen, das FC21 im Konstrukt zu belassen.

In der Skala LEA wurden die Items *LEA5* und *LEC3* als problematisch identifiziert. Die Entfernung von LEA5 führte zu einer leichten bis deutlichen Verbesserung der Werte für die Reliabilität und Konvergenzvalidität. Im Vergleich dazu verschlechterten sich bei einer Entfernung von LEC3 die interne Konsistenz, während der AVE-Wert unverändert blieb. Eine zusätzliche Analyse untersuchte die Auswirkungen, wenn beide Items entfernt würden, da das Konstrukt LEA auch mit drei Items stabil geblieben wäre. Diese Analyse zeigte, dass sich die Konvergenzvalidität deutlich verbesserte, während die Reliabilitätswerte abnahmen (siehe **Tabelle** *7.4*). Vor dem Hintergrund dieser Ergebnisse wurde entschieden, LEA5 auszuschließen und LEC3 beizubehalten, da dadurch die interne Konsistenz und die konvergente Validität verbessert wurden.

Die Items *LED2* der Skala LEB und *LEC1* der Skala LEC wurden trotz ihrer problematischen Werte beibehalten, da ihre Entfernung zu einer Verschlechterung der Reliabilitätskennzahlen geführt hätte, während der AVE-Wert sich nur marginal verbessert hätte. Die detaillierten Werte zur Reliabilität und Konvergenzvalidität können der **Tabelle** *7.4* entnommen werden.

Die gleiche Entscheidung wurde auch für das Item *LEC2* der Skala LED getroffen. Zwar führte die Entfernung von LEC2 zu einer leichten Verbesserung der internen Konsistenz und einem deutlichen Anstieg der konvergenten Validität (siehe **Tabelle** *7.4*), dennoch wurde entschieden, das Item beizubehalten. Grund hierfür war, dass das Konstrukt LED bei einer Entfernung von LEC2 nur noch aus zwei Items bestanden hätte, was die Stabilität der Skala beeinträchtigt hätte. Zudem erreichte das Konstrukt mit LEC2 bereits die empfohlenen Schwellenwerte für Reliabilität und konvergente Validität ($\alpha = \rho_c > .70$ und AVE > .50), was die Beibehaltung des Items weiter rechtfertigte.

Die Diskriminanzvalidität wurde zunächst anhand des Fornell-Larcker-Kriteriums überprüft (Fornell & Larcker, 1981). Diese Kennzahl gibt an, inwieweit sich ein Konstrukt empirisch von anderen Konstrukten unterscheidet (Hair et al., 2021). Die diskriminante Validität ist gegeben, wenn die Quadratwurzel der AVE eines Konstrukts (dargestellt durch die Diagonalwerte in der AVE-Matrix) höher ist als alle anderen Korrelationen dieses Konstrukts mit anderen Konstrukten (außerdiagonalen Werte). Aus der **Tabelle** *7.5* geht hervor, dass diese Voraussetzung für alle Konstrukte erfüllt war, sodass auf ein ausreichendes Maß an Diskriminanzvalidität geschlossen werden konnte.

Aktuelle Studien weisen jedoch darauf hin, dass das Fornell-Larcker-Kriterium allein nicht ausreichend ist, um die Diskriminanzvalidität zuverlässig zu bewerten, da es häufig Probleme bei der Identifikation von Diskriminanzvaliditätsproblemen aufweist (Hair et al., 2021). Die diskriminante Validität der Skalen sollte daher zusätzlich mithilfe der Heterotrait-Monotrait-Ratio (HTMT) beurteilt werden (Henseler, 2005). Das HTMT wird definiert als das Verhältnis der durchschnittlichen Korrelationen zwischen Indikatoren verschiedener Konstrukte (d. h. die heterotrait–heteromethod-Korrelationen) zur (geometrischen) mittleren Korrelation der Indikatoren desselben Konstrukts (d. h. die monotrait–heteromethod-Korrelationen) (Hair et al., 2021). Die HTMT-Werte sollten unterhalb des Schwellenwerts von HTMT = .85 bzw. HTMT = .90 bei theoretisch ähnlichen Konstrukten liegen (Hair et al., 2021, S. 79).

Für die vorliegenden Daten lagen die HTMT-Werte zwischen HTMT = .124 und HTMT = .938. Die Mehrheit der Konstrukte erfüllte somit das Kriterium von HTMT < .85 bzw. HTMT < .90, was auf eine ausreichende diskriminante Validität hinwies. Allerdings wurde eine Überschreitung des Schwellenwerts zwischen den Konstrukten AUSAT und CUSAT (HTMT = .933), CUSAT und TTF (HTMT = .938) und AUSAT und TTF (HTMT = .826) festgestellt. Diese Ergebnisse deuten auf eine inhaltliche Nähe dieser Konstrukte hin.

Zur weiteren Prüfung der Diskriminanzvalidität wurden Bootstrap-Konfidenzintervalle der HTMT-Werte berechnet. Die diskriminante Validität wird angenommen, wenn die obere Grenze des 95%-Konfidenzintervalls den Wert 1.00 nicht einschließt. Die Analyse ergab, dass für die Mehrheit der Konstrukte die obere Grenze des 95%-Konfidenzintervalls unter 1.00 lag, was die diskriminante Validität dieser Konstrukte bestätigte. Zwischen den Konstrukten CUSAT und TTF wurde jedoch ein HTMT-Wert von HTMT = .933 berechnet, dessen Konfidenzintervall [.849, 1.004] den Wert 1.00 knapp einschloss. Daher konnte die diskriminante Validität in diesem Fall nicht eindeutig nachgewiesen werden.

**Tabelle 7.5** AVE-Matrix zur Prüfung der Diskriminanzvalidität (Fornell-Larcker-Kriterium)

| | Konstrukt | 1 | 2 | 3 | 4 | 5 | 6 | 7 | 8 | 9 | 10 | 11 | 12 | 13 | 14 | 15 | 16 |
|---|---|---|---|---|---|---|---|---|---|---|---|---|---|---|---|---|---|
| 1 | PE ($t_0$) | **.715** | – | – | – | – | – | – | – | – | – | – | – | – | – | – | – |
| 2 | EE ($t_0$) | .440 | **.865** | – | – | – | – | – | – | – | – | – | – | – | – | – | – |
| 3 | SI ($t_0$) | .601 | .343 | **.819** | – | – | – | – | – | – | – | – | – | – | – | – | – |
| 4 | TTF | .318 | .207 | .320 | **.862** | – | – | – | – | – | – | – | – | – | – | – | – |
| 5 | PE ($t_2$) | .390 | .113 | .199 | .688 | **.830** | – | – | – | – | – | – | – | – | – | – | – |
| 6 | EE ($t_2$) | .316 | .227 | .140 | .506 | .694 | **.875** | – | – | – | – | – | – | – | – | – | – |
| 7 | SI ($t_2$) | .224 | .104 | .311 | .472 | .463 | .260 | **.823** | – | – | – | – | – | – | – | – | – |
| 8 | FC ($t_2$) | .269 | .258 | .152 | .408 | .502 | .643 | .120 | **.726** | – | – | – | – | – | – | – | – |
| 9 | AUSAT | .224 | .144 | .244 | .743 | .633 | .472 | .406 | .293 | **.868** | – | – | – | – | – | – | – |
| 10 | CUSAT | .267 | .205 | .203 | .843 | .698 | .494 | .433 | .339 | .848 | **.850** | – | – | – | – | – | – |
| 11 | CA | .355 | .268 | .351 | .610 | .509 | .324 | .391 | .219 | .556 | .591 | **.845** | – | – | – | – | – |
| 12 | DSU | .297 | .264 | .323 | .613 | .614 | .480 | .361 | .362 | .644 | .613 | .586 | **.797** | – | – | – | – |
| 13 | LEA | .249 | .316 | .145 | .485 | .555 | .439 | .199 | .391 | .438 | .510 | .304 | .423 | **.753** | – | – | – |
| 14 | LEB | .167 | .316 | .128 | .443 | .506 | .452 | .200 | .319 | .336 | .418 | .379 | .480 | .698 | **.728** | – | – |
| 15 | LEC | .307 | .438 | .244 | .342 | .410 | .452 | .098 | .489 | .252 | .394 | .297 | .351 | .659 | .591 | **.790** | – |
| 16 | LED | .084 | .324 | .050 | .454 | .465 | .331 | .157 | .412 | .309 | .410 | .296 | .342 | .661 | .601 | .596 | **.738** |

*Anmerkungen*: $n = 109$, PE ($t_0$) = Performance Expectancy Zeitpunkt $t_0$, EE ($t_0$) = Effort Expectancy Zeitpunkt $t_0$, SI ($t_0$) = Social Influence Zeitpunkt $t_0$, PE ($t_2$) = Performance Expectancy Zeitpunkt $t_2$, EE ($t_2$) = Effort Expectancy Zeitpunkt $t_2$, SI ($t_2$) = Social Influence Zeitpunkt $t_2$, FC ($t_2$) = Facilitating Conditions Zeitpunkt $t_2$, TTF = Task-Technology-Fit, AUSAT = Affective User Satisfaction, CUSAT = Cognitive User Satisfaction, CA = Cognitive Absorption, DSU = Deep Structure Usage, LEA = Lernerfolg Modul A, LEB = Lernerfolg Modul B, LEC = Lernerfolg Modul C, LED = Lernerfolg Modul D

Um die Diskriminanzvalidität zu verbessern, empfiehlt Hair et al. (2021) Items, die stark mit den Items eines anderen Konstrukts korrelieren ($r > .70$), zu entfernen, sofern dies die Reliabilität und Konvergenzvalidität nicht beeinträchtigt. Entsprechend wurden mehrere Fälle getestet, in denen jeweils eines der problematischen Items (TTF21, TTF23, CUSAT22, CUSAT24) entfernt wurde (siehe **Tabelle** ***7.6***):

Ein Ausschließen des Items *TTF21* führte zu einem geringfügigen besseren HTMT-Wert (HTMT = .879) zwischen den Skalen CUSAT und TTF, welcher unter dem Schwellenwert lag. Das Konfidenzintervall (95%-CI [.796, .952]) zeigte, dass die diskriminante Validität gegeben war. Zudem verbesserten sich die Reliabilität und Konvergenzvalidität des Konstrukts TTF (siehe **Tabelle** ***7.6***). Dennoch würde die Skala ohne TTF21 nur noch aus zwei Items bestehen, was sich negativ auf die Stabilität des Konstrukts auswirken würde (DeVellis, 2003; Nunnally & Bernstein, 1994).

Das Entfernen des Items *TTF23* führte hingegen zu einem höheren HTMT-Wert (HTMT = .970) und das Konfidenzintervall überschritt weiterhin den Wert von 1.00 (95%-CI [.868, 1.062]). Zudem geht aus der **Tabelle** ***7.6*** hervor, dass sich die Reliabilitäts- und AVE-Werte verschlechterten, weshalb das Entfernen von TTF23 keine sinnvolle Option darstellte.

Auch die Entfernung des Items *CUSAT22* zeigte keine wesentliche Verbesserung der diskriminanten Validität. Der HTMT-Wert blieb mit .941 unverändert hoch und das 95%-Konfidenzintervall CI [.854, 1.011] schloss weiterhin den Wert 1.00 ein. Gleichzeitig verschlechterten sich die interne Konsistenz und die konvergente Validität geringfügig (siehe **Tabelle** ***7.6***), was die Entscheidung stützte, CUSAT22 beizubehalten.

Ein ähnliches Bild ergab sich auf für die Analyse ohne das Item *CUSAT24*. Der HTMT-Wert zwischen CUSAT und TTF lag weiterhin bei HTMT = .926 und das Konfidenzintervall (95%-CI [.846, .996]) blieb unverändert. Während die konvergente Validität stabil blieb, verschlechterte sich die interne Konsistenz der Skala leicht. Die genauen Werte können der **Tabelle** ***7.6*** entnommen werden. Daher ergab auch die Entfernung von CUSAT24 keine wesentlichen Vorteile.

Auf Basis dieser Ergebnisse wurde entschieden keines der problematischen Items zu entfernen. Eine Entfernung hätte entweder keine wesentliche Verbesserung der Diskriminanzvalidität bewirkt oder die interne Konsistenz und Konvergenzvalidität der betroffenen Konstrukte verschlechtert. Einzig das Entfernen des Items TTF21 hätte die diskriminante Validität verbessert, jedoch hätte die Skala nur noch aus zwei Items bestanden, was die Stabilität des Konstrukts gefährden würde.

**Tabelle 7.6** Auswirkungen der Entfernung problematischer Items auf die Diskriminanzvalidität, Reliabilität und Konvergenzvalidität

| Konstrukt | Item | Mit problematischem Item | | | | | Ohne problematischem Item | | | | |
|---|---|---|---|---|---|---|---|---|---|---|---|
| | | HTMT | 95%-CI | $\alpha$ | $\rho_c$ | AVE | HTMT | 95%-CI | $\alpha$ | $\rho_c$ | AVE |
| TTF | TTF21 | .933 | .849, 1.004 | .90 | .90 | .743 | .879 | .796, .952 | .89 | .89 | .802 |
| | TTF23 | | | | | | .970 | .868, 1.062 | .82 | .82 | .688 |
| CUSAT | CUSAT22 | .933 | .849, 1.004 | .91 | .91 | .723 | .941 | .854, 1.011 | .87 | .87 | .697 |
| | CUSAT24 | | | | | | .926 | .846, .996 | .86 | .89 | .722 |

*Anmerkungen*: $n = 109$, HTMT = Heterotrait-Monotrait-Ratio, CI = Konfidenzintervall, $\alpha$ = Cronbachs Alpha, $\rho_c$ = Composite Reliability, AVE = Average Variance Extracted, TTF = Task-Technology-Fit, CUSAT = Cognitive User Satisfaction

Um die mangelnde diskriminante Validität zu rechtfertigen, wurde eine theoretische Begründung herangezogen. Die Konstrukte TTF und CUSAT erfassen unterschiedliche, jedoch eng miteinander verbundene Facetten der Lernsoftware. TTF bewertet, wie gut die Software zur Erfüllung der Aufgaben passt, während CUSAT die rationale Zufriedenheit der Auszubildenden mit der Software misst. Diese enge inhaltliche Verbindung ist plausibel, da ein hoher wahrgenommener Fit zwischen Aufgabe und Technologie die objektive Bewertung der Lernsoftware positiv beeinflussen kann. Daher wurde entschieden, alle Items beizubehalten, die inhaltliche Tiefe der Konstrukte aufrechtzuerhalten und die theoretische Nähe der Konstrukte als Limitation zu berücksichtigen.

## 7.3 Ergebnisse der Fragestellung 1

Zur Beantwortung der ersten Fragestellung „Wie verändern sich die kognitiven Überzeugungen im Rahmen des UTAUT-Modells durch die Nutzung der Lernsoftware?“ wurden folgenden Hypothesen aufgestellt:

- H1a: Performance Expectancy ($t_2$) nimmt nach der Nutzung der Lernsoftware signifikant ab.
- H1b: Effort Expectancy ($t_2$) nimmt nach der Nutzung der Lernsoftware signifikant ab.
- H1c: Social Influence ($t_2$) nimmt nach der Nutzung der Software signifikant ab.
- H1d: Facilitating Conditions ($t_2$) nimmt nach der Nutzung der Lernsoftware signifikant ab.

Die Hypothese H1d konnte allerdings nicht geprüft werden, da das Konstrukt Facilitating Conditions (FC, $t_0$) aufgrund unzureichender Reliabilität und Validität ausgeschlossen wurde.

Um zu untersuchen, wie sich die kognitiven Überzeugungen im Rahmen des UTAUT-Modells durch die Nutzung der Lernsoftware verändert haben, wurden die Daten der Konstrukte Performance Expectancy (PE), Effort Expectancy (EE) und Social Influence (SI) der Messzeitpunkte $t_0$ (vor der Nutzung) und $t_2$ (nach der Nutzung) miteinander verglichen. Die Ergebnisse (siehe **Tabelle** *7.7* ) zeigen zunächst, dass die Korrelationen zwischen den Konstrukten beider Zeitpunkte insgesamt moderat bis niedrig ausfielen (die vollständige Korrelationstabelle ohne das Konstrukt FC ($t_0$) kann der **Tabelle** *52* im Anhang h) des elektronischen Zusatzmaterials entnommen werden). Die höchste und statistisch signifikante

Korrelation wurde für PE ($r_s$ = .40, $p$ < .001) beobachtet, was darauf hindeutet, dass dieses Konstrukt im Vergleich zu den anderen Konstrukten die größte Stabilität über die Zeit aufwies. Somit ist die individuelle Wahrnehmung der Auszubildenden in Bezug auf den Nutzen der Lernsoftware weitgehend konstant geblieben. Personen, die bereits vor der Nutzung eine hohe Nützlichkeit wahrgenommen haben, tendierten auch nach der Nutzung dazu, die Software als nützlich einzuschätzen und umgekehrt. Während die Korrelation für SI ($t_0$) und SI ($t_2$) signifikant war ($r_s$ = .33, $p$ < .05), fiel die Korrelation für EE ($t_0$) und EE ($t_2$) niedriger aus und war nicht signifikant ($r_S$ = .22, $p$ > .05). Dies deutet darauf hin, dass sich die Wahrnehmung des Aufwands möglicherweise stärker verändert hat als die Wahrnehmung des sozialen Einflusses, wobei die fehlende Signifikanz keine eindeutige Schlussfolgerung zuließ.

Die Analyse der Medianwerte mithilfe des Wilcoxon-Signed-Rank-Test zeigte, dass PE nach der Nutzung der Lernsoftware tendenziell gesunken ist, während SI gestiegen ist. Auch für das Konstrukt EE wurde eine geringfügige Veränderung mit einem leichten Anstieg festgestellt. Allerdings waren diese Veränderungen statistisch nicht signifikant. Konkret ergab der Wilcoxon-Signed-Rank-Test für PE keinen signifikanten Unterschied zwischen $t_0$ ($Mdn$ = .18) und $t_2$ ($Mdn$ = −.04), $W_S$ = 2914, $z$ = .84, $p$ > .05, $r$ = .08. Obwohl der Unterschied nicht signifikant war, deutet die Effektstärke nach Cohen (1992) auf einen kleinen Effekt hin. Auch für EE wurde kein signifikanter Unterschied festgestellt ($Mdn_{t0}$ = .08, $Mdn_{t2}$ = .12, $W_S$ = 2724, $z$ = 1.27, $p$ > .05, $r$ = .12), was einem mittleren Effekt entspricht. Ebenso unterschieden sich die Werte für SI nicht signifikant zwischen $t_0$ ($Mdn$ = .13) und $t_2$ ($Mdn$ = .30), $W_S$ = 3103, $z$ = −.49, $p$ > .05. Die negative Effektstärke ($r$ = −.05) deutet zwar auf eine tendenzielle Zunahme hin, allerdings war diese Veränderung nicht signifikant und von geringer praktischer Relevanz, da der Effekt nach Cohen (1992) als klein einzustufen ist.

**Tabelle 7.7** Vergleich der UTAUT-Konstrukte vor ($t_0$) und nach der Nutzung der Lernsoftware ($t_2$)

| Konstrukt | $r_s$ | $Mdn\ t_0$ | $Mdn\ t_2$ | $Mdn_{Differenz}$ | $W_S$ | $p$-Wert | $z$-Wert | Effektstärke $r$ |
|---|---|---|---|---|---|---|---|---|
| PE | .40*** | .18 | −.04 | .22 | 2914 | .400 | .84 | .08 |
| EE | .22 | .08 | .12 | −.04 | 2724 | .204 | 1.27 | .12 |
| SI | .33* | .13 | .30 | −.17 | 3103 | .625 | −.49 | −.05 |

*Anmerkungen*: $n$ = 109, $r_s$ = Spearman-Korrelation, $Mdn$ = Median, $W_S$ = Wilcoxon-Teststatistik, $z$-Wert = standardisierte Teststatistik, PE = Performance Expectancy, EE = Effort Expectancy, SI = Social Influence* $p$ < .05*** $p$ < .001

## 7.4 Ergebnisse der Fragestellungen 2 bis 4

Im Folgenden werden die Ergebnisse der Fragestellungen 2, 3 und 4 dargestellt und beschrieben. Zur Beantwortung der zweiten Fragestellung „Wie beeinflussen sich die Einflussfaktoren gegenseitig?“ wurden Hypothesen getestet, die den Einfluss der kognitiven Überzeugungen vor der Nutzung der Lernsoftware ($t_0$) auf ihre nachfolgende Ausprägung nach der Nutzung ($t_2$) untersuchten (H2a – H2d). Zusätzlich wurde der Einfluss von TTF auf PE und EE (jeweils $t_2$) analysiert (H3a, H3b). Die dritte Fragestellung „Welche Faktoren beeinflussen die Akzeptanz der Lernsoftware von Lernenden, die an der ZQ teilnehmen?“ wurde anhand von Hypothesen untersucht, die den Einfluss der UTAUT-Faktoren und TTF auf die Akzeptanz der Lernsoftware prüften (H4a – H4d, H5a – H5d, H6a – H6d, H7a – H7d, H8a – H8d). Im Rahmen der vierten Frage „Wie beeinflusst die Akzeptanz der Lernsoftware den subjektiv wahrgenommen Lernerfolg von Lernenden, die an der ZQ teilnehmen?“ wurden Hypothesen getestet, die den Zusammenhang zwischen verschiedenen Akzeptanzdimensionen und dem wahrgenommenen Lernerfolg untersuchten (H9a – H9d).

Diese Hypothesen wurden mithilfe einer PLS-SEM-Analyse untersucht, indem zunächst die Messmodelle (7.4.1) und die Strukturmodelle (7.4.2) analysiert wurden. Darüber hinaus wurde ein reduziertes Modell spezifiziert und mit dem ursprünglichen Gesamtmodell verglichen (7.4.3). In Abschnitt 7.5 wurde eine Zusatzanalyse mit größerer Stichprobe durchgeführt, bei der ausschließlich Konstrukte des Zeitpunkts $t_2$ untersucht wurden. Auch hier wurden die Mess- und Strukturmodelle überprüft (7.5.1 und 7.5.2).

### 7.4.1 Gütebeurteilung der Messmodelle

Im Gegensatz zur vorangegangenen CCA, bei der die Konstrukte individuell geprüft wurden, erfolgte im Rahmen der PLS-SEM eine simultane Untersuchung der Mess- und Strukturmodelle. Dabei wurden die UTAUT-Konstrukte (PE, EE, SI und FC) der Zeitpunkte $t_0$ und $t_2$, Task-Technology-Fit (TTF) sowie die Akzeptanzkonstrukte (Affective User Satisfaction (AUSAT), Cognitive User Satisfaction (CUSAT), Cognitive Absorption (CA) und Deep Structure Usage (DSU)) reflektiv spezifiziert. Für diese Konstrukte wurden die klassischen Gütekriterien geprüft:

- die Indikatorladung und -reliabilität,
- die interne Konsistenz
- sowie die konvergente und diskriminante Validität (Hair et al., 2021) (7.4.1.1).

Das Konstrukt Self-reported Learning Performance (SLP) wurde als formatives Second-Order-Konstrukt modelliert, während die vier Subdimensionen Lernerfolg Modul A (LEA), Lernerfolg Modul B (LEB), Lernerfolg Modul C (LEC) und Lernerfolg Modul D (LED) als reflektiv spezifizierte First-Order-Konstrukte gemessen wurden. Die formative Spezifikation des Second-Order-Konstrukts basiert auf der Annahme, dass der Gesamtlernerfolg aus den individuellen Beiträgen der Module A bis D zusammengesetzt wird und eigenständige Facetten des Lernerfolgs darstellen. Da formative Konstrukte nicht mit den klassischen Gütekriterien reflektiver Modelle geprüft werden können, wurden nach Hair (2021) folgende Kriterien geprüft:

- Multikollinearität der Indikatoren
- Statistische Signifikanz und Relevanz der Indikatorgewichte untersucht (7.4.1.2).

Zur Modellierung des Second-Order-Konstrukts wurde der Two-Stage Approach angewendet. Im Vergleich zum Repeated Indicators Approach bietet dieser Ansatz insbesondere bei kleineren Stichproben Vorteile, da die Anzahl der zu schätzenden Parameter reduziert wird und somit zu stabileren Ergebnissen führt (Schuberth et al., 2020). Zudem ist der Two-Stage Approach robuster in Modellen mit vielen Konstrukten und Pfadbeziehungen, da er potenzielle Multikollinearitätsprobleme zwischen den First-Order-Konstrukten und deren Indikatoren minimiert (Lovaglio & Vittadini, 2014). Die Umsetzung erfolgte in mehreren Schritten. So wurden die First-Order-Konstrukte (LEA, LEB, LEC und LED) zunächst als eigenständige latente Variablen spezifiziert und reflektiv gemessen. Im Rahmen der CCA wurden die Messmodelle dieser Konstrukte überprüft (siehe Abschnitt 7.2.2). Anschließend wurden die Faktorwerte (Latent Variable Scores) der First-Order-Konstrukte extrahiert und als neue Variablen im Datensatz gespeichert. Im letzten Schritt wurden diese Faktorwerte als Indikatoren für das Second-Order-Konstrukt SLP verwendet, sodass dieses in das Gesamtmodell integriert werden konnte.

#### 7.4.1.1 Reflexives Messmodell

Die Mehrheit der Indikatoren wies eine ausreichend hohe Ladung auf und überschritt den von Hair et al. (2021, S. 77) empfohlenen Grenzwert von $\lambda > .708$, womit auch die Anforderungen an die Indikatorreliabilität erfüllt wurde ($\lambda 2 > .50$). Die Indikatoren *PE03* und *FC21* bildeten in diesem Zusammenhang die Ausnahmen. Obwohl diese Indikatoren den Grenzwert nicht erreichten, zeigten die jeweiligen Konstrukte ausreichende Werte für die Reliabilität (PE $t_0$: $\alpha = .75$,

$\rho_c = .75$; FC $t_2$: $\alpha = .77$, $\rho_c = .75$) und Konvergenzvalidität (PE $t_0$: AVE = .511; FC $t_2$: AVE = .527). Trotz kritischer Indikatorladung und -reliabilität wurden die zwei problematischen Indikatoren nicht entfernt, da eine Entfernung die Reliabilitätswerte insgesamt verschlechtert hätte (PE $t_0$: $\alpha = .69$, $\rho_c = .69$; FC $t_2$: $\alpha = .69$, $\rho_c = .70$), während sich die konvergente Validität nur geringfügig verbesserte (PE $t_0$: AVE = .524, FC $t_2$: AVE = .545).

Für alle weiteren Konstrukte zeigte die Analyse eine zufriedenstellende interne Konsistenz. Auch die konvergente Validität erwies sich als ausreichend, da alle Konstrukte den Schwellenwert von AVE = .50 überschritten. Die vollständigen Ergebnisse sind in **Tabelle *7.8*** dargestellt.

**Tabelle 7.8** Ergebnisse der Gütebeurteilung der reflektiven Messmodelle

| Konstrukt | Items | *M* | *SD* | $\lambda$ | $\lambda^2$ | $\alpha$ | $\rho_c$ | AVE |
|---|---|---|---|---|---|---|---|---|
| PE ($t_0$) | PE01 | 3.88 | .64 | .784 | .615 | .75 | .75 | .511 |
| | PE02 | | | .801 | .641 | | | |
| | **PE03** | | | **.526** | **.276** | | | |
| EE ($t_0$) | EE01 | 3.94 | .80 | .842 | .709 | .90 | .90 | .748 |
| | EE02 | | | .916 | .839 | | | |
| | EE03 | | | .835 | .697 | | | |
| SI ($t_0$) | SI01 | 3.53 | .86 | .822 | .676 | .85 | .86 | .670 |
| | SI02 | | | .906 | .821 | | | |
| | SI03 | | | .717 | .513 | | | |
| PE ($t_2$) | PE21 | 3.04 | .98 | .858 | .735 | .87 | .87 | .688 |
| | PE22 | | | .851 | .725 | | | |
| | PE23 | | | .778 | .605 | | | |
| EE ($t_2$) | EE21 | 3.52 | 1.07 | .933 | .871 | .91 | .91 | .766 |
| | EE22 | | | .803 | .645 | | | |
| | EE23 | | | .884 | .781 | | | |
| SI ($t_2$) | SI21 | 2.64 | 1.07 | .824 | .679 | .86 | .86 | .678 |
| | SI22 | | | .742 | .550 | | | |
| | SI23 | | | .897 | .804 | | | |
| FC ($t_2$) | **FC21** | 4.04 | .86 | **.378** | **.143** | .77 | .75 | .527 |
| | FC22 | | | .714 | .510 | | | |
| | FC23 | | | .963 | .928 | | | |

(Fortsetzung)

**Tabelle 7.8** (Fortsetzung)

| Konstrukt | Items | *M* | *SD* | $\lambda$ | $\lambda^2$ | $\alpha$ | $\rho_c$ | AVE |
|---|---|---|---|---|---|---|---|---|
| TTF | TTF21 | 3.15 | .99 | .871 | .758 | .90 | .90 | .743 |
| | TTF22 | | | .884 | .782 | | | |
| | TTF23 | | | .829 | .688 | | | |
| AUSAT | AUSAT21 | 2.95 | .83 | .889 | .790 | .90 | .90 | .766 |
| | AUSAT22 | | | .867 | .752 | | | |
| | AUSAT23 | | | .850 | .722 | | | |
| CUSAT | CUSAT21 | 3.11 | 1.03 | .801 | .641 | .91 | .91 | .722 |
| | CUSAT22 | | | .895 | .800 | | | |
| | CUSAT23 | | | .847 | .718 | | | |
| | CUSAT24 | | | .853 | .728 | | | |
| CA | CA21 | 2.67 | .87 | .834 | .696 | .91 | .91 | .715 |
| | CA22 | | | .832 | .693 | | | |
| | CA23 | | | .818 | .668 | | | |
| | CA24 | | | .896 | .804 | | | |
| DSU | DSU21 | 3.13 | .87 | .840 | .705 | .87 | .87 | .636 |
| | DSU22 | | | .746 | .556 | | | |
| | DSU23 | | | .748 | .559 | | | |
| | DSU24 | | | .850 | .722 | | | |

*Anmerkungen*: $n = 109$; $M$ = Mittelwert, $SD$ = Standardabweichung, $\lambda$ = Indikatorladung, $\lambda^2$ = Indikatorreliabilität, $\alpha$ = Cronbachs Alpha, $\rho_c$ = Composite Reliability, AVE = Average Variance Extracted, PE ($t_0$) = Performance Expectancy Zeitpunkt $t_0$, EE ($t_0$) = Effort Expectancy Zeitpunkt $t_0$, SI ($t_0$) = Social Influence Zeitpunkt $t_0$, PE ($t_2$) = Performance Expectancy Zeitpunkt $t_2$, EE ($t_2$) = Effort Expectancy Zeitpunkt $t_2$, SI ($t_2$) = Social Influence Zeitpunkt $t_2$, FC ($t_2$) = Facilitating Conditions Zeitpunkt $t_2$, TTF = Task-Technology-Fit, AUSAT = Affective User Satisfaction, CUSAT = Cognitive User Satisfaction, CA = Cognitive Absorption, DSU = Deep Structure Usage, Fettdruck = Items, deren Faktorladung und -reliabilität unterhalb des Schwellenwerts ($\lambda > .708$, $\lambda^2 > .50$) liegen

Die diskriminante Validität wurde über das Fornell-Larcker-Kriterium und die Heterotrait-Monotrait-Ratio (HTMT) überprüft (Hair et al., 2021). Die Ergebnisse des Fornell-Larcker-Kriteriums zeigen, dass die Quadratwurzel der AVE jedes Konstrukts (Diagonalwerte) durchweg höher war als dessen quadrierte Korrelation mit allen anderen Konstrukten (außerdiagonalen Werte) (siehe **Tabelle** *7.9*), sodass ein ausreichendes Maß an Diskriminanzvalidität festgestellt werden konnte.

**Tabelle 7.9** AVE-Matrix zur Prüfung der Diskriminanzvalidität (Fornell-Larcker-Kriterium)

| | Konstrukt | 1 | 2 | 3 | 4 | 5 | 6 | 7 | 8 | 9 | 10 | 11 | 12 |
|---|---|---|---|---|---|---|---|---|---|---|---|---|---|
| 1 | PE ($t_0$) | **.715** | – | – | – | – | – | – | – | – | – | – | – |
| 2 | EE ($t_0$) | .440 | **.865** | – | – | – | – | – | – | – | – | – | – |
| 3 | SI ($t_0$) | .601 | .343 | **.819** | – | – | – | – | – | – | – | – | – |
| 4 | TTF | .318 | .207 | .320 | **.862** | – | – | – | – | – | – | – | – |
| 5 | PE ($t_2$) | .390 | .113 | .199 | .688 | **.830** | – | – | – | – | – | – | – |
| 6 | EE ($t_2$) | .316 | .227 | .140 | .506 | .694 | **.875** | – | – | – | – | – | – |
| 7 | SI ($t_2$) | .224 | .104 | .311 | .472 | .463 | .260 | **.823** | – | – | – | – | – |
| 8 | FC ($t_2$) | .268 | .258 | .152 | .408 | .502 | .643 | .120 | **.726** | – | – | – | – |
| 9 | AUSAT | .224 | .144 | .243 | .743 | .633 | .472 | .406 | .292 | **.869** | – | – | – |
| 10 | CUSAT | .268 | .204 | .204 | .843 | .698 | .493 | .435 | .337 | .849 | **.850** | – | – |
| 11 | CA | .354 | .266 | .351 | .610 | .508 | .324 | .392 | .218 | .555 | .591 | **.846** | – |
| 12 | DSU | .297 | .265 | .324 | .614 | .614 | .479 | .362 | .360 | .645 | .613 | .588 | **.797** |

*Anmerkungen*: $n = 109$, PE ($t_0$) = Performance Expectancy Zeitpunkt $t_0$, EE ($t_0$) = Effort Expectancy Zeitpunkt $t_0$, SI ($t_0$) = Social Influence Zeitpunkt $t_0$, PE ($t_2$) = Performance Expectancy Zeitpunkt $t_2$, EE ($t_2$) = Effort Expectancy Zeitpunkt $t_2$, SI ($t_2$) = Social Influence Zeitpunkt $t_2$, FC $t_2$ = Facilitating Conditions Zeitpunkt $t_2$, TTF = Task-Technology-Fit, AUSAT = Affective User Satisfaction, CUSAT = Cognitive User Satisfaction, CA = Cognitive Absorption, DSU = Deep Structure Usage

Zusätzlich wurde die HTMT-Analyse durchgeführt, die weitgehend mit den Ergebnissen der CCA übereinstimmte. So erfüllten die meisten Konstrukte das Kriterium von HTMT < 0.85 bzw. HTMT < 0.90. Allerdings überschritten die Konstrukte AUSAT und TTF (HTMT = .826), CUSAT und TTF (HTMT = .933) sowie CUSAT und AUSAT (HTMT = .938) diese Grenzwerte. Auch die Analyse der Bootstrap-Konfidenzintervalle der HTMT-Werte bestätigte die Ergebnisse der CCA. Während für die Mehrheit der Konstrukte die obere Grenze des 95%-Konfidenzintervalls unter 1.00 lag, wurde für CUSAT und TTF erneut ein HTMT-Wert von .933 berechnet, dessen Konfidenzintervall (95%-CI [.851, .999]) den kritischen Wert 1.00 nur knapp nicht überschritt. Bereits im Rahmen der CCA wurde die mangelnde diskriminante Validität theoretisch begründet, da beide Konstrukte konzeptionell eng miteinander verwandt sind. Daher wurde entschieden, die Konstrukte unverändert im Modell zu belassen.

#### 7.4.1.2 Formatives Messmodell

Bei formativen Messmodell wird zunächst die konvergente Validität geprüft. Im Gegensatz zu reflektiven Messmodellen bezieht sich die konvergente Validität in formativen Messmodellen auf das Ausmaß, in dem das formativ spezifizierte Konstrukt mit einer alternativ reflektiv gemessenen Variable desselben Konzepts korreliert. Dieses Verfahren wird als Redundanzanalyse bezeichnet (Hair et al., 2021). Da hierfür eine alternative Messung des formativ erfassten Konstrukts benötigt wird, konnte in dieser Untersuchung die Redundanzanalyse nicht durchgeführt werden, da für SLP keine alternative Messung (z. B. „Wie beurteilen Sie Ihren Gesamtlernerfolg?") vorlag.

Im Rahmen der Beurteilung formativer Messmodelle wird darüber hinaus die Multikollinearität der Indikatoren geprüft. Kollinearität tritt auf, wenn zwei oder mehr Indikatoren in einem formativen Messmodell hoch korreliert sind. Eine starke Korrelation kann die Standardfehler der Indikatorgewichte erhöhen und damit das Risiko von Typ-II-Fehlern steigern (d. h. fälschlicherweise nicht signifikante Ergebnisse) (Hair et al., 2021). Zur Quantifizierung der Kollinearität wird der Variance Inflation Factor (VIF) herangezogen. Ein VIF-Wert über 5 deutet auf eine problematische Kollinearität hin, während ein Wert unter 3 auf eine unkritische Kollinearität hinweist (Hair et al., 2021, S. 93).

Die Berechnung der VIF-Werte für die Indikatoren des Konstrukts SLP ergab Werte von VIF = 2.636 für LEA, VIF = 2.160 für LEB, VIF = 1.991 für LEC und VIF = 2.018 für LED. Da alle Werte unter der kritischen Schwelle von 5 lagen, traten keine bedenklichen Multikollinearitätsprobleme zwischen den Indikatoren auf.

Zuletzt wird bei der Bewertung formativer Messmodelle die statistische Signifikanz und Relevanz der Indikatorgewichte überprüft. Indikatorgewichte ($w$) beschreiben die relative Bedeutung eines Indikators für das Konstrukt und werden durch eine Regression des formativen Konstrukts auf seine Indikatoren bestimmt (Hair et al., 2021). Die Signifikanzprüfung der Indikatorgewichte erfolgt mittels Bootstrapping, wobei $t$-Werte und Konfidenzintervalle berechnet werden. Ein $t$-Wert > 1.96 bei einem Signifikanzniveau von 5% (zweiseitiger Test) deutet auf eine signifikante Beziehung hin (Hair et al., 2021, S. 94). Die inhaltliche Relevanz der Indikatorgewichte wird anhand der absoluten Höhe des Indikatorgewichts bewertet. Werte nahe + 1 oder −1 sprechen für eine starke Beziehung, während Werte nahe 0 auf eine geringe Bedeutung hindeuten (Hair et al., 2021, S. 96).

Die Überprüfung der Indikatorgewichte für SLP ergab, dass keine der Indikatoren ein signifikantes Gewicht aufwies, da alle $t$-Werte unter 1.96 lagen und die Konfidenzintervalle den Wert 0 einschlossen (siehe **Tabelle *7.10***).

**Tabelle 7.10** Überprüfung der Indikatorgewichte

| Indikator | *w* | *t*-Wert | 95%-CI | Statistische Signifikanz |
|---|---|---|---|---|
| LEA | .375 | 1.077 | [−0.396, 0.994] | Nein |
| LEB | .441 | 1.338 | [−0.258, 1.000] | Nein |
| LEC | .208 | .786 | [−0.328, 0.710] | Nein |
| LED | .129 | .662 | [−0.259, 0.510] | Nein |

*Anmerkungen*: $n = 109$, $w$ = Indikatorgewicht, 95%-CI = 95% Konfidenzintervall, LEA = Lernerfolg Modul A, LEB = Lernerfolg Modul B, LEC = Lernerfolg Modul C, LED = Lernerfolg Modul D

Da formative Indikatoren jedoch nicht austauschbar sind, sollten sie nicht allein auf Grundlage nicht signifikanter Gewichte entfernt werden. Hair et al. (2021) empfehlen eine zusätzliche Überprüfung der Indikatorladungen, um die absolute Bedeutung der Indikatoren für das Konstrukt zu bewerten. Ein Indikator sollte nur dann entfernt werden, wenn er weder ein signifikantes Gewicht noch eine ausreichend hohe Ladung aufweist und seine Entfernung die Inhaltsvalidität des Konstrukts nicht beeinträchtigt (Hair et al., 2021). Als Schwellenwert für eine ausreichende Ladung gilt $\lambda \geq 0.5$ und das 95%-Konfidenzintervall sollte den Wert 0 nicht einschließen (Hair et al., 2021, S. 96).

Die Analyse ergab, dass alle Indikatorladungen den Schwellenwert überschritten und ihre Konfidenzintervalle den Wert 0 nicht enthielten (siehe **Tabelle** ***7.11***). Diese Ergebnisse bestätigten somit, dass die Indikatoren eine ausreichend hohe absolute Bedeutung für das Konstrukt aufwiesen.

**Tabelle 7.11** Überprüfung der Indikatorladungen

| Indikator | λ | *t*-Wert | 95%-CI | Statistische Signifikanz |
|---|---|---|---|---|
| LEA | .904 | 6.796 | [0.549, 0.983] | Ja |
| LEB | .902 | 6.507 | [0.502, 0.991] | Ja |
| LEC | .792 | 5.871 | [0.441, 0.942] | Ja |
| LED | .765 | 6.369 | [0.455, 0.904] | Ja |

*Anmerkungen*: $n = 109$, $\lambda$ = Indikatorladung, LEA = Lernerfolg Modul A, LEB = Lernerfolg Modul B, LEC = Lernerfolg Modul C, LED = Lernerfolg Modul D

Obwohl die Indikatorgewichte nicht signifikant waren, zeigten die hohen und signifikanten Ladungen, dass die Indikatoren einen wichtigen Beitrag zu Messung des Konstrukts SLP leisteten. Aufgrund dieser stabilen und signifikanten Ladungen wurde entschieden, alle Indikatoren im Modell zu belassen.

### 7.4.2 Gütebeurteilung der Strukturmodelle und Hypothesenprüfung

Auch die Beurteilung der Strukturmodelle sowie der damit verbundenen Hypothesenprüfung erfolgte anhand mehrerer Kriterien. Gemäß den Empfehlungen von Hair et al. (2021; 2017) wurden die Strukturmodelle zunächst auf Multikollinearität überprüft (7.4.2.1). Es folgte die Analyse der statistischen Signifikanz der Pfadbeziehungen (7.4.2.2) und die Bestimmung der Erklärungs- und Vorhersagekraft des Modells (7.4.2.3). Eine Übersicht der Ergebnisse zur Beurteilung der Strukturmodelle ist in **Tabelle** ***7.12*** dargestellt. Die detaillierte Ergebnisdarstellung der einzelnen Zusammenhänge folgt in den nachfolgenden Abschnitten.

#### 7.4.2.1 Überprüfung der Multikollinearität

Die Pfadkoeffizienten in den Strukturmodellen werden über Regressionsgleichungen geschätzt. Da starke Korrelationen zwischen den Prädiktoren die Punktschätzungen und Standardfehler verzerren können (Sarstedt & Mooi, 2019), wurden die Strukturmodelle auf Kollinearität untersucht. Diese Analyse entsprach methodisch der Beurteilung formativer Messmodelle, jedoch wurden in diesem Fall die Konstruktwerte der Prädiktoren aus den jeweiligen Regressionsgleichungen der Strukturmodelle verwendet, um die VIF-Werte zu berechnen (Hair et al., 2021).

Die Berechnung der VIF-Werte ergab Werte zwischen 1.045 und 3.930 (siehe **Tabelle** ***7.12***). Somit lagen den Strukturmodellen kein bedenkliches Ausmaß an Multikollinearität zugrunde, da alle VIF-Werte unterhalb des kritischen Schwellenwertes von 5 lagen (Hair et al., 2021, S. 117). Für das Konstrukt SI ($t_2$) wurde kein VIF-Wert berechnet, da es lediglich einen einzigen Prädiktor hatte. Da Multikollinearität nur dann eine Rolle spielt, wenn eine abhängige Variable von mehreren unabhängigen Variablen beeinflusst wird, war eine entsprechende Überprüfung für SI ($t_2$) nicht erforderlich.

**Tabelle 7.12** Gütebeurteilung der Strukturmodellprüfung

| Hypothese und Konstruktbeziehungen | | VIF | β | 95%-CI | Stat. Signifikanz | $R^2$ | $f^2$ |
|---|---|---|---|---|---|---|---|
| H2a | PE ($t_0$) → PE ($t_2$) | 1.112 | .207 | [.070, .326] | Ja | .643 | .103 |
| H2b | EE ($t_0$) → EE ($t_2$) | 1.045 | .128 | [−.048, .327] | Nein | .329 | .023 |
| H2c | SI ($t_0$) → SI ($t_2$) | – | .358 | [.214, .527] | Ja | .128 | .147 |
| H3a | TTF → PE ($t_2$) | 1.112 | .700 | [.557, .824] | Ja | .643 | 1.176 |
| H3b | TTF → EE ($t_2$) | 1.045 | .530 | [.359, .695] | Ja | .329 | .397 |
| H4a | PE ($t_2$) → AUSAT | 2.918 | .193 | [−.306, .610] | Nein | .713 | .027 |
| H4b | EE ($t_2$) → AUSAT | 2.485 | .126 | [−.182, .521] | Nein | | .014 |
| H4c | SI ($t_2$) → AUSAT | 1.395 | −.038 | [−.248, .130] | Nein | | .003 |
| H4d | FC ($t_2$) → AUSAT | 1.769 | −.202 | [−.479, .022] | Nein | | .062 |
| H5a | PE ($t_2$) → CUSAT | 2.918 | .245 | [−.109, .573] | Nein | .891 | .113 |
| H5b | EE ($t_2$) → CUSAT | 2.485 | .008 | [−.244, .247] | Nein | | .000 |
| H5c | SI ($t_2$) → CUSAT | 1.395 | −.076 | [−.232, .050] | Nein | | .033 |
| H5d | FC ($t_2$) → CUSAT | 1.769 | −.153 | [−.369, .032] | Nein | | .097 |
| H6a | PE ($t_2$) → CA | 2.918 | .215 | [−.374, .869] | Nein | .478 | .018 |
| H6b | EE ($t_2$) → CA | 2.485 | −.075 | [−.668, .440] | Nein | | .003 |
| H6c | SI ($t_2$) → CA | 1.395 | .061 | [−.144, .264] | Nein | | .004 |
| H6d | FC ($t_2$) → CA | 1.769 | −.094 | [−.361, .144] | Nein | | .008 |

(Fortsetzung)

**Tabelle 7.12** (Fortsetzung)

| Hypothese und Konstruktbeziehungen | | VIF | β | 95%-CI | Stat. Signifikanz | $R^2$ | $f^2$ |
|---|---|---|---|---|---|---|---|
| H7a | PE ($t_2$) → DSU | 2.918 | .405 | [−.193, 1.065] | Nein | .547 | .073 |
| H7b | EE ($t_2$) → DSU | 2.485 | .019 | [−.498, .580] | Nein | | .000 |
| H7c | SI ($t_2$) → DSU | 1.395 | −.003 | [−.270, .229] | Nein | | .000 |
| H7d | FC ($t_2$) → DSU | 1.769 | −.007 | [−.293, .278] | Nein | | .000 |
| H8a | TTF → AUSAT | 2.057 | .720 | [.492, 1.081] | Ja | .713 | .656 |
| H8b | TTF → CUSAT | 2.057 | .848 | [.627, 1.111] | Ja | .891 | 2.387 |
| H8c | TTF → CA | 2.057 | .561 | [.205, .924] | Ja | .478 | .219 |
| H8d | TTF → DSU | 2.057 | .370 | [−.015, .709] | Nein | .547 | .109 |
| H9a | AUSAT → SLP | 3.930 | −.875 | [−2.969, .066] | Nein | .414 | .138 |
| H9b | CUSAT → SLP | 3.882 | 1.081 | [.299, 2.929] | Ja | | .218 |
| H9c | CA → SLP | 1.756 | −.065 | [−.477, .242] | Nein | | .006 |
| H9d | DSU → SLP | 1.978 | .456 | [.010, 1.076] | Ja | | .134 |

*Anmerkungen*: $n$ = 109, VIF = Variance Inflation Factor, β = Pfadkoeffizient (Beta-Koeffizient), 95%-CI = 95%-Konfidenzintervall, $R^2$ = Bestimmtheitsmaß, $f^2$ = Effektstärke, PE ($t_0$) = Performance Expectancy Zeitpunkt $t_0$, EE ($t_0$) = Effort Expectancy Zeitpunkt $t_0$, SI ($t_0$) = Social Influence Zeitpunkt $t_0$, PE ($t_2$) = Performance Expectancy Zeitpunkt $t_2$, EE ($t_2$) = Effort Expectancy Zeitpunkt $t_2$, SI ($t_2$) = Social Influence Zeitpunkt $t_2$, FC ($t_2$) = Facilitating Conditions Zeitpunkt $t_2$, TTF = Task-Technology-Fit, AUSAT = Affective User Satisfaction, CUSAT = Cognitive User Satisfaction, CA = Cognitive Absorption, DSU = Deep Structure Usage, SLP = Self-reported Learning Perfromace

### 7.4.2.2 Überprüfung der statistischen Signifikanz der Pfadbeziehungen

**UTAUT-Konstrukte ($t_0$ und $t_2$) und TTF (H2a-c und H3a-b)**
Die Analyse der Pfadbeziehungen ergab, dass PE ($t_0$) wie erwartet einen signifikanten Einfluss auf PE ($t_2$) hatte (**H2a**). Der Zusammenhang war positiv, wobei in der Hypothese keine Richtung vorgegeben war. Mit einem Pfadkoeffizienten von $\beta = .207$ und einer Effektstärke von $f^2 = .103$ erwies sich dieser Effekt als klein, aber statistisch signifikant (95%-CI [.070, .326]). Das Ergebnis untermauerte somit die im vorherigen Abschnitt 7.3 berichtete Korrelationsanalyse, in der eine moderate Korrelation zwischen PE ($t_0$) und PE ($t_2$) ($r_S = .40$, $p < .001$) darauf hingewiesen hatte, dass die individuelle Wahrnehmung der Nützlichkeit der Lernsoftware über die Zeit hinweg relativ stabil blieb. Auch konnte die Hypothese unterstützt werden, dass TTF das Konstrukt PE ($t_2$) signifikant beeinflusste ($\beta = .700$, 95%-CI [.557, .824]) (**H3a**). Die Effektstärke war mit $f^2 = 1.176$ ungewöhnlich hoch, was möglicherweise darauf zurückzuführen war, dass TTF der dominante Prädiktor für PE ($t_2$) war. Ein Vergleich der Pfadkoeffizienten legte nahe, dass die wahrgenommene Passung zwischen Aufgabe und Lernsoftware eine übergeordnete Rolle für die Nützlichkeitseinschätzung spielte ($\beta = .700$), während frühere Erwartungen (PE, $t_0$) weniger ausschlaggebend waren ($\beta = .207$). Gemeinsam erklärten beide Faktoren 64.3% der Varianz von PE ($t_2$) ($R^2 = .643$) (siehe **Tabelle** ***7.12***).

Im Gegensatz dazu zeigte sich für EE ($t_0$) als Prädiktor von EE ($t_2$) kein signifikanter Effekt (**H2b**). Der Pfadkoeffizient betrug $\beta = .128$, allerdings enthielt das Konfidenzintervall (95%-CI [−.048, .327]) den Wert 0. Auch die Effektstärke fiel mit $f^2 = .023$ klein aus, was darauf hindeutet, dass die anfängliche Einschätzung der Benutzerfreundlichkeit keinen wesentlichen Einfluss auf die spätere Wahrnehmung hatte. Diese Befunde wurden durch die im Abschnitt 7.3 festgestellte niedrige und nicht signifikante Korrelation zwischen EE ($t_0$) und EE ($t_2$) ($r_s = .22$, $p > .05$) gestützt, die darauf hinwies, dass sich die Einschätzung des Aufwands im Zeitverlauf stärker veränderte. Es zeigte sich jedoch, dass EE $t_2$ signifikant und positiv von TTF beeinflusst wurde (**H3b**) ($\beta = .530$, 95 %-CI [.359, .695], $f^2 = .397$). Dabei lag die Effektstärke im großen Bereich. Gemeinsam erklärten beide Faktoren 32.9% der Varianz von EE ($t_2$) ($R^2 = .329$). Der Vergleich der Pfadkoeffizienten verdeutlicht, dass TTF ($\beta = .530$) den deutlich größeren Einfluss hatte als EE ($t_0$) ($\beta = .128$) (siehe **Tabelle** ***7.12***). Dies legt nahe, dass die wahrgenommene Bedienbarkeit der Lernsoftware eher durch TTF als durch frühere Annahmen über die Benutzerfreundlichkeit beeinflusst wurde.

Ein deutlicherer Effekt zeigte sich für den Zusammenhang zwischen SI ($t_0$) und SI ($t_2$) (**H2c**). Mit einem Pfadkoeffizienten von $\beta = .358$ und einer Effektstärke von $f^2 = .147$ ist dieser Zusammenhang nicht nur statistisch signifikant (95%-CI [.214, .527]), sondern auch von moderater Relevanz. Das Bestimmtheitsmaß betrug $R^2 = .128$, was darauf hindeutet, dass der anfängliche wahrgenommene soziale Einfluss zwar eine signifikante, aber eher begrenzte Rolle für die spätere Wahrnehmung spielte. Weitere Einflussgrößen dürften hier eine größere Bedeutung haben. Die zuvor in Abschnitt 7.3 berichtete moderate Korrelation zwischen SI ($t_0$) und SI ($t_2$) ($r_S = .33$, $p < .05$) stützt diese Befunde und legt nahe, dass die individuelle Wahrnehmung des sozialen Einflusses über die Zeit hinweg mäßig stabil war.

**AUSAT (H4a-d und H8a)**

Die Analyse ergab, dass TTF die mit Abstand wichtigste Determinante für AUSAT darstellte (**H8a**). Mit einem Pfadkoeffizienten von $\beta = .720$ (95%-CI [.492, 1.081]) und einer Effektstärke von $f^2 = .656$ zeigte sich ein starker, signifikanter und positiver Einfluss von TTF auf die affektive Nutzerzufriedenheit. Im Gegensatz dazu wiesen die anderen untersuchten Faktoren keine signifikanten Effekte auf AUSAT. Die Pfadkoeffizienten für PE ($t_2$) ($\beta = .193$, 95%-CI [$-.306$, $-.610$], $f^2 = .027$), EE ($t_2$) ($\beta = .126$, 95%-CI [$-.182$, .521], $f^2 = .014$), SI ($t_2$) ($\beta = -.038$, 95%-CI [$-.248$, .130], $f^2 = .003$) und FC ($t_2$) ($\beta = -.202$, 95%-CI [$-.479$, .022], $f^2 = .062$) (**H4a-d**) waren statistisch nicht signifikant und die Effektstärken befanden sich durchweg auf einem niedrigen Niveau (siehe **Tabelle *7.12***). Da die Pfade nicht signifikant waren und die Effektstärken klein ausfielen, konnte kein bedeutsamer Einfluss dieser Faktoren auf die affektive Nutzerzufriedenheit nachgewiesen werden.

Unerwartet sind die negativen Pfadkoeffizienten für SI ($t_2$) und FC ($t_2$), da beide Konstrukte theoretisch einen positiven Einfluss auf AUSAT haben sollten. Da die entsprechenden Konfidenzintervalle jedoch den Wert 0 einschlossen, konnte kein verlässlicher Zusammenhang zwischen diesen Faktoren und AUSAT festgestellt werden. Die sehr kleinen Effektstärken legen jedoch insgesamt nahe, dass diese Variablen nur eine sehr geringe bis praktisch keine Erklärungskraft für AUSAT hatten.

Insgesamt erklärten die untersuchten Faktoren 71.3% der Varianz von AUSAT ($R^2 = .713$).

**CUSAT (H5a-d und H8b)**

Ein ähnliches Bild ergab sich auch für das Akzeptanzkonstrukt CUSAT. Wie bereits bei AUSAT erwies sich TTF als der wichtigste Prädiktor für CUSAT

(**H8b**). Mit einem Pfadkoeffizienten von $\beta = .848$ (95 %-CI [.627, 1.111]) und einer Effektstärke von $f^2 = 2.387$ hatte TTF einen signifikanten und äußerst starken positiven Einfluss auf CUSAT. Auffällig war in diesem Zusammenhang die hohe Effektstärke, da $f^2$-Werte in PLS-SEM typischerweise zwischen 0 und 1 liegen. Eine mögliche Ursache für diesen Befund könnte eine methodische Überschneidung zwischen den Konstrukten sein, da die diskriminante Validität zwischen TTF und CUSAT nicht eindeutig nachgewiesen werden konnte (siehe Abschnitt 7.2.2 und 7.4.1.1).

Ähnlich wie bei AUSAT hatten die UTAUT-Faktoren keinen signifikanten Einfluss auf CUSAT. Die Pfadkoeffizienten für PE ($t_2$) ($\beta = .245$, 95% CI [−.109, .573], $f^2 = .113$), EE ($t_2$) ($\beta = .008$, 95 %-CI [−.244, .247], $f^2 = .000$), SI ($t_2$) ($\beta = -.076$, 95 %-CI [−.232, .050], $f^2 = .033$) und FC ($t_2$) ($\beta = -.153$, 95%-CI [−.369, .032], $f^2 = .097$) waren statistisch nicht signifikant und die Effektstärken fielen durchweg klein aus (**H5a-d**). Auch hier waren die Pfadkoeffizienten unerwartet negativ, da theoretisch ein positiver Zusammenhang mit CUSAT erwartet wurde. Aufgrund der fehlenden statistischen Signifikanz sollte dieses Ergebnis jedoch vorsichtig interpretiert werden.

Gemeinsam erklärten die fünf Prädiktoren 89.1% der Varianz von CUSAT ($R^2 = .891$) (siehe **Tabelle *7.12***).

### CA (H6a-d, H8c)

Wie bereits bei den anderen Akzeptanzkonstrukten stellte TTF die wichtigste Einflussgröße für CA dar. Mit einem Pfadkoeffizienten von $\beta = .561$ (95%-CI [.205, .924]) und einer mittleren Effektstärke von $f^2 = .219$ wies TTF wie erwartet einen signifikanten und positiven Einfluss auf CA auf (**H8c**). Die Pfadkoeffizienten für PE ($t_2$) ($\beta = .215$, 95%-CI [−.374, .869], $f^2 = .018$), EE ($t_2$) ($\beta = -.075$, 95 %-CI [−.668, .440], $f^2 = .003$), SI ($t_2$) ($\beta = .061$, 95 %-CI [−.144, .264], $f^2 = .004$) und FC ($t_2$) ($\beta = -.094$, 95%-CI [−.361, .144], $f^2 = .008$) waren statistisch nicht signifikant und die Effektstärken bewegten sich bei allen UTAUT-Faktoren im vernachlässigbaren Bereich (**H6a-d**). Auffällig waren die negativen Vorzeichen der Pfadkoeffizienten für EE ($t_2$) und FC ($t_2$), die theoretisch einen positiven Einfluss auf CA haben sollten. Jedoch waren diese Zusammenhänge nicht signifikant, sodass dieses Ergebnis mit Vorsicht betrachtet werden sollte.

Die Varianzaufklärung für CA lag bei $R^2 = .478$, was auf eine moderate Erklärungsleistung des Modells hinwies (siehe **Tabelle *7.12***).

### DSU (H7a-d, H8d)

Keine der untersuchten Faktoren stellte eine signifikante Determinante für DSU dar. Die stärksten, aber dennoch nicht signifikanten Effekte zeigten PE ($t_2$) ($\beta =$

.405, 95%-CI [−.193, 1.065], $f^2$ = .073) und TTF (β = .370, 95%- CI [−.015, .709], $f^2$ = .109) (**H7a, H8d**). Zudem lagen die Effekstärken im kleinen Bereich. Für die übrigen Einflussfaktoren, EE ($t_2$) (β = .019, 95%-CI [−.498, .580], $f^2$ = .000), SI ($t_2$) (β = −.003, 95%-CI [−.270, .229], $f^2$ = .000) und FC ($t_2$) (β = −.007, 95%-CI [−.293, .278], $f^2$ = .000), blieben die Pfadkoeffizienten gering und die Effektstärken tendierten gegen Null, was darauf hindeutet, dass diese Variablen vemutlich keine wesentliche Rolle für DSU spielten (**H7b-d**).

Das Modell erklärte 54.7% der Varianz von DSU ($R^2$ = .547) (siehe **Tabelle** *7.12*). Da jedoch keiner der Pfadkoeffizienten signifikant war, ist die Varianzaufklärung nur eingeschränkt interpretierbar und lässt keine belastbaren Rückschlüsse auf die Rolle der einzelnen Prädiktoren zu.

**SLP (H9a-d)**

Unter den untersuchten Akzeptanzkonstrukten erwiesen sich CUSAT und DSU als statistisch signifikante Prädiktoren des subjektiven Lernerfolgs. So zeigte CUSAT einen signifikanten positiven Einfluss auf den Lernerfolg (β = 1.081, 95%-CI [.299, 2.929]) mit einer mittleren Effektstärke von $f^2$ = .218 (**H9b**). Allerdings fiel der Pfadkoeffizient mit β = 1.081 ungewöhnlich hoch aus, da standardisierte Koeffizienten in der Regel Werte zwischen −1 und + 1 annehmen. Die Ursache hierfür könnte eine mögliche Multikollinearität zwischen CUSAT und Lernerfolg sein, worauf der VIF-Wert von 3.882 hindeutet, der zwar noch unter dem Grenzwert von 5 liegt, aber vergleichsweise hoch ausfällt. Dies legt nahe, dass der Pfadkoeffizient möglicherweise auf eine methodische Überlappung der Konstrukte zurückzuführen war und nicht zwangsläufig eine starke inhaltliche Beziehung widerspiegelte. Daher sollte dieser Befund mit Vorsicht interpretiert werden. Auch DSU hatte einen signifikanten positiven Einfluss auf SLP mit einer kleinen Effektstärke (β = .456, 95%-CI [.010, 1.076], $f^2$ = .134) (**H9d**).

Im Gegensatz dazu zeigten AUSAT (β = −.875, 95 %-CI [−2.969, .066], $f^2$ = .138) sowie CA (β = −.065, 95 %-CI [−.477, .242], $f^2$ = .006) entgegen theoretischer Erwartungen negative Pfadkoeffizienten (**H9a, c**), wobei die Ergebnisse nicht signifikant waren. Für CA weist $f^2$ = .006 auf eine nahezu vernachlässigbare Effektstärke hin, sodass kein nachweisbarer Zusammenhang mit dem Lernerfolg erkennbar war. Bei AUSAT lag die Effektstärke im kleinen Bereich. Die Zusammenhänge konnten statistisch nicht abgesichert werden und sind entsprechend mit Vorsicht zu interpretieren.

Insgesamt erklärten die vier Akzeptanzkonstrukte 41.4% der Varianz im Lernerfolg ($R^2$ = .414) (siehe **Tabelle** *7.12*). Der erklärte Varianzanteil war damit moderat, es ist jedoch anzunehmen, dass weitere Einflussfaktoren bestehen, die in der quantitativen Analyse nicht erfasst wurden. Diese wurden im Rahmen der qualitativen Erhebung untersucht (Abschnitt 8.2).

#### 7.4.2.3 Überprüfung der Erklärungs- und Vorhersagekraft des Modells

Bei der Beurteilung der Erklärungs- und Vorhersagekraftkraft eines Modells wird zwischen in-sample Erklärungskraft und out-of-sample Vorhersagekraft unterschieden. Die in-sample Erklärungskraft beschreibt, wie gut das Modell die Daten erklärt, die zur Schätzung der Modellparameter verwendet wurden und wird auf Konstruktebene mit dem Bestimmtheitsmaß $R^2$ sowie auf Prädiktorebene mit der Effektstärke $f^2$ angegeben. Während $R^2$ angibt, wie viel Varianz eines Konstrukts durch alle Prädiktoren gemeinsam erklärt wird, beschreibt $f^2$, wie viel zusätzliche Varianz ein einzelner Prädiktor erklärt, wenn er in das Modell aufgenommen wird (Hair et al., 2021).

Auf die einzelnen $R^2$- und $f^2$-Werte wurde bereits im vorherigen Kapitel eingegangen, sodass an dieser Stelle auf eine detaillierte Betrachtung verzichtet wird. Zusammenfassend lagen die $R^2$-Werte zwischen $R^2 = .128$ (SI, $t_2$) und $R^2 = .891$ (CUSAT), was insgesamt auf eine gemischte bis hohe in-sample Erklärungskraft hinweist (Hair et al., 2021; 2017). Die $f^2$-Werte reichten von $f^2 = .000$ (FC ($t_2$) $\rightarrow$ DSU) bis $f^2 = 2.387$ (TTF $\rightarrow$ CUSAT) und deuten damit auf vernachlässigbare bis sehr starke Effekte einzelner Prädiktoren hin. Die Relevanz einzelner Prädiktoren unterschied sich also deutlich, wobei insbesondere die Zusammenhänge mit TTF als Prädiktor vergleichsweise hohe Effektstärken aufwiesen. Da jedoch nicht alle Pfadkoeffizienten signifikant waren, lassen sich aus den $R^2$- und $f^2$-Werten keine eindeutigen Rückschlüsse auf die Bedeutung einzelner Einflussgrößen ziehen. Die mehrheitlich sehr kleinen Effektstärken liefern jedoch Hinweise darauf, dass viele der untersuchten Prädiktoren im untersuchten Kontext nur eine geringe Relevanz hatten.

Grundsätzlich garantiert eine hohe in-sample Erklärungskraft nicht zwangsläufig eine ebenso hohe out-of-sample Vorhersageleistung, weshalb in dieser Arbeit auch die out-of-sample Vorhersagekraft überprüft wurde (Hair et al., 2021).

Die out-of-sample Vorhersagekraft gibt an, wie gut das Modell neue Beobachtungen vorhersagen kann. Eine etablierte Methode zur Beurteilung der out-of-sample Vorhersagekraft ist $PLS_{predict}$, das auf dem Prinzip der k-fold Cross-Validation basiert (Shmueli et al., 2019). Dabei wird die gesamte Stichprobe in k gleich große Untergruppen (sog. folds) aufgeteilt und k-mal trainiert. Jeweils eine dieser Untergruppen dient als Teststichprobe (sog. holdout sample), während die restlichen k-1 Untergruppen als Trainingsstichprobe zur Schätzung der Modellparameter verwendet werden. Die Trainingsstichprobe umfasst somit die Daten, die zur Anpassung des Modells verwendet werden, während die Teststichprobe zunächst unberücksichtigt bleibt und ausschließlich zur Validierung der Vorhersagegenauigkeit dient. So lässt sich prüfen, inwieweit das Modell auf unbekannte Daten generalisiert (Shmueli et al., 2019). Da jede der k-Untergruppen einmal als Testmenge verwendet wird, wird sichergestellt, dass die Vorhersagegenauigkeit nicht zufällig durch eine bestimmte Teilstichprobe beeinflusst wird (Shmueli et al., 2019).

Wie von Shmueli et al. (2019, S. 2326) empfohlen, wurde in dieser Analyse k = 10 gesetzt, da dies einen guten Kompromiss zwischen Bias und Varianz darstellt. Eine zu kleine Anzahl an Untergruppen (z. B. k = 5) würde die Trainingsstichprobe verkleinern und die Schätzvarianz erhöhen, während ein sehr großes k (z. B. k = *n*) das Risiko der Überanpassung (Overfitting) sowie den Rechenaufwand steigert (Shmueli et al., 2019, S. 2326).

Die Vorhersagegüte wird anhand von Fehlermaßen wie dem Root Mean Square Error (RMSE) oder dem Mean Absolute Error (MAE) quantifiziert. Um zu entscheiden, welches Maß verwendet werden sollte, wurde gemäß den Empfehlungen von Hair et al. (2021) die Verteilung der Vorhersagefehler analysiert. Da sich diese als weitgehend symmetrisch erwies, wurde RMSE als bevorzugte Metrik herangezogen, da es größere Fehler stärker gewichtet und für Vorhersagemodelle mit hoher Präzision von Bedeutung ist (Hair et al., 2021).

Für die Durchführung von $PLS_{predict}$ wird die zentrale abhängige Variable im Modell herangezogen, da die prädikative Validierung darauf abzielt, wie gut das Modell seine wichtigste Zielvariable vorhersagen kann (Hair et al., 2021). In dieser Untersuchung stellte dies die Variable SLP dar.

Die Ergebnisse zeigten, dass für alle Indikatoren von SLP die RMSE-Werte des PLS-SEM-Modells niedriger waren als die entsprechenden Werte des linearen Regressionsmodells (LM) (siehe **Tabelle *7.13***). Dies deutet darauf hin, dass das PLS-SEM-Modell eine bessere Vorhersagegenauigkeit aufwies als ein lineares Modell, das nur direkte lineare Zusammenhänge berücksichtigt. Basierend auf den Kriterien von Shmueli et al. (2019) wies das Modell daher eine hohe prädikative Validität auf, da für sämtliche Indikatoren von SLP geringere RMSE-Werte im PLS-SEM-Modell erzielt wurden als im LM-Modell.

Das vorliegende Modell war somit in der Lage sowohl Zusammenhänge in den vorhandenen Daten gut zu erklären als auch zukünftige Datenpunkte mit hoher Genauigkeit vorherzusagen.

**Tabelle 7.13** Prädikative Validität des Gesamtmodells ($PLS_{predict}$)

| Endogene Variable | RMSE (PLS-SEM) | RMSE (LM-Model) |
|---|---|---|
| LEA | 1.060 | 1.094 |
| LEB | 1.054 | 1.126 |
| LEC | 1.040 | 1.108 |
| LED | 1.051 | 1.196 |

*Anmerkungen*: $n = 109$, RMSE (PLS-SEM) = Root Mean Square Error (Partial-Least-Squares Structural Equation Modeling), RMSE (LM-Model) = Root Mean Square Error (Linear Regression Model), LEA = Lernerfolg Modul A, LEB = Lernerfolg Modul B, LEC = Lernerfolg Modul C, LED = Lernerfolg Modul D

### 7.4.3 Modellvergleich: Gesamtmodell vs. reduziertes Gesamtmodell

Um die Modellstruktur zu vereinfachen und die Komplexität des ursprünglichen Modells zu reduzieren, wurde ein vereinfachtes Modell spezifiziert. Durch diese Modellreduktion sollte geprüft werden, ob eine vereinfachte Modellstruktur den Lernerfolg ebenso gut erklären konnte wie das Gesamtmodell. Der Modellvergleich erfolgte anhand des Bayesian Information Criterion (BIC) und der Akaike-Gewichte, mit denen bestimmt werden sollte, welches Modell eine bessere Balance zwischen Erklärungskraft und Modellkomplexität aufwies (Hair et al., 2021).

Konkret wurden im reduzierten Modell inhaltlich verwandte Konstrukte zu übergeordneten Second-Order-Konstrukten zusammengefasst. Dabei wurden AUSAT und CUSAT zu einem gemeinsamen Konstrukt der Einstellungsakzeptanz (EA) zusammengeführt, während CA und DSU zum übergeordneten Konstrukt der Verhaltensakzeptanz (VA) aggregiert wurden. AUSAT, CUSAT, CA und DSU wurden als reflektive First-Order-Konstrukt spezifiziert und die Second-Order-Konstrukte EA und VA waren formativ modelliert.

Bevor die beiden Modellvarianten hinsichtlich ihrer Modellgüte verglichen wurden (7.4.3.2), wurde geprüft, ob das reduzierte Gesamtmodell die Gütekriterien auf Ebene des Mess- und Strukturmodells erfüllt (7.4.3.1). Diese Prüfung war notwendig, um zu gewährleisten, dass die reduzierte Modellvariante methodisch tragfähig und eine valide Vergleichbarkeit mit dem Gesamtmodell gegeben war.

#### 7.4.3.1 Gütebeurteilung des Mess- und Strukturmodells des reduzierten Gesamtmodells

Auch beim reduzierten Modell wurde die Güte des reflektiven und formativen Messmodells sowie des Strukturmodells überprüft. Da der Fokus dieses Kapitels auf dem Vergleich des Gesamtmodells mit dem vereinfachten Modell liegt, wird im Folgenden auf eine ausführliche Berichterstattung der Mess- und Strukturmodelle verzichtet. Stattdessen werden nur Ergebnisse berichtet, die sich vom Gesamtmodell unterschieden und die sich auf die Konstrukte EA und VA bezogen.

**Gütebeurteilung des Messmodells**

Die Bewertung des reflektiven Messmodells sowie die formative Modellierung des Konstrukts SLP ergab keine wesentlichen Unterschiede zum Gesamtmodell. Auch die formative Modellierung von EA und VA zeigte keine bedenklichen Werte hinsichtlich Kollinearität (AUSAT und CUSAT: VIF = 3.556; CA und DSU: VIF = 1.523). Die Überprüfung der Indikatorgewichte für die Konstrukte EA und VA ergab, dass nur der Indikator AUSAT ein nicht signifikantes Gewicht aufwies und das Konfidenzintervall den Wert 0 enthielt (siehe **Tabelle *7.14***).

**Tabelle 7.14** Indikatorgewichte für Einstellungs- und Verhaltensakzeptanz (reduziertes Gesamtmodell)

| Konstrukt | Indikator | w | *t*-Wert | 95 %-CI | Statistische Signifikanz |
|---|---|---|---|---|---|
| EA | AUSAT | .076 | .511 | [−.396, .994] | Nein |
| | CUSAT | .935 | 7.290 | [.690, 1.211] | Ja |
| VA | CA | .417 | 3.076 | [.132, .678] | Ja |
| | DSU | .697 | 5.984 | [.488, .911] | Ja |

*Anmerkungen*: $n$ = 109, $w$ = Indikatorgewicht, 95%-CI = 95%-Konfidenzintervall, EA = Einstellungsakzeptanz, VA = Verhaltensakzeptanz, AUSAT = Affective User Satisfaction, CUSAT = Cognitive User Satisfaction, CA = Cognitive Absorption, DSU = Deep Structure Usage

Gemäß den Empfehlungen von Hair et al. (2021) wurde zur weiteren Bewertung der Indikatoren deren absolute Relevanz anhand der Indikatorladungen untersucht. Alle Indikatorladungen waren hoch und statistisch signifikant, sodass die Indikatoren AUSAT, CUSAT, CA und DSU eine ausreichend hohe absolute Relevanz für die Konstrukte EA und VA aufwiesen (siehe **Tabelle** ***7.15***). Obwohl das Indikatorgewicht von AUSAT nicht signifikant war, deutet die hohe und signifikante Ladung darauf hin, dass AUSAT einen wichtigen Beitrag zur Messung des Konstrukt EA leistete. Daher wurde entschieden, diesen Indikator im Modell zu belassen.

**Tabelle 7.15** Indikatorladungen für Einstellungs- und Verhaltensakzeptanz (reduziertes Gesamtmodell)

| Konstrukt | Indikator | $\lambda$ | *t*-Wert | 95 %-CI | Statistische Signifikanz |
|---|---|---|---|---|---|
| EA | AUSAT | .868 | 16.883 | [.746, .943] | Ja |
| | CUSAT | .999 | 188.030 | [.981, 1.000] | Ja |
| VA | CA | .825 | 11.833 | [.665, .935] | Ja |
| | DSU | .941 | 20.555 | [.820, .995] | Ja |

*Anmerkungen*: $n = 109$, $\lambda$ = Indikatorladung, 95%- CI = 95%-Konfidenzintervall, EA = Einstellungsakzeptanz, VA = Verhaltensakzeptanz, AUSAT = Affective User Satisfaction, CUSAT = Cognitive User Satisfaction, CA = Cognitive Absorption, DSU = Deep Structure Usage

**Gütebeurteilung des Strukturmodells**

Die Analyse der Strukturmodelle zeigte keine bedenklichen Multikollinearitätsprobleme. Zudem wurde festgestellt, dass die Pfadbeziehungen, die bereits im Gesamtmodell spezifiziert worden waren, auch im vereinfachten Modell unverändert blieben. Die Werte der Pfadkoeffizienten, Effektstärken, Konfidenzintervalle und das Bestimmtheitsmaß entsprachen denen des Gesamtmodells, weshalb im Folgenden auf eine erneute ausführliche Berichterstattung verzichtet wird. Die nachfolgende Darstellung konzentriert sich daher auf die neuen Beziehungen, die durch die Spezifikation von EA und VA als übergeordnete Second-Order-Konstrukte entstanden sind. Die Ergebnisse hierzu können der **Tabelle** ***7.16*** entnommen werden.

**Tabelle 7.16** Gütebeurteilung der Strukturmodellprüfung (reduziertes Gesamtmodell)

| Konstruktbeziehungen | VIF | β | 95 %-CI | Statistische Signifikanz | $R^2$ | $f^2$ |
|---|---|---|---|---|---|---|
| PE ($t_2$) → EA | 2.921 | .232 | [−.110, .548] | Nein | .817 | .059 |
| EE ($t_2$) → EA | 2.488 | .018 | [−.246, .275] | Nein | | .001 |
| SI ($t_2$) → EA | 1.396 | −.074 | [−.220, .056] | Nein | | .019 |
| FC ($t_2$) → EA | 1.765 | −.151 | [−.359, .037] | Nein | | .056 |
| TTF → EA | 2.056 | .811 | [.602, 1.086] | Ja | | 1.297 |
| PE ($t_2$) → VA | 2.921 | .351 | [−.184, .972] | Nein | .560 | .054 |
| EE ($t_2$) → VA | 2.488 | −.018 | [−.479, .439] | Nein | | −.000 |
| SI ($t_2$) → VA | 1.396 | .020 | [−.176, .192] | Nein | | .001 |
| FC ($t_2$) → VA | 1.765 | −.041 | [−.309, .210] | Nein | | .002 |
| TTF → VA | 2.056 | .464 | [.102, .787] | Ja | | .180 |
| EA → SLP | 1.866 | .332 | [.070, .614] | Ja | .303 | .065 |
| VA → SLP | 1.866 | .268 | [−.075, .571] | Nein | | .043 |

*Anmerkungen*: $n$ = 109, VIF = Variance Inflation Factor, β = Pfadkoeffizient (Beta-Koeffizient), 95%-CI = 95%-Konfidenzintervall, $R^2$ = Bestimmtheitsmaß, $f^2$ = Effektstärke, PE ($t_2$) = Performance Expectancy Zeitpunkt $t_2$, EE ($t_2$) = Effort Expectancy Zeitpunkt $t_2$, SI ($t_2$) = Social Influence Zeitpunkt $t_2$, FC ($t_2$) = Facilitating Conditions Zeitpunkt $t_2$, TTF = Task-Technology-Fit, EA = Einstellungsakzeptanz, VA = Verhaltensakzeptanz, SLP = Self-reported Learning Performance

**Einstellungsakzeptanz**

Die Ergebnisse der Strukturgleichungsmodellierung für das vereinfachte Gesamtmodell zeigen, dass TTF die wichtigste Determinante von EA war (β = .811, 95%-CI [.602, 1.086], $f^2$ = 1.297). Auffällig war jedoch die hohe Effektstärke, die einen Wert von über 1 erreichte. Eine mögliche Ursache könnte die methodische Überschneidung zwischen den Konstrukten sein, insbesondere da EA als Second-Order-Konstrukt spezifiziert wurde, das u. a. CUSAT umfasste. Im ursprünglichen Gesamtmodell wurde bereits festgestellt, dass die diskriminante Validität zwischen TTF und CUSAT nicht eindeutig nachgewiesen werden konnte. Da CUSAT als Bestandteil des übergeordneten Konstrukts EA betrachtet wurde, könnte diese Überschneidung weiterhin bestanden und zu der hohen Effektstärke geführt haben. Dieses Ergebnis sollte daher mit Vorsicht betrachtet werden.

Im Gegensatz dazu waren die Einflüsse von PE ($t_2$) ($\beta = .232$, 95 %-CI [−.110, .548], $f^2 = .059$), EE ($t_2$) ($\beta = .018$, 95 %-CI [−.249, .275], $f^2 = .001$), SI ($t_2$) ($\beta = -.074$, 95%-CI [−.220, .056], $f^2 = .019$) und FC ($t_2$) ($\beta = -.151$, 95 %-CI [−.359, .037], $f^2 = .056$) nicht signifikant und zeigten zudem geringe Effektstärken. Obwohl die Pfadkoeffizienten von SI ($t_2$) und FC ($t_2$) negativ waren, waren die Zusammenhänge nicht signifikant. Insgesamt wies das Modell mit $R^2 = .817$ eine hohe Erklärungskraft für EA auf, was bedeutet, dass ein Großteil der Varianz dieses Konstrukts durch die berücksichtigten Einflussfaktoren erklärt werden konnte.

**Verhaltensakzeptanz**

Auch für das Konstrukt VA erwies sich TTF als die einzige signifikante Determinante ($\beta = .464$, 95 %-CI [.102, .787], $f^2 = .180$). Die übrigen Einflussgrößen, PE ($t_2$) ($\beta = .351$, 95%-CI [−.184, .972], $f^2 = 0.054$), EE ($t_2$) ($\beta = -.018$, 95%-CI [−.479, .439], $f^2 = -.000$), SI ($t_2$) ($\beta = .020$, 95 %-CI [−.176, .192], $f^2 = .001$) und FC ($t_2$), $\beta = -.041$, 95 %-CI [−.309, .210], $f^2 = .002$) zeigten keine signifikanten Effekte auf VA und wiesen auch sehr geringe Effektstärken auf. Die Pfadkoeffizienten für EE ($t_2$) und FC ($t_2$) waren negativ, jedoch statistisch nicht signifikant, sodass keine eindeutigen Schlussfolgerungen möglich waren. Gemeinsam erklärten die Faktoren 56.0 % der Varianz in VA ($R^2 = .560$).

**Self-reported Learning Performance**

Die Ergebnisse in **Tabelle *7.16*** zeigen, dass EA einen statistisch signifikanten positiven Einfluss auf den selbst eingeschätzten Lernerfolg hatte ($\beta = .332$, 95%-CI [.070, .614]). Die Effektstärke für diesen Zusammenhang betrug $f^2 = .065$, was auf einen kleinen Effekt hinweist. Im Vergleich dazu zeigte sich für die VA kein signifikanter Einfluss auf den Lernerfolg ($\beta = .268$, 95 %-CI [−.075, .571], $f^2 = .043$), wobei auch hier die Effektstärke klein war. Das Modell erklärte insgesamt 30.3% der Varianz von SLP ($R^2 = .303$), womit die Erklärungskraft im Vergleich zum Gesamtmodell ($R^2 = .414$) leicht abnahm. Der Rückgang des Bestimmtheitsmaßes könnte darauf hindeuten, dass die Zusammenfassung der

Konstrukte zu EA und VA zu einem Informationsverlust geführt hat oder dass die detaillierte Modellierung der einzelnen Konstrukte im Gesamtmodell eine differenzierte Erfassung der Einflussgrößen auf den Lernerfolg ermöglichte.

**Out-of-sample Vorhersagekraft**

Das $PLS_{predict}$-Verfahren zur Beurteilung der out-of-sample Vorhersagegenauigkeit ergab ein ähnliches Bild wie beim Gesamtmodell: Die RMSE-Werte des reduzierten Modells waren durchgehend niedriger als die entsprechenden Werte des LM-Modells, was auf eine gute prädikative Leistung des PLS-SEM-Modells hinwies (siehe **Tabelle** *7.17*). Besonders auffällig war, dass die Differenz zwischen den RMSE-Werten des PLS-SEM Modells und des LM-Modells im reduzierten Modell größer ausfiel als im ursprünglichen Gesamtmodell (siehe **Tabelle** *7.13*). Dies könnte darauf hinweisen, dass das reduzierte Modell eine bessere out-of-sample Vorhersageleistung aufwies als das Gesamtmodell.

**Tabelle 7.17** Prädikative Validität des reduzierten Gesamtmodells ($PLS_{predict}$)

| Endogene Variable | RMSE (PLS-SEM) | RMSE (LM-Model) |
|---|---|---|
| LEA | .892 | 1.006 |
| LEB | .907 | 1.060 |
| LEC | .937 | .943 |
| LED | .942 | 1.020 |

*Anmerkungen*: *n* = 109, RMSE (PLS-SEM) = Root Mean Square Error (Partial-Least-Squares Structural Equation Modeling), RMSE (LM-Model) = Root Mean Square Error (Linear Regression Model), LEA = Lernerfolg Modul A, LEB = Lernerfolg Modul B, LEC = Lernerfolg Modul C, LED = Lernerfolg Modul D

#### 7.4.3.2 Vergleich des Gesamtmodells und des reduzierten Gesamtmodells

Um herauszufinden, welches Modell eine optimale Balance zwischen Erklärungskraft und Modellparsimony aufweist, wurden für den Modellvergleich das BIC und Akaike-Gewicht herangezogen. In PLS-SEM-Analysen, die häufig auf kleinen Stichproben basieren, können klassische Fit-Indizes wie der $\chi 2$-Test oder der RMSEA nicht direkt angewendet werden, sodass informationsbasierte Modellvergleichskriterien wie das BIC und Akaike-Gewicht eine sinnvolle Alternative darstellen (Hair et al., 2021).

Das BIC nach Schwarz (1978) ermöglicht eine fundierte Abwägung zwischen Modellgüte und Komplexität. Es basiert auf einer Log-Likelihood-Schätzung und bestraft Modelle mit einer höheren Anzahl von Parametern stärker, um Überanpassung zu vermeiden. Ein niedrigerer BIC-Wert zeigt an, dass ein Modell eine gute Balance zwischen Datenanpassung und Modellkomplexität erreicht (Schwarz, 1978). Das BIC bietet jedoch keine direkte Interpretation der relativen Wahrscheinlichkeit eines Modells im Vergleich zu einem konkurrierenden Modell, sodass ergänzend das Akaike-Gewicht berechnet wird (Burnham & Anderson, 2004). Dieses Maß gibt an, wie wahrscheinlich es ist, dass ein bestimmtes Modell das wahre Daten-generierende Modell besser repräsentiert als ein alternatives Modell. Höhere Akaike-Gewichte deuten darauf hin, dass ein Modell im Vergleich zu anderen Modellen die bessere Wahl darstellt (Danks et al., 2020).

Die Ergebnisse des Modellvergleichs zeigen, dass das reduzierte Modell einen niedrigen BIC-Wert aufwies ($BIC = -26.351$) als das Gesamtmodell ($BIC = -20.168$). Dies spricht dafür, dass das reduzierte Modell eine bessere Balance zwischen Modellanpassung und Komplexität erreichte. Zudem weisen die Akaike-Gewichte darauf hin, dass das vereinfachte Modell mit einer Wahrscheinlichkeit von 95.7% das überlegene Modell darstellte, während das Gesamtmodell mit 4.3% deutlich schlechter abschnitt.

Zusammenfassend legen die Ergebnisse nahe, dass das reduzierte Modell dem Gesamtmodell vorzuziehen ist, da es sowohl eine bessere Anpassung an die Daten bot als auch eine höhere Wahrscheinlichkeit aufwies, das wahre Daten-generierende Modell zu repräsentieren. Diese Befunde unterstützen somit die Entscheidung die Konstrukte AUSAT und CUSAT sowie CA und DSU zu den Second-Order-Konstrukten EA und VA zusammenzufassen. Hierdurch entsteht eine theoretisch kohärentere und empirisch robustere Modellstruktur.

### 7.4.4 Zwischenfazit

Zusammenfassend zeigt sich, dass die ursprünglichen Erwartungen der Auszubildenden an die Lernsoftware deren spätere Wahrnehmung nach der Nutzung unterschiedlich beeinflussten. Während PE ($t_0$) und SI ($t_0$) einen signifikanten positiven Einfluss auf PE ($t_2$) und SI ($t_2$) hatten, zeigte sich für EE ($t_0$) kein signifikanter Zusammenhang mit EE ($t_2$). TTF hingegen erwies sich als der stärkste Prädiktor für die Wahrnehmung von PE ($t_2$) und EE ($t_2$), was verdeutlicht, dass die wahrgenommene Passung zwischen Lernsoftware und Aufgaben einen entscheidenden Einfluss auf die kognitiven Überzeugungen nach der Nutzung hatte.

Auch die Akzeptanz der Lernsoftware wurde primär durch TTF beeinflusst. Keines der UTAUT-Faktoren wiesen konsistente signifikante Zusammenhänge mit der affektiven und kognitiven Nutzerzufriedenheit (AUSAT und CUSAT) sowie mit der kognitiven und verhaltensbezogenen Nutzungstiefe (CA und DSU) auf. Es scheint, dass der subjektive wahrgenommene Fit der Software mit den Lernanforderungen eine zentrale Rolle für die Akzeptanz spielte.

Weiter ergab die Analyse, dass insbesondere die kognitive Nutzerzufriedenheit (CUSAT) und die vertiefte Nutzung (DSU) mit einem höheren subjektiven Lernerfolg assoziiert waren. Die emotionale Zufriedenheit mit der Lernsoftware (AUSAT) und das Erleben von Flow ähnlichen Zuständen (CA) hatten keinen signifikanten Einfluss auf die wahrgenommene Lernleistung.

Der Modellvergleich ergab schließlich, dass eine vereinfachte Modellstruktur, in der AUSAT und CUSAT zur Einstellungsakzeptanz sowie CA und DSU zur Verhaltensakzeptanz zusammengefasst wurden, eine bessere Balance zwischen Modellkomplexität und Erklärungskraft aufwies. Das reduzierte Modell erzielte bessere Informationskriterien, was darauf hindeutet, dass die Verdichtung der Akzeptanzkonstrukte theoretisch als auch empirisch sinnvoll war.

Eine Übersicht über die getesteten Zusammenhänge sowie deren statistische Signifikanz ist in **Abbildung** ***7.1*** dargestellt. Dabei wird das ursprüngliche Forschungsmodell mit den einzelnen Akzeptanzkonstrukten abgebildet, da es die Grundlage der Hypothesenbildung darstellt.

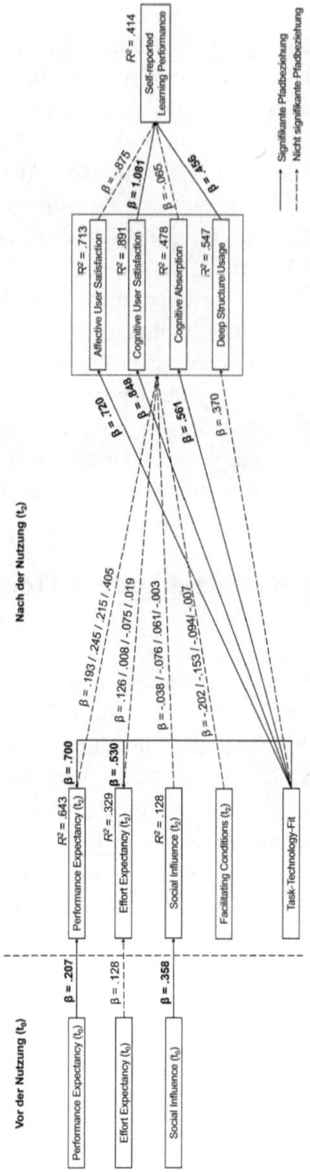


**Abbildung 7.1** Untersuchtes Forschungsmodell mit standardisierten Pfadkoeffizienten und $R^2$-Werten. (Eigene Darstellung)

## 7.5 Zusatzanalyse mit größerer Stichprobe

Die Analyse des Gesamtmodells basierte auf einer Stichprobe von Teilnehmenden, die sowohl an der $t_0$- als auch der $t_2$-Umfrage teilgenommen hatten. Um die Stichprobe zu vergrößern und die statistische Power zu erhöhen, wurde ergänzend eine Zusatzanalyse mit Personen durchgeführt, die ausschließlich den $t_2$-Fragebogen ausgefüllt haben ($n$ = 130). Die Analyse dieses Teilmodells ermöglichte eine stabilere Schätzung der Modellparameter und reduzierte potenzielle Verzerrungen, die durch die eingeschränkte Stichprobengröße im Gesamtmodell entstanden sein könnten.

Ziel dieser Zusatzanalyse war es, zu überprüfen, ob sich bei einer größeren Stichprobe mehr hypothesengeleitete Zusammenhänge als statistisch signifikant erweisen. Der Fokus dieses Kapitels liegt dabei auf Abweichungen zum Gesamtmodell sowie auf der Hypothesenprüfung im Rahmen der Bewertung der Strukturmodelle. Aus diesem Grund wird im Folgenden auf eine ausführliche Darstellung bereits bekannter Befunde sowie auf einen Modellvergleich zwischen einem vollständigen und einem reduzierten Teilmodell verzichtet.

### 7.5.1 Gütebeurteilung der Messmodelle (Teilmodell)

**Reflexive Messmodelle**

Die überwiegende Mehrheit der Indikatoren wies eine ausreichend hohe Ladung ($\lambda > .708$), Indikatorreliabilität ($\lambda 2 > .50$) sowie zufriedenstellende Werte für die Reliabilität und konvergente Validität auf. Ausnahmen bildeten die Indikatoren *FC21*, *FC22*, *DSU21* und *DSU22*, die die Schwellenwerte für die Indikatorladung und -reliabilität nicht erreichten. Trotz dieser niedrigen Ladungen zeigten die zugehörigen Konstrukte akzeptable Werte für die interne Konsistenz (FC $t_2$: $\alpha = .77$, $\rho_c = .77$; DSU: $\alpha = .84$, $\rho_c = .84$) sowie für die Konvergenzvalidität (FC $t_2$: AVE = .545; DSU: AVE = .567). Die detaillierten Ergebniswerte für die Konstrukte FC ($t_2$) und DSU sind in **Tabelle *7.18*** abgebildet, während die vollständigen Ergebnisse für alle Konstrukte des Teilmodells im Anhang i) des elektronischen Zusatzmaterials zu finden sind (**Tabelle *53***). Eine Eliminierung der problematischen Items wurde nicht vorgenommen, da dies zu einer Verschlechterung der Reliabilitätswerte geführt hätte:

- FC ($t_2$) ohne FC21: $\alpha = .69$, $\rho_c = .71$
- FC ($t_2$) ohne FC22: $\alpha = .62$, $\rho_c = .69$

- DSU ohne DSU21: $\alpha = .79$, $\rho_c = .80$
- DSU ohne DSU22: $\alpha = .80$, $\rho_c = .81$

Zudem hätte die Entfernung dieser Items die Konvergenzvalidität nur geringfügig verbessert:

- FC ($t_2$) ohne FC21: AVE = .554
- FC ($t_2$) ohne FC22: AVE = .558
- DSU ohne DSU21: AVE = .569
- DSU ohne DSU22: AVE = .583

**Tabelle 7.18** Ergebnisse der Gütebeurteilung der reflektiven Messmodelle

| Konstrukt | Items | *M* | *SD* | $\lambda$ | $\lambda^2$ | $\alpha$ | $\rho_c$ | AVE |
|---|---|---|---|---|---|---|---|---|
| FC ($t_2$) | **FC21** | 4.06 | .86 | **.475** | **.226** | .77 | .77 | .545 |
| | **FC22** | | | **.701** | **.492** | | | |
| | FC23 | | | .958 | .918 | | | |
| DSU | **DSU21** | 3.11 | .83 | **.705** | **.497** | .84 | .84 | .567 |
| | **DSU22** | | | **.678** | **.459** | | | |
| | DSU23 | | | .776 | .602 | | | |
| | DSU24 | | | .844 | .712 | | | |

Anmerkung: $n = 130$; $M$ = Mittelwert, $SD$ = Standardabweichung, $\lambda$ = Indikatorladung, $\lambda^2$ = Indikatorreliabilität, $\alpha$ = Cronbachs Alpha, $\rho_c$ = Composite Reliability, AVE = Average Variance Extracted, FC ($t_2$) = Facilitating Conditions Zeitpunkt $t_2$, DSU = Deep Structure Usage, Fettdruck = Items, deren Faktorladung und -reliabilität unterhalb des Schwellenwerts ($\lambda > .708$, $\lambda^2 > .50$) liegen

Die diskriminante Validität konnte für alle Konstrukte bestätigt werden. So zeigte sich im Rahmen des Fornell-Larcker-Kriteriums, dass die durchschnittlich extrahierte Varianz (AVE) jedes Konstrukts durchgehend größer war als die quadrierte Korrelation mit anderen Konstrukten. Die entsprechende AVE-Matrix ist im Anhang i) des elektronischen Zusatzmaterials dokumentiert (siehe **Tabelle** ***54***). Zusätzlich erfüllten alle Konstrukte die HTMT-Anforderung (HTMT < 0.85 bzw. HTMT < 0.90), sodass auch nach diesem Kriterium von ausreichender diskriminanter Validität ausgegangen werden konnte.

**Formatives Messmodell**

Die Überprüfung der Multikollinearität ergab, dass die VIF-Werte für die Indikatoren von SLP zwischen 1.961 und 2.501 lagen. Da alle Werte unter der kritischen Grenze von 5 blieben, deutet dies darauf hin, dass keine problematische Multikollinearität zwischen diesen Indikatoren vorlag.

Die Analyse der statistischen Signifikanz und Relevanz der Indikatorgewichte zeigte, dass die Gewichte nicht signifikant waren. Dennoch wiesen die Indikatoren von SLP hohe und signifikante Ladungen auf, was auf ihre hohe absolute Bedeutung für das Konstrukt hindeutet. Vor diesem Hintergrund wurde entschieden alle Indikatoren im Modell zu belassen. Die detaillierten Ergebnisse sind im Anhang i) des elektronischen Zusatzmaterials aufgeführt (siehe **Tabelle *55*** und **Tabelle *56***).

### 7.5.2 Gütebeurteilung der Strukturmodelle und Hypothesenprüfung (Teilmodell)

Die Überprüfung auf Multikollinearität ergab, dass die Strukturmodelle keine problematische Multikollinearität aufwies. Alle VIF-Werte der erklärenden Konstrukte lagen zwischen 1.313 und 3.615 lagen und blieben somit unter dem kritischen Schwellenwert von 5 (Hair et al., 2021).

Die Analyse der Strukturmodelle im Teilmodell zeigte, dass sich die meisten Pfadbeziehungen im Vergleich zum Gesamtmodell nicht wesentlich veränderten. Pfade, die im Gesamtmodell nicht signifikant waren, erreichten auch im Teilmodell keine statistische Signifikanz, während signifikante Zusammenhänge weiterhin bestanden. Zudem blieben die Werte für die in-sample Erklärungskraft ($R^2$- Werte) und für die Effektstärke ($f^2$-Werte) weitgehend stabil: Bei den Zusammenhängen mit TTF als Prädiktor blieben die $R^2$- und $f^2$-Werte unverändert auf hohem Niveau, während bei den anderen Zusammenhängen die $R^2$-Werte überwiegend im moderaten Bereich und die $f^2$-Werte im kleinen Bereich lagen.

Jedoch wichen drei Pfadbeziehungen vom Gesamtmodell ab, weshalb sie im Folgenden näher betrachtet werden (siehe auch **Tabelle *7.19***). Eine vollständige Übersicht zur statistischen Signifikanz und Relevanz aller Pfadbeziehungen ist im Anhang i) des elektronischen Zusatzmaterials zu finden (siehe **Tabelle*57***).

**Tabelle 7.19** Gütebeurteilung der Strukturmodellprüfung (Teilmodell)

| Hypothese und Konstruktbeziehungen | | VIF | β | 95 %-CI | Stat. Signifikanz | $R^2$ | $f^2$ |
|---|---|---|---|---|---|---|---|
| H5a | PE ($t_2$)→CUSAT | 2.803 | .324 | [.036, .635] | Ja | .828 | .127 |
| H7a | PE ($t_2$)→DSU | 2.803 | .639 | [.126, 1.277] | Ja | .520 | .178 |
| H9a | AUSAT→SLP | 3.615 | −.927 | [−2.404, −.271] | Ja | .449 | .194 |

*Anmerkung*: $n = 130$, VIF = Variance Inflation Factor, β = Pfadkoeffizient (Beta-Koeffizient), 95%-CI = 95%-Konfidenzintervall, $R^2$ = Bestimmtheitsmaß, $f^2$ = Effektstärke, PE ($t_2$) = Performance Expectancy Zeitpunkt $t_2$, AUSAT = Affective User Satisfaction, CUSAT = Cognitive User Satisfaction, DSU = Deep Structure Usage, SLP = Self-reported Learning Performance

Konkret zeigte sich für den Zusammenhang zwischen **PE ($t_2$) und CUSAT** eine signifikante positive Beziehung (β = .324, 95%-CI [.036, .635], $f^2$ = .127), während diese Beziehung im Gesamtmodell noch nicht signifikant war (β = .245, 95%-CI [-.109, .573], $f^2$ = .113). Allerdings lag das untere Ende des 95%-Konfidenzintervalls nur knapp über dem Wert 0, sodass der Effekt als grenzwertig signifikant betrachtet werden kann. Dieser Befund könnte darauf hindeuten, dass der Zusammenhang im Gesamtmodell bereits tendenziell vorhanden war, jedoch erst durch die größere Stichprobe präziser geschätzt wurde. Die Reduzierung der Schätzunsicherheit führte dazu, dass das Konfidenzintervall vollständig oberhalb von 0 lag, wodurch der Zusammenhang mit Vorsicht als signifikant eingestuft werden kann.

Ein ähnliches Bild ergab sich auch für den Zusammenhang zwischen **PE ($t_2$) und DSU**. Im Gesamtmodell war dieser Pfad mit β = .405 (95%-CI [−.193, 1.065], $f^2$ = .073) nicht signifikant, während er im Teilmodell statistische Signifikanz erreichte (β = .639, 95%-CI [.126, 1.277], $f^2$ = .178). Während die $f^2$-Werte für den Zusammenhang zwischen PE ($t_2$) und CUSAT in beiden Analysen weitgehend stabil bliebt, zeigte sich für PE ($t_2$) und DSU ein Anstieg von einem kleinen zu einem moderaten Effekt. Auch hier kann vermutet werden, dass die größere Stichprobe die Schätzunsicherheit reduzierte und dadurch das Konfidenzintervall im positiven Bereich lag.

Besonders auffällig war die Veränderung im Zusammenhang zwischen **AUSAT und SLP**. Dieser Pfad war im Gesamtmodell mit β = −.875 (95%-CI [−2.969, .066], $f^2$ = .138) knapp nicht signifikant, wohingegen sich im Teilmodell ein stabiler signifikanter negativer Zusammenhang mit leicht erhöhter Effektstärke zeigte ($\beta = -.927$, 95%-CI [−2.404, −.271], $f^2 = .194$). Dies legt nahe, dass der Zusammenhang bereits im Gesamtmodell schwach ausgeprägt war, jedoch erst mit einer größeren Stichprobe stabil geschätzt werden konnte. Der negative Zusammenhang blieb jedoch weiterhin unerwartet und trat konsistent auf, was auf eine systematische, aber möglicherweise theoretisch ungeklärte Beziehung zwischen affektiver Nutzerzufriedenheit und dem subjektiv wahrgenommenen Lernerfolg hindeutet.

Die $R^2$-Werte unterschieden sich zwischen Gesamt- und Teilmodell nur geringfügig (*CUSAT*: $R^2_{Gesamt} = .891$ vs. $R^2_{Teil} = .828$; *DSU*: $R^2_{Gesamt} = .547$ vs. $R^2_{Teil} = .520$; *SLP*: $R^2_{Gesamt} = .414$ vs. $R^2_{Teil} = .449$). Die erklärte Varianz dieser abhängigen Variablen bewegte sich auf vergleichbarem Niveau, während einzelne Pfadkoeffizienten im Teilmodell signifikant wurden. Dies spricht dafür, dass die Gesamtgüte der Modelle stabil blieb und die Unterschiede primär auf eine präzisere Schätzung der Effekte im Teilmodell zurückzuführen sind.

Da das Teilmodell Konstrukte umfasst, die im Gesamtmodell enthalten waren und für die bereits eine hohe prädikative Validität nachgewiesen wurde, wurde auf eine erneute Durchführung des $PLS_{predict}$-Verfahrens zur Bestimmung der out-of-sample-Vorhersagekraft an dieser Stelle verzichtet. Die Modellstruktur war in weiten Teilen identisch, sodass keine zusätzlichen oder neuen Erkenntnisse zu erwarten waren.

### 7.5.3 Zwischenfazit

Im Rahmen der Zusatzanalyse wurde ein Teil des Modells untersucht, in welchem ausschließlich die Zusammenhänge zwischen den $t_2$-Konstrukten betrachtet wurden. Diese Fokussierung führte zu einer größeren Stichprobe, die eine stabilere Schätzung der Modellparameter ermöglichte. Die Zusatzanalyse zielte darauf ab zu untersuchen, ob sich durch den größeren Stichprobenumfang zuvor grenzwertige oder nicht signifikante Pfadbeziehungen als statistisch signifikant erwiesen und dadurch bestehende Befunde des Gesamtmodells klarer bestätigen ließen. Insgesamt zeigte sich eine hohe Übereinstimmung mit den zuvor berichteten Befunden. Die meisten Pfadbeziehungen blieben in ihrer Richtung und statistischen Signifikanz unverändert, was auf eine robuste Modellstruktur hinwies.

Für drei Pfadbeziehungen (PE ($t_2$)$\rightarrow$CUSAT, PE ($t_2$)$\rightarrow$DSU und AUSAT$\rightarrow$SLP) ergaben sich jedoch Abweichungen. Diese Zusammenhänge waren im Gesamtmodell nicht signifikant und erreichten im Teilmodell statistische Signifikanz. Dies deutet darauf hin, dass diese Effekte bereits im Gesamtmodell tendenziell vorhanden waren, aber aufgrund der kleineren Stichprobe vermutlich nicht präzise genug geschätzt werden konnten.

## 7.6 Zusammenfassung der quantitativen Untersuchung

Kapitel 7 untersuchte die Hypothesen der Forschungsfragen 1 bis 4 mittels Wilcoxon-Signed-Rank-Test und PLS-SEM. Hierzu wurde zunächst die Datenbasis auf mögliche Verzerrungen überprüft. Obwohl alle Variablen von der Normalverteilung abwichen, lagen keine schwerwiegenden Verletzungen der Normalverteilungsannahme vor. Zudem zeigte der Harman's One-Factor Test keine Hinweise auf eine kritische Verzerrung durch Common Method Variance.

Die anschließende Skalenvalidierung bestätigte weitgehend die Güte der Messinstrumente. Die explorative Faktorenanalyse zeigte, dass die theoretisch angenommene Faktorenstruktur für SLP nicht bestätigt wurde, weshalb eine angepasste Struktur verwendet wurde. Trotz geringer Ladungswerte wurden einzelne Indikatoren in der Confirmatory Composite Analysis beibehalten, da ihre Entfernung die Reliabilität verschlechtert und die Konvergenzvalidität nur geringfügig verbesserte hätte. Methodische Herausforderungen zeigten sich insbesondere bei der diskriminanten Validität zwischen TTF und CUSAT. Diese Überschneidung wurde jedoch theoretisch begründet, sodass keine Änderungen im Modell vorgenommen wurden.

Die Analyse der Medianwerte mittels Wilcoxon-Signed-Rank-Tests zeigte leichte Veränderungen der UTAUT-Faktoren. Nach der Nutzung der Lernsoftware wurden sowohl die wahrgenommene Benutzerfreundlichkeit (EE, $t_2$) als auch der soziale Einfluss (SI, $t_2$) höher bewertet, während die Einschätzung des Nutzens (PE, $t_2$) tendenziell abnahm. Diese Unterschiede waren jedoch statistisch nicht signifikant.

Die Gütebeurteilung der Messmodelle im PLS-SEM ergab, dass die geforderten Reliabilitäts- und Validitätskriterien im Allgemeinen erfüllt wurden. Bei der Analyse der Strukturmodelle erwies sich für drei Akzeptanzkonstrukte sowie für die übergeordnete Einstellungs- und Verhaltensakzeptanz TTF als wichtigster Prädiktor. In der Zusatzanalyse mit größerer Stichprobe zeigte sich zusätzlich PE ($t_2$) als zentraler Einflussfaktor. Der subjektive Lernerfolg wurde in der Hauptanalyse von CUSAT und DSU signifikant positiv beeinflusst. Mit erweiterter Stichprobe zeigte sich zudem ein signifikanter, negativ gerichteter Einfluss von AUSAT auf den Lernerfolg, obwohl theoretisch ein positiver Zusammenhang erwartet wurde.

# Ergebnisse der qualitativen Untersuchung 8

Im Folgenden werden die Ergebnisse der halbstrukturierten Interviews gegliedert nach den zwei Forschungsfragen der qualitativen Untersuchung dargestellt:

1. Inwiefern erweist sich das Forschungsmodell zur Analyse der Interviewdaten als tragfähig? (Abschnitt 8.1)
2. Welche anderen Faktoren spielen bei der Akzeptanz der Lernsoftware und beim subjektiv wahrgenommenen Lernerfolg eine Rolle? (Abschnitt 8.2)

## 8.1 Vertiefte Analyse des Forschungsmodells

Dieses Kapitel widmet sich der Frage, inwiefern sich das entwickelte Forschungsmodell zur Analyse der Interviewdaten als tragfähig erwies. Dabei steht jedoch nicht die Validierung des Modells im Vordergrund, sondern sein analytisches Potenzial im qualitativen Material auszuloten. Konkret wurde untersucht, ob und wie sich die im Modell angenommenen Konstrukte (8.1.1) und Zusammenhänge (8.1.2) in den Interviewaussagen wiederfinden und inwieweit diese qualitative Perspektive dabei hilft, die quantitativen Befunde zu vertiefen oder zu ergänzen. Auf diese Weise soll der Erkenntnisgewinn maximiert werden, den eine qualitative Perspektive auf das Forschungsmodell ermöglichen kann.

### 8.1.1 Konstrukte: Vertiefung quantitativer Befunde

Die qualitative Auswertung zeigt, dass alle im Forschungsmodell enthaltenen Konstrukte in den Interviewdaten rekonstruiert werden konnten. Eine Ausnahme



L. Lao, *Technologieakzeptanz in der beruflichen Bildung*, Münchner Studien zur empirischen Bildungs- und Sozialisationsforschung,
https://doi.org/10.1007/978-3-658-51906-3_8

bilden lediglich die Erwartungen an den sozialen Einfluss (SI, $t_0$) innerhalb von UTAUT ($t_0$). Im Folgenden wird aufgezeigt, wie die qualitativen Aussagen zu den identifizierten Konstrukten ein vertieftes Verständnis der quantitativen Befunde ermöglichten.

**UTAUT ($t_0$)**

Der Einflussfaktor **Performance Expectancy (PE, $t_0$)** beschreibt, inwiefern die Auszubildenden erwarten, dass die Lernsoftware ihr Lernen unterstützen und ihren Lernerfolg steigern wird. Mit einem Mittelwert[1] von $M = 3.88$ ($SD = .64$) war PE ($t_0$) eher hoch ausgeprägt, was darauf hindeutet, dass die Auszubildenden tendenziell hohe Erwartungen an den Nutzen der Lernsoftware hatten. Die qualitativen Aussagen liefern vertiefende Einblicke in die konkreten Erwartungen der Auszubildenden. So wurde betont, dass die Lernmaterialien klar und verständlich präsentiert werden sollen, um den Lernstoff effektiv verstehen und verarbeiten zu können (Interview_4, Abs. 7). Ein weiterer Auszubildender erwartete zudem eine einfache, dem Lernfortschritt und Alter angemessene Darstellung der Inhalte sowie eine gezielte Unterstützung bei der Prüfungsvorbereitung:

> [...] aber natürlich auf jeden Fall in die Richtung, dass mich die Lernsoftware unterstützt, dass ich damit gut klarkomme, [...] dass die Inhalte auch ausführlich erklärt werden, dass ich mir das Ganze gut mitschreiben kann und dann mich auch gut auf die Prüfung vorbereiten kann, und genau, dass ich das nicht nur schön dargestellt bekomme, sondern natürlich dann auch dadurch verstehen kann. Also, dass das Ganze auch einfach verständlich dargestellt wird, nicht zu komplex, sondern [...] entsprechend dem Lernfortschritt vielleicht auch und auch dem Alter entsprechend [...]. (Interview_11, Abs. 3)

Um insbesondere abstrakte und theorieintensive Lerninhalte ansprechender zu gestalten, äußerten die Befragten den Wunsch nach interaktiven und visuellen Lernangeboten wie Spiele und Videos (Interview_2, Abs. 4, 5). Wichtig war den Auszubildenden zu Beginn der ZQ auch, dass die Lernsoftware Aufgaben mit zunehmendem Schwierigkeitsgrad anbietet, um das Verständnis schrittweise zu vertiefen (Interview_3, Abs. 4; Interview_11, Abs. 3). Die Lernsoftware sollte darüber hinaus einen nahtlosen und intuitiven Lernfluss bieten, der die Auszubildenden durch die verschiedenen Module führt und eine selbstständige Überprüfung des eigenen Lernfortschritts ermöglicht. (Interview_2, Abs. 6, 76; Interview_8, Abs. 7).

Die quantitativen Befunde zeigten zwar eine tendenziell hohe, jedoch nicht durchgängig sehr hohe Erwartungshaltung der Auszubildenden. Hier liefern die

[1] Antwortskala: 1 (= stimme gar nicht zu) bis 5 (= stimme voll und ganz zu).

Interviews mögliche Hinweise darauf, warum die Erwartungen an die Nützlichkeit der Lernsoftware nicht noch höher ausfielen. Einige Auszubildende berichteten von schlechten Nutzungserfahrungen mit Moodle, das sie v. a. als unübersichtliches Dateimanagementsystem kannten (Interview_2, Abs. 78; Interview_7, Abs. 3; Interview_8, Abs. 7). Da die Lernsoftware in Moodle integriert war (siehe 2.3), erwarteten sie keine funktionsreiche Lernplattform, die verschiedene Lernbedürfnisse adressiert. Auch wenn diese Einschätzung nur von einzelnen Interviewten geäußert wurde, könnten ähnliche negative Vorerfahrungen auch bei anderen Befragungsteilnehmenden vorgelegen haben und könnte erklären, warum die Bewertungen von PE ($t_0$) zwar hoch, aber nicht durchweg sehr hoch ausfielen.

Auch die Erwartungen an die Benutzerfreundlichkeit der Lernsoftware (**Effort Expectancy, EE, $\mathbf{t_0}$**) waren mit einem Mittelwert[2] von $M = 3.94$ ($SD = .80$) tendenziell hoch ausgeprägt. Konkret richteten sich die Erwartungen auf eine klare Navigation, einen strukturierten Aufbau sowie ein unkompliziertes Auffinden der Lernmaterialien (Interview_1, Abs. 5, 7; Interview_2, Abs. 6; Interview_4, Abs. 9; Interview_6, Abs. 33; Interview_8, Abs. 7; Interview_9, Abs. 3; Interview_11, Abs. 5). Einige Auszubildende formulierten jedoch auch zurückhaltende Erwartungen an die Bedienbarkeit der Lernsoftware. Aufgrund negativer Erfahrungen mit Moodle hatten Einzelne die Befürchtung, dass die Lernsoftware langsam sein und Einschränkungen in der Bedienbarkeit aufweisen könnte:

> Ich habe mir das vorgestellt, wie ganz normale [..] Moodle, wo man in der Schule nutzt […]. Ich hätte […] erwartet, dass es bisschen stockender zugeht. Also wie in der Schule und von der schulischen Zeit kennt man, dass die hinterher sind. (Interview_8, Abs. 5)

Diese Vorerfahrungen könnten, ähnlich wie bei PE ($t_0$), dazu beigetragen haben, dass die quantitative Bewertung zur Benutzerfreundlichkeit nicht durchgängig sehr hoch ausfiel.

Obwohl das Konstrukt **Facilitating Conditions** (**FC, $\mathbf{t_0}$**) aufgrund methodischer Schwächen von der quantitativen Analyse ausgeschlossen wurde, liefern die qualitativen Daten aufschlussreiche Einblicke. Sie zeigen, dass die Auszubildenden hohe Erwartungen an die technischen und organisatorischen Rahmenbedingungen der Lernsoftware äußerten, auch wenn entsprechende Aussagen im Interviewmaterial nur vereinzelt vorkamen. So erwarteten die Teilnehmenden in Bezug auf die technischen Rahmenbedingungen, dass notwendige Endgeräte bei Bedarf von Ausbildungsbetrieben oder Berufsschulen bereitgestellt werden. Dies wurde als

[2] Antwortskala: 1 (= stimme gar nicht zu) bis 5 (= stimme voll und ganz zu).

essentiell für einen uneingeschränkten Zugriff auf die Lernsoftware und ihre Materialien angesehen (Interview_1, Abs. 34). Ein weiteres zentrales Anliegen betraf die technische Zuverlässigkeit der Software (Interview_8, Abs. 5). Diese sollte stabil und jederzeit erreichbar sein sowie ohne technische Probleme funktionieren, um eine zuverlässige Lern- und Nutzungsmöglichkeit zu gewährleisten:

> Ja also zum einen natürlich auf jeden Fall, dass die Lernsoftware, [...] immer ohne Probleme funktioniert, [...] dass sie eben erreichbar ist, dass ich darauf zugreifen kann, wenn ich darauf zugreifen möchte, und es da jetzt keine technischen Schwierigkeiten gibt. (Interview_11, Abs. 5)

Darüber hinaus wurde der Wunsch nach organisatorischer Unterstützung deutlich, etwa in Form einer fundierten Einführung in die Nutzung der Software sowie verfügbarer Hilfe bei technischen Problemen (Interview_11, Abs. 5).

**UTAUT ($t_2$)**

Anhand der UTAUT-Konstrukte zum Zeitpunkt $t_2$ wird ermittelt, wie die befragten Auszubildenden nach einer Nutzungsperiode die Lernsoftware wahrnehmen. Die qualitativen Ergebnisse helfen insbesondere die Befunde des Wilcoxon-Signed-Rank-Tests (7.3) zu kontextualisieren und vertiefte Einblicke zu liefern.

So zeigte der Wilcoxon-Signed-Rank-Tests zunächst, dass die wahrgenommene Nützlichkeit der Lernsoftware (**PE, $t_2$**) zwischen $t_0$ und $t_2$leicht abnahm, wobei die Veränderung nicht signifikant ausfiel. Gleichzeitig deutete sich anhand der Korrelation zwischen PE ($t_0$) und PE ($t_2$) an, dass die Wahrnehmung der Auszubildenden in Bezug auf den Nutzen weitgehend konstant geblieben ist.

Die qualitativen Befunde liefern an dieser Stelle vertiefende Einblicke, warum die Wahrnehmung des Nutzens weitgehend stabil geblieben sein könnte. So hatten viele der interviewten Auszubildenden bereits zu Beginn der ZQ ein positives Bild vom Nutzen der Lernsoftware. Sie erwarteten, dass die Software ihren Lernprozess durch verständlich aufbereitete Inhalte, klare Struktur und interaktive Formate unterstützen würde. Auch nach der Nutzung wurde die Nützlichkeit der Software weiterhin positiv wahrgenommen. Konkret betrachteten die Auszubildenden die Lernsoftware als große Lernunterstützung durch die strukturierte Bereitstellung von Lernmaterialien und die Vielfalt der Lernmethoden (d. h. Videos, PDFs, interaktive Bücher, Quizze und Übungsaufgaben) wahrgenommen haben. Durch diese Vielfalt konnte sich die Lernsoftware an individuelle Lernstile anpassen und ermöglichten es den Auszubildenden auch ihr Lernen flexibel zu gestalten (Interview_2, Abs. 61; Interview_3, Abs. 6; Interview_4, Abs. 53, 81; Interview_11, Abs. 11). Insbesondere die Nutzung der Videos, PDFs und interaktiven Übungen wurde als besonders hilfreich empfunden (Interview_3, Abs. 6; Interview_4, Abs. 81, 83; Interview_6, Abs. 11; Interview_11, Abs. 11; Interview_2, Abs. 84). Konkret haben die Videos durch die visuelle Darstellung und die verständlichen Erläuterungen das Verständnis der Auszubildenden bereichert (Interview_2, Abs. 58; Interview_9, Abs. 9, 15; Interview_10, Abs. 21, 51; Interview_11, Abs. 17, 19, 33), während die schriftlichen Lernmaterialien durch Merksätze und eine übersichtliche Gestaltung das Lernen unterstützt haben (Interview_1, Abs. 5; Interview_2, Abs. 59; Interview_8, Abs. 29, 65). Hieraus wird ersichtlich, dass die Erwartungen weitgehend erfüllt wurden, was erklären würde, warum sich in den quantitativen Befunden eine vergleichsweise hohe Stabilität des Konstrukts PE andeutet.

Die Interviewdaten liefern auch mögliche Hinweise darauf, warum die quantitativen Daten auf eine rückläufige Entwicklung von PE hindeutet. Mehrere Auszubildende betonten, wie hilfreich die Fortschrittsanzeige für die Überwachung ihres Lernprozesses war. Die Bedeutung der Fortschrittsanzeige für den Lernerfolg wird besonders deutlich anhand der Aussagen von Teilnehmenden, die technische Schwierigkeiten mit dieser Funktion erlebten. So wurde in einigen Fällen der Lernfortschritt in der Software nicht korrekt angezeigt, was als hinderlich für den Lernprozess wahrgenommen wurde (Interview_4, Abs. 15; Interview_5, Abs. 41; Interview_6, Abs. 41; Interview_7, Abs. 33; Interview_9, Abs. 19, 23; Interview_11, Abs. 23). Deutlich wird diese negative Erfahrung an folgendem Interviewausschnitt:

> Es ist gut strukturiert, man kann den Lernerfolg tracken, […] indem mit grünen Häkchen angezeigt wird, was man schon von diesen Kacheln […] bearbeitet hat. Ich finde es nur schade, dass […] manchmal diese grünen Häkchen nicht erscheinen, obwohl man [das Quiz] durchgearbeitet hat. Also da verliert man dann leicht den Überblick. Wo war ich denn jetzt fertig? Hier ist ein grüner Haken dran, aber hier nicht, obwohl ich es durchgearbeitet habe. Also da habe ich bisschen Schwierigkeiten damit, muss ich ehrlich sagen. Als eine Person, die es gerne einfach strukturiert hat, muss ich schon sagen, stört mich das leider. (Interview_7, Abs. 7)

Auch wenn diese Einschätzungen nur von einzelnen Interviewten geäußert wurden, könnten vergleichbare Erfahrungen auch unter weiteren Teilnehmenden verbreitet gewesen sein. Vor diesem Hintergrund erscheinen die qualitativen Ergebnisse hilfreich, um zu verstehen, warum sich der erwartete Nutzen der Lernsoftware in der quantitativen Erhebung über die Zeit leicht abschwächte und weshalb diese Veränderung statistisch nicht signifikant ausfiel. Möglicherweise waren negative Nutzungserfahrungen zwar vorhanden, aber nicht weit genug verbreitet, um sich auf Gruppenebene deutlich in den Daten niederzuschlagen.

Die quantitative Analyse legt nahe, dass die Lernsoftware nach der Nutzung (**EE, $t_2$**) benutzerfreundlicher wahrgenommen wurde als vor der Nutzung. Diese

Veränderung war jedoch nicht signifikant. Zudem deutete die Korrelation zwischen EE ($t_0$) und EE ($t_2$) auf eine tendenziell geringere Stabilität des Konstrukts hin, wobei auch hier das Ergebnis nicht signifikant war. Die qualitativen Daten liefern hierzu weitere Einblicke.

Die Interviews bestätigten insgesamt ein ambivalentes Bild der wahrgenommenen Benutzerfreundlichkeit der Lernsoftware: Während viele Auszubildende die Lernsoftware als benutzerfreundlich und klar strukturiert beschrieben, berichteten sie zugleich von technischen Problemen, die die Bedienung erschwerten.

Insbesondere die übersichtliche Struktur und die intuitive Navigation der Software trugen zur einfachen Bedienbarkeit bei (Interview_1, Abs. 24; Interview_2, Abs. 34–36; Interview_5, Abs. 36; Interview_6, Abs. 11, 19, 31, 33; Interview_7, Abs. 7, 9, 29; Interview_8, Abs. 33, 50; Interview_10, Abs. 19; Interview_11, Abs. 11, 33, 35). Die schrittweise Freischaltung der Lerninhalte wurde als „roter Faden" wahrgenommen und unterstützte die strukturelle Klarheit (Interview_1, Abs. 19; Interview_8, Abs. 29).

Gleichzeitig wurde die wahrgenommene Benutzerfreundlichkeit durch technische Probleme und Einschränkungen beeinträchtigt. Schwierigkeiten bei der Anmeldung, eine fehlerhafte Anzeige des Lernfortschritts sowie Probleme mit der Nutzung auf mobilen Geräten oder der Bearbeitung des Jupyter Notebooks führten dazu, dass einige Auszubildende die Lernsoftware zunehmend als aufwändig empfanden (Interview_1, Abs. 11, 22, 32; Interview_2, Abs. 64, 90; Interview_4, Abs. 57; Interview_7, Abs. 27, 33; Interview_10, Abs. 9, 35). Diese negativen Erfahrungen erschwerten die Bedienung und stehen im Kontrast zu den ursprünglich eher hohen Erwartungen an eine einfache Nutzung. Auch gestalterische Aspekte wie unübersichtliche Kapitelnummerierungen oder Gamification-Elemente beeinträchtigten die Orientierung (Interview_3, Abs. 12, 18; Interview_4, Abs. 23, 57; Interview_5, Abs. 35, 41, 43; Interview_11, Abs. 7, 21).

Die qualitativen Befunde deuten insgesamt darauf hin, dass die Auszubildenden sowohl positive als auch negative Erfahrungen mit der Benutzerfreundlichkeit der Lernsoftware machten. Diese ambivalente Wahrnehmung könnte erklären, warum sich in der quantitativen Analyse zwar ein leichter Anstieg der Benutzerfreundlichkeit zeigte, dieser jedoch nicht signifikant ausfiel.

Die quantitativen Befunde legen nahe, dass der soziale Einfluss nach der Nutzung der Lernsoftware stärker wahrgenommen wurde als zu Beginn der ZQ (**SI, $t_2$**). Jedoch fiel auch diese Veränderung nicht signifikant aus. Die signifikante moderate Korrelation zwischen SI ($t_0$) und SI ($t_2$) deutete auf eine gewisse Dynamik in der Wahrnehmung des sozialen Einflusses hin. Die Interviewdaten liefern nicht nur hierfür eine mögliche Erklärung, sondern zeigen auch, wer die Nutzung der Lernsoftware besonders stark beeinflusste.

So gaben viele Interviewte an, dass v. a. ihre Lehrkräfte sie dazu motivierten, die Software zu nutzen. Die Lehrpersonen kommunizierten den Schüler:innen, dass die Lernsoftware gut geeignet ist, KI-Kenntnisse zu erwerben, wobei sie auf die übersichtliche Struktur und die Qualität der Lernmaterialien hinwiesen (Interview_4, Abs. 45, 59). Deutlich wir der Einfluss der Lehrkräfte an diesem Interviewausschnitt:

> Also es wurde […] uns angeboten, dass es eine Lernsoftware gibt, dass man sie nutzen soll, da sie sich an diesen Anforderungen [der ZQ] richtet. Dass was ihr am Ende können müsst, ist da drin. Also, demnach war es schon eigentlich ein "bitte benutzt es". Und klar, ich verstehe es […] vollkommen. Es ist sehr gut strukturiert alles. Die Quizze dazu sind übersichtlich. Also da verstehe ich schon, dass man das wollte, dass wir es benutzen. (Interview_7, Abs. 29)

Zudem erinnerten die Lehrkräfte die Auszubildenden regelmäßig daran, sich vor dem nächsten Präsenztermin mit den Lerninhalten zu beschäftigen und ermutigten sie indirekt zur Nutzung der Software (Interview_4, Abs. 59, 61; Interview_11, Abs. 25, 31).

Alle Aussagen in Bezug auf SI bezogen sich auf den erlebten sozialen Einfluss ($t_2$), wohingegen keine Aussagen zu SI ($t_0$) vorlagen. Dies legt nahe, dass der soziale Einfluss im Verlauf der ZQ zunahm oder sich erst im Nutzungsprozess herausbildete und würde den tendenziellen Anstieg und die Dynamik von SI in den quantitativen Daten erklären.

Zugleich berichteten einige Interviewte die ZQ weitgehend isoliert absolviert zu haben. Aufgrund seltener Präsenztermine an ihren Berufsschulen hatten sie weder regelmäßigen Kontakt zu Lehrkräften noch zu anderen Teilnehmenden (Interview_2, Abs. 40, 97–100; Interview_4, Abs. 65, 67; Interview_5, Abs. 50–53, 58–59; Interview_6, Abs. 37–39, 67; Interview_9, Abs. 31). Diese individuellen Erfahrungsberichte deuten darauf hin, dass der soziale Einfluss nicht bei allen Lernenden gleichermaßen wirksam war. Womöglich erlebten auch andere Teilnehmende eine vergleichbare soziale Lernsituation, was eine Erklärung dafür liefern könnte, warum die quantitative Veränderung von SI statistisch nicht signifikant ausfiel.

Da das Konstrukt FC ($t_0$) aufgrund methodischer Mängel für die quantitative Analysen ausgeschlossen wurde, konnten keine Aussagen zur Entwicklung des Konstrukts im Zeitverlauf getroffen werden. Jedoch deutet der Mittelwert[3] von **FC ($t_2$)** mit $M = 4.04$ ($SD = .86$) an, dass die Auszubildenden die unterstützenden Rahmenbedingungen zur Nutzung der Lernsoftware insgesamt positiv bewerteten. Die Interviews ergänzen an dieser Stelle, dass insbesondere die organisatorischen Rahmenbedingungen die Nutzung der Lernsoftware unterstützten, während die

[3] Antwortskala: 1 (= stimme gar nicht zu) bis 5 (= stimme voll und ganz zu).

technischen Rahmenbedingungen nicht vollständig gegeben waren und teilweise ein Nutzungshindernis darstellten (FC, t2). Die Lehrkräfte spielten eine zentrale Rolle bei der Sicherstellung der organisatorischen Rahmenbedingungen, indem sie zum Start der ZQ eine Einführung in die Nutzung der Lernsoftware gaben:

> Prinzipiell wurden wir aber auch im Unterricht bzw. in unserem Präsenztermin [...] sehr, sehr gut darauf vorbereitet [...]. Also niemand wurde da jetzt ins kalte Wasser geschmissen, sondern man hat von A bis Z, also von der Anmeldung auch bis zur ersten Bedienung eigentlich alles gemeinsam gemacht. Und das hat super geholfen. (Interview_11, Abs. 21)

Die Befragten berichteten auch von einer effektiven technischen Unterstützung, da die Lehrkräfte technische Fehler meist schnell adressierten (Interview_1, Abs. 26; Interview_2, Abs. 102; Interview_4, Abs. 11, 15, 41, 75, 105; Interview_6, Abs. 42; Interview_7, Abs. 33; Interview_10, Abs. 42–43; Interview_11, Abs. 27). Die Nutzung der Lernsoftware wurde darüber hinaus durch die Organisation regelmäßiger Onlinetreffen und einer WhatsApp-Gruppe begünstigt, um technische Probleme möglichst unkompliziert und schnell lösen zu können (Interview_6, Abs. 21; Interview_7, Abs. 35; Interview_8, Abs. 73; Interview_11, Abs. 39).

Die technischen Voraussetzungen für die Nutzung der Lernsoftware waren nur teilweise erfüllt. Viele Auszubildende verfügten über eigene Laptops oder Tablets, wobei bei Bedarf Berufsschulen oder Ausbildungsbetriebe zusätzliche Geräte bereitstellten (Interview_1, Abs. 34; Interview_2, Abs. 90, 102; Interview_3, Abs. 28; Interview_4, Abs. 73; Interview_6, Abs. 38, 51; Interview_8, Abs. 40; Interview_10, Abs. 45; Interview_11, Abs. 29). Gleichzeitig berichteten mehrere Teilnehmende von technischen Problemen, die die Nutzung einschränkten wie etwa fehlerhafte Fortschrittsanzeigen, lange Seitenladezeiten nach einem Serverumzug oder die eingeschränkte Funktionalität auf mobilen Geräten (Interview_2, Abs. 90, 102; Interview_3, Abs. 10; Interview_5, Abs. 44; Interview_6, Abs. 41; Interview_7, Abs. 33; Interview_9, Abs. 27; Interview_10, Abs. 9, 35, 42; Interview_11, Abs. 11, 23).

Die qualitativen Daten in Bezug auf FC ($t_0$) und FC ($t_2$) deuten auf eine stabile, jedoch differenzierte Einschätzung der Rahmenbedingungen hin: Während organisatorische Aspekte unverändert positiv wahrgenommen wurden, blieb die technische Umsetzung in Teilen problematisch. Dies könnte erklären, warum FC ($t_2$) insgesamt positiv bewertet wurde, ohne dass eine noch höhere Ausprägung erreicht wurde.

**Task-Technology-Fit**

Während der Mittelwert[4] von Task-Technology-Fit (TTF) ($M = 3.15$, $SD = .99$) auf eine insgesamt moderate Bewertung der Passung zwischen Lernsoftware und Lernanforderungen hinweist, veranschaulichen die qualitativen Aussagen, welche konkreten Aspekte der Lernsoftware von Auszubildenden als besonders passend erlebt wurden. Besonders geschätzt wurden praktische Übungen wie Programmieraufgaben und interaktive Elemente, die das Verständnis abstrakter Inhalte förderten (Interview_2, Abs. 57–59; Interview_4, Abs. 83; Interview_7, Abs. 43). Quizze mit direktem Feedback unterstützten die Prüfungsvorbereitung (Interview_4, Abs. 53, 83), ebenso wie die schrittweise Freischaltung der Inhalte, die einen strukturierten Lernverlauf ermöglichte (Interview_2, Abs. 30, 54; Interview_7, Abs. 9, 19). Ein Befragter hob das Einführungsspiel positiv hervor:

> An das Anfangsthema kann ich mich noch gut erinnern. Das war mit dem […] Eisverkauf. […] da hat man auch gesehen, wie die KI […] arbeitet. Und ich fand es auch relativ gut, dass man gesehen hat, was man alles benötigt. Und es hat mir auch geholfen, weil man auch mehrere Ansichten hatte: Wie eine KI funktioniert und was eine KI […] alles benötigt für Informationen, damit sie […] das beste Ziel erzeugen kann. (Interview_3, Abs. 44)

Die Vielfalt der Methoden (Videos, PDFs und Quizze) erlaubte es den Auszubildenden, die Inhalte entsprechend ihres Lernstils zu erschließen (Interview_2, Abs. 57–59; Interview_4, Abs. 35, 53). Auch die Wiederholbarkeit der Inhalte (Interview_3, Abs. 24; Interview_6, Abs. 51) und die einfache Zugänglichkeit trugen dazu bei, dass sich die Auszubildenden kontinuierlich und ortsunabhängig mit den KI-Themen auseinandersetzen konnten (Interview_1, Abs. 20; Interview_11, Abs. 33).

**Akzeptanz der Lernsoftware**

Die Akzeptanz der Lernsoftware drückt sich durch die positive Einstellung der Teilnehmenden gegenüber der Lernsoftware aus und spiegelt sich konkret in der Zufriedenheit mit der Lernsoftware wider (Einstellungsakzeptanz). Sie äußert sich auch auf der Verhaltensebene, die eine tatsächliche Nutzung der Lernsoftware impliziert (Verhaltensakzeptanz). Die Interviews können zu allen Konstrukten vertiefende Einsichten liefern.

[4] Antwortskala: 1 (= stimme gar nicht zu) bis 5 (= stimme voll und ganz zu).

**Einstellungsakzeptanz: Affective und Cognitive User Satisfaction**

**Affective User Satisfaction (AUSAT)** deutete mit einem Mittelwert[5] von $M = 2.95$ ($SD = .83$) auf eine eher zurückhaltende affektive Zufriedenheit mit der Lernsoftware hin. In den Interviews variierte die affektive Zufriedenheit zwischen „ganz gut" (Interview_1, Abs. 15) und „durchwegs sehr positiv" (Interview_11, Abs. 13). Sie veranschaulichten zudem, welche Aspekte der Software die Zufriedenheit beeinflussten. Insbesondere Funktionen, die den Lernstil unterstützten wie etwa die Lernfortschrittsanzeige oder die Anwendung des Gelernten ermöglichten wie die Quizze, wurden besonders geschätzt (Interview_1, Abs. 15, Interview_4, Abs. 77).

Viele Auszubildende berichteten auch von einer anhaltenden Begeisterung für die Software, deren Intensität auch nach längerer Nutzungsdauer unvermindert blieb (Interview_2, Abs. 55; Interview_4, Abs. 23; Interview_5, Abs. 13; Interview_6, Abs. 15; Interview_11, Abs. 13, 37). Besonders deutlich wird dies anhand folgenden Interviewauszugs:

> Ich war am Anfang so begeistert, bin immer noch begeistert, würde ich mal sagen, also verändert hat es [meine Zufriedenheit] sich nicht. (Interview_8, Abs. 9)

Allerdings beeinflussten auch negative Nutzungserfahrungen die affektive Zufriedenheit, die mögliche Hinweise auf die moderate Ausprägung auf quantitativer Ebene liefern könnten. Anhaltende technische Probleme (Interview_1, Abs. 9; Interview_7, Abs. 37; Interview_9, Abs. 25, 27; Interview_10, Abs. 42–43) und Lernmaterialien, die nicht den Lernbedarfen der Auszubildenden entsprachen (Interview_2, Abs. 7; Interview_4, Abs. 31; Interview_11, Abs. 19), führten zu Frustrationen und trübten das Gesamtbild der affektiven Zufriedenheit.

Mit einem Mittelwert[6] von $M = 3.11$ ($SD = 1.03$) fiel auch **Cognitive User Satisfaction (CUSAT)** in der quantitativen Erhebung insgesamt moderat aus. Da es sich bei der rationalen Zufriedenheit um ein eher abstraktes Konstrukt handelt, das auf einer objektiven Bewertung und der Abwägung von Vor- und Nachteilen basiert, bieten die qualitativen Daten einen wichtigen Mehrwert: Sie machen deutlich, wie Auszubildende Vor- und Nachteile der Lernsoftware gegeneinander abwägen und daraus ihre Zufriedenheit ableiten. Besonders anschaulich zeigt dies die folgende Interviewpassage:

[5] Antwortskala: 1 (= stimme gar nicht zu) bis 5 (= stimme voll und ganz zu).

[6] Antwortskala: 1 (= stimme gar nicht zu) bis 5 (= stimme voll und ganz zu).

> An sich bin ich wirklich sehr zufrieden [...]. Also nur, dass es jetzt bisschen langsam geworden ist, [...] aber an sich, Lernsoftware ist wirklich gut. Also ich finde auch, ich habe auch einiges gelernt dadurch. Und [...] für die Prüfung kann man [...] die Kurse immer [...] wieder wiederholen. [...] das finde ich nochmal, also wirklich sehr gut, dass ich die Möglichkeit habe, [...] dass ich die Kurse so oft wiederholen kann, wie ich will. (Interview_10, Abs. 13)

Diese Aussage verdeutlicht, wie konkrete Vorzüge (z. B. unbegrenzte Wiederholbarkeit der Lerninhalte, Wissenszuwachs) und Einschränkungen (z. B. langsame Seitenladezeit) bewusst gegeneinander abgewogen werden. Die qualitative Perspektive macht greifbar, wie sich das abstrakte Konstrukt CUSAT im Erleben der Auszubildenden manifestiert. Zudem könnten solche differenzierten Bewertungen erklären, warum die Ausprägung von CUSAT in der quantitativen Erhebung insgesamt moderat ausfiel.

**Verhaltensakzeptanz: Cognitive Absorption und Deep Structure Usage**

Mit einem Mittelwert[7] von $M = 2.67$ ($SD = .87$) fiel **Cognitive Absorption (CA)** in der quantitativen Erhebung niedrig aus und zeigte im Vergleich zu den anderen Akzeptanzkonstrukten die geringste Ausprägung. In Anlehnung an das Flow-Erleben beschreibt CA Zustände der intensiven Konzentration. Wie bei CUSAT handelt es sich auch bei CA um ein abstraktes Konstrukt, dessen Erhebung sich sowohl quantitativ als auch qualitativ als herausfordernd gestaltete. Die quantitative Messung basierte auf subjektiven Selbsteinschätzungen, etwa zur Fähigkeit, sich nicht ablenken zu lassen oder „völlig vertieft" in die Tätigkeit zu sein. Solche kognitiven Prozesse laufen häufig unbewusst ab und sind schwer in Worte zu fassen. Auch in den Interviews erwies sich CA daher als ein schwer zugängliches Konstrukt, das nur indirekt aus Beschreibungen zur Konzentration oder zum Erleben des Lernflusses erschlossen werden konnte.

Trotz dieser methodischen Herausforderungen machen die qualitativen Befunde das Konstrukt greifbarer. So berichteten einige Auszubildende, dass die Unterteilung von Videos in kleinere Lerneinheiten sowie Zwischenfragen dazu beitrugen, die Aufmerksamkeit aufrechtzuerhalten (Interview_9, Abs. 47, 49). Andere beschrieben eine intensive Konzentration und ein Lernen wie „auf Knopfdruck" (Interview_8, Abs. 21), die durch den strukturierten Aufbau der Lernsoftware und die schrittweise Freischaltung der Lerninhalte unterstützt wurde (Interview_1, Abs. 14; Interview_2, Abs. 64; Interview_3, Abs. 40; Interview_4, Abs. 99; Interview_11, Abs. 37). Dies zeigt exemplarisch folgender Interviewausschnitt:

[7] Antwortskala: 1 (= stimme gar nicht zu) bis 5 (= stimme voll und ganz zu).

> Und in der Zusatzqualifikation kann man da einfach. Ja wirst weitergeleitet zu dem [Kapitel] und dann zum nächsten und das ist einfach passend. Wenn man da einmal drin ist in dem Flow, dann ist man drin, also dann macht man auch durch. (Interview_ 8, Abs. 7)

Solche Aussagen bieten wertvolle Einblicke in das subjektive Erleben von CA, das sich mit standardisierten Skalen nur schwer vollständig erfassen ließ. Die qualitative Perspektive macht deutlich, was sich hinter CA verbirgt, nämlich die Reduktion von Ablenkungspotenzialen oder der Wechsel zwischen kognitiver Beanspruchung und Entlastung und wie die Software hierzu beigetragen hat.

Gleichzeitig liefern die qualitativen Daten auch Hinweise, warum der Mittelwert von CA im quantitativen Befund eher niedrig ausfiel. Technische Probleme wie Ladeverzögerungen, fehlerhafte Fortschrittsanzeigen oder die eingeschränkte Nutzbarkeit auf bestimmten Geräten (Interview_2, Abs. 64; Interview_3, Abs. 10; Interview_6, Abs. 43; Interview_7, Abs. 35, 37; Interview_9, Abs. 29) beeinträchtigten das Lernen und schränkten die Aufmerksamkeit ein. Zudem beschrieben einige Auszubildende, dass komplexe Inhalte, das unübersichtliche Jupyter-Notebook oder externe Links (z. B. zu YouTube) den Lernfluss unterbrachen und zur Ablenkung führten (Interview_5, Abs. 45; Interview_9, Abs. 47; Interview_10, Abs. 55; Interview_11, Abs. 19, 31, 37). Solche Nutzungserfahrungen könnten erklären, warum CA in der quantitativen Erhebung insgesamt moderat und vergleichsweise schwächer ausgeprägt war.

Mit einem Mittelwert[8] von $M = 3.13$ ($SD = .87$) wies **Deep Structure Usage (DSU)** in der quantitativen Untersuchung den höchsten Wert unter allen Akzeptanzkonstrukten auf. Die qualitativen Befunde liefern an dieser Stelle vertiefende Einblicke und verdeutlichen, wie und in welchem Umfang die Auszubildenden die Funktionen der Lernsoftware tatsächlich nutzten, um KI-Kenntnisse und -Kompetenzen zu erwerben und zu trainieren.

Viele Auszubildende nutzten die verschiedenen Inhalte und Funktionen der Lernsoftware gezielt, um sich theoretisches Wissen anzueignen und ihr Verständnis zu vertiefen. Lernvideos und PDF-Dateien wurden hierbei besonders häufig und auch kombiniert verwendet, da sie als hilfreich für das Verständnis von Fachbegriffen und Konzepten wahrgenommen wurden (z. B. Interview_1, Abs. 40; Interview_ 2, Abs. 61, 88; Interview_4, Abs. 27, 87). Die gezielte Auswahl und Nutzung dieser Materialien deuten auf eine reflektierte und zweckgerichtete Nutzung hin. Auch die Möglichkeit zur Kontrolle des eigenen Lernfortschritts (z. B. durch Fortschrittsanzeigen und Quizbewertungen) wurde vielfach genutzt und als zentral für den Lernprozess empfunden. Diese Funktionen unterstützten die Auszubildenden

[8] Antwortskala: 1 (= stimme gar nicht zu) bis 5 (= stimme voll und ganz zu).

dabei, ihren Lernstand selbst einzuschätzen und bei Bedarf gezielt nachzusteuern (z. B. Interview_1, Abs. 9; Interview_4, Abs. 11, 105; Interview_11, Abs. 15, 23).

Besonders ausgeprägt zeigte sich DSU auch beim Üben von KI-Kompetenzen. Die Lernenden nutzten das Jupyter Notebook und die Quizze nicht nur oberflächlich, sondern setzten sich aktiv und wiederholt mit den Aufgaben auseinander, notierten Fehler und wiederholten Aufgaben gezielt, um ein tieferes Verständnis zu erlangen (z. B. Interview_3, Abs. 36; Interview_4, Abs. 85; Interview_7, Abs. 43). Dies spricht für eine tiefgehende, zweckgerichtete Nutzung der Softwarefunktionen zur Kompetenzentwicklung. Ein Ausschnitt aus Interview_3 verdeutlicht, wie der Befragte unterschiedliche Funktionen zum Erlernen und Üben der KI-Inhalte nutzt:

> [ich] hab mir [...] als erstes das Video angeschaut. Und wenn ich dann das Video angeschaut habe, [und] noch ein paar Fragen hatte, [...] habe ich mir dann nochmal die PDF angeschaut und bin die dann noch mal durchgegangen. Und dann habe ich auch mal eine Aufgabe gelöst, [...] weil manchmal versteht man es erst, wenn man die Aufgaben macht. Es ist wie in Mathe, [hier] kriegt man ja auch viel Theoretisches an den Kopf geworfen. Aber wenn man dann erstmal die Aufgabe macht, dann versteht man die viel eher, weil man [...] das selbst erarbeitet [...]. (Interview_3, Abs. 14)

Weniger verbreitet war hingegen die Nutzung kommunikativer Funktionen wie Diskussionsforen oder Chatfunktionen zum Austausch mit der Lehrkraft oder anderen Lernenden. Hier zeigte sich eine gewisse Zurückhaltung, die möglicherweise auf die Scheu der Auszubildenden zurückzuführen ist, inhaltliche Fragen zu stellen (Interview_6, Abs. 58; Interview_7, Abs. 47; Interview_8, Abs. 61).

Die qualitative Analyse macht insgesamt nachvollziehbar, welche Funktionen in welcher Weise genutzt wurden und welche Nutzungsstrategien den vergleichsweise hohen quantitativen Mittelwert begründen könnten.

**Self-reported Learning Performance**

Da viele Auszubildende zum Zeitpunkt des Interviews die ZQ noch nicht abgeschlossen hatten, fiel es ihnen schwer, ihren Lernerfolg abschließend zu beurteilen und beschrieben stattdessen überwiegend ihren bisherigen Lernfortschritt sowie den subjektiv erlebten Lernprozess. Vor diesem Hintergrund wurden in der qualitativen Analyse diese Aussagen berücksichtigt, um hieraus Erkenntnisse zum Lernerfolg abzuleiten.

In der quantitativen Erhebung lagen die Mittelwerte[9] der vier Module zur Selbstbewertung des Lernerfolgs zwischen $M = 3.25$ und $M = 3.89$ ($SD = .98$ bis $SD =$

[9] Antwortskala: 1 (= stimme gar nicht zu) bis 5 (= stimme voll und ganz zu).

1.10), was insgesamt auf moderate bis eher positive Einschätzungen hinweist. Die qualitativen Ergebnisse ergänzen die quantitativen Befunde, indem sie zeigen, wie die Auszubildenden ihren Lernerfolg einordneten und welche Erfahrungen ihren Einschätzungen zugrunde lagen. So fühlten sich viele Auszubildende mit Blick auf ihren bisherigen Lernfortschritt gut auf die Prüfung vorbereitet oder äußerten grundsätzlich Zufriedenheit mit dem eigenen Lernerfolg (z. B. Interview_1, Abs. 4; Interview_2, Abs. 50–51; Interview_5, Abs. 67; Interview_11, Abs. 15).

Besonders aufschlussreich sind die qualitativen Befunde in Bezug auf die Themen Maschinelles Lernen und Programmieren. Diese wurden als besonders schwierig beschrieben, was sich gut mit dem niedrigsten Mittelwert von $M = 3.25$ ($SD = 1.10$) in der quantitativen Skala LEB in Verbindung bringen lässt. Die Interviews liefern an dieser Stelle zusätzliche Erklärungen: Die Auszubildenden empfanden das dazugehörige Jupyter Notebook als sehr umfangreich und hätten sich in diesem Bereich mehr didaktische Aufbereitung gewünscht. Dies wird durch folgende Aussage verdeutlicht:

> […] wo ich mir vielleicht wünschen würde, dass das in Zukunft vielleicht noch ein bisschen anders gestaltet wird wie jetzt eben diese Jupyter Notebooks […] ich finde sie persönlich vom Inhalt her super, es ist einfach nur sehr viel. […] für die besonders komplexen Themen, gibt es da noch […] ein extra Video oder ein extra kleines Buch […]. (Interview_11, Abs. 13)

In den Interviews wurde zudem besonders deutlich, wie engagiert die Auszubildenden waren und wie differenziert sie über ihren Lernstand reflektieren konnten, während in den quantitativen Befunden diese Aspekte kaum zum Ausdruck kommen. Trotz inhaltlicher Herausforderungen und technischer Hürden blieben die interviewten Auszubildenden motiviert und arbeiteten kontinuierlich mit der Lernsoftware weiter. Sie beschrieben sowohl Fortschritte als auch verbleibende Wissenslücken und zeigten damit eine hohe Fähigkeit zur selbstkritischen Reflexion ihrer Lernerfolgs (z. B. Interview_1, Abs. 36; Interview_10, Abs. 13, 49; Interview_11, Abs. 31). Ein Beispiel für diese Reflexionsfähigkeit liefert auch ein Auszubildender, der die Quizze als zu einfach empfand, was ihm eine realistische Einschätzung des eigenen Wissenszuwachs erschwerte:

> Die Quizze sind immer relativ einfach zu erledigen, weil man sie [die Lösung] einfach auch nachlesen kann. […] Das macht das schwierig für mich dann zu sagen, das habe ich jetzt wirklich verinnerlicht. (Interview_4, Abs. 77)

Diese Selbsteinschätzungen ergänzen insgesamt die standardisierten Messwerte und legen nahe, welche Bedingungen den Lernerfolg aus Sicht der Auszubildenden unterstützten oder hemmten. Technische Schwierigkeiten wie fehlerhafte Fortschrittsanzeigen oder langsame Seitenladezeiten, aber auch der geringe Schwierigkeitsgrad mancher Quizze wurden beispielsweise als hinderlich für das Lernen empfunden (Interview_7, Abs. 36; Interview_10, Abs. 42).

### 8.1.2 Zusammenhänge: Vertiefung quantitativer Befunde

Die Analyse der Interviewdaten orientierte sich neben den im Forschungsmodell angenommenen Konstrukten auch an den vermuteten Zusammenhängen, ohne jedoch deren systematische Überprüfung anzustreben. Vielmehr stand im Mittelpunkt, ob und inwiefern sich in den qualitativen Aussagen Anhaltspunkte finden lassen, die ein tieferes Verständnis für die in der quantitativen Analyse beobachteten Zusammenhänge ermöglichen.

Im Vergleich zur Analyse der einzelnen Konstrukte erwies sich die Einordnung der Zusammenhänge als komplexer. Ein wesentlicher Grund hierfür lag darin, dass sich die Aussagen der Interviewten überwiegend auf einzelne Konstrukte beschränkten, während bewusste kausale Verknüpfungen zwischen ihnen nur selten explizit hergestellt wurden.

Trotz dieser Einschränkungen lieferten die qualitativen Daten zu einigen Zusammenhängen aufschlussreiche inhaltliche Ergänzungen. Konkret zeigen sie, wie Lernende bestimmte Aspekte der Lernsoftware wahrgenommen, bewertet und in ihren Lernprozess eingebettet haben. Die qualitative Perspektive machte die theoretischen Mechanismen greifbarer und ermöglichte ein besseres Verständnis dafür, welche konkreten Erfahrungen und Bedeutungszuschreibungen den statistisch ermittelten Zusammenhängen zugrunde liegen könnten.

**PE ($t_0$) → PE ($t_2$)**

In der quantitativen Untersuchung zeigte sich ein signifikanter positiver Einfluss von PE ($t_0$) auf PE ($t_2$), was bedeutet, dass die ursprünglichen Erwartungen der Auszubildenden an die Lernsoftware deren spätere Bewertung beeinflussten. Die qualitativen Befunde können diesen Zusammenhang ergänzen, indem sie veranschaulichen, wie dieser Zusammenhang im Nutzungskontext konkret verläuft. Besonders deutlich wird dies im Fall von Interview_8: Der Auszubildende hatte erwartet, dass die Lernsoftware wie ein einfaches Dateimanagementsystem funktioniert, das primär in schulischen Kontexten verwendet wird (PE, $t_0$). Im Zuge der Nutzung stellte er jedoch fest, dass die Software interaktiver und lernförderlicher aufgebaut war als angenommen, sodass sich seine Wahrnehmung positiv veränderte (PE, $t_2$):

> [...] [In der Lernsoftware] ist es schon viel fortgeschrittener mit den verschiedenen Kacheln und [...] Level [...]. Das finde ich [...] echt klasse, dass du erst weiterkommst, wenn du es gemacht hast, dann kannst du dich nicht selber bescheißen. Also ich vergleiche das jetzt mal ganz gerne mit der Schule. In der Schule kriegst alles in einer Kachel rein mit tausende PDFs. [...] Dann musst du rumscrolle und suchen. Und in der Zusatzqualifikation [...] wirst weitergeleitet zu dem [Kapitel] und dann zum nächsten [...]. (Interview_8, Abs. 5–7)

Konkret führten diese positiven Erlebnisse dazu, dass sich seine Wahrnehmung der Lernsoftware von einer schulischen Dateiablage (PE, $t_0$) zu einem unterstützenden, lernfördernden Tool veränderte (PE, $t_2$). Anhand dieses Beispiels wird auch deutlich, dass PE ($t_0$) als Bezugsrahmen für die spätere Bewertung der Lernsoftware (PE, $t_2$) diente. So wird aus seinen Schilderungen deutlich, wie er seine ursprüngliche Erwartung im Verlauf der Nutzung mit seinen tatsächlichen Erfahrungen abgleicht. Dies führte zu einer Neubewertung der Software, wobei die ursprüngliche Erwartungshaltung als Referenz diente. Das Interviewbeispiel macht den theoretischen Mechanismus der Adaptationsleveltheorie (Helson, 1964), der sich in der rein statistischen Modellprüfung kaum abbilden lässt, greifbar. Es zeigt anschaulich, wie individuelle Erwartungen die spätere Bewertung beeinflussen können.

**PE, EE und FC ($t_2$) → AUSAT**

Obwohl sich in der quantitativen Analyse kein signifikanter Einfluss von PE, EE und FC (jeweils $t_2$) auf die affektive Nutzerzufriedenheit (AUSAT) zeigte, war die Richtung der Effekte positiv für PE und EE (jeweils $t_2$) und negativ für FC ($t_2$). Auch wenn die quantitativen Zusammenhänge statistisch nicht signifikant waren, liefern die qualitativen Ergebnisse weiterführende und differenzierte Einblicke. Sie können aufzeigen, welche spezifischen Aspekte der Lernsoftware positive oder negative emotionale Reaktionen bei den Auszubildenden auslösten.

So lösten insbesondere die vielfältigen Übungsmöglichkeiten und schriftlichen Lernmaterialien positive emotionale Reaktionen aus, da die Lernenden diese als bedeutende Unterstützung für die Prüfungsvorbereitung wahrgenommen haben (**PE, $t_2$**) (Interview_2, Abs. 84–86; Interview_5, Abs. 17; Interview_7, Abs. 19). Auch Auszubildende, die die einfache Bedienbarkeit und hohe Benutzerfreundlichkeit der Lernsoftware betonten (**EE, $t_2$**), zeigten eine positive emotionale Gesamtbewertung der Lernsoftware:

> Und ansonsten finde ich super, dass man sich die PDFs auch direkt einfach herunterladen kann, dass man da nicht irgendwie ein Bildschirmfoto machen muss und es dann ganz kompliziert hin- und herschiebt, sondern dass man [die PDFs] einfach herunterladen kann [...]. (Interview_11, Abs. 33)

Die Möglichkeit, das schriftliche Lernmaterial unkompliziert herunterzuladen, führte zu einer flexiblen offline Nutzung, die besonders unterwegs als sehr nützlich empfunden wurde (**FC, $t_2$**). Diese Zugänglichkeit und Anpassungsfähigkeit der Lernressourcen trugen zu einer erhöhten emotionalen Zufriedenheit mit der Lernsoftware bei (Interview_11, Abs. 33). Allerdings offenbaren Aussagen zu technischen Problemen auch, dass unzureichende technische Rahmenbedingungen die affektive Zufriedenheit der Auszubildenden deutlich beeinträchtigen können. Teilnehmende, die die langsame Seitenladezeit oder die mangelhafte Behebung von Funktionsstörungen kritisierten, zeigten eher Frustration und negative Reaktionen (Interview_9, Abs. 25, 27; Interview_10, Abs. 42–43).

Es scheint, dass angemessene technische Rahmenbedingungen tendenziell zu einer positiven affektiven Nutzerzufriedenheit bei den interviewten Auszubildenden beitrugen, während unzureichende technische Bedingungen zu einer negativen emotionalen Gesamtbewertung der Lernsoftware führten. Auch wenn in den Interviews nur einzelne Personen von solchen negativen Erfahrungen berichteten, könnten vergleichbare Schwierigkeiten auch in der Gesamtstichprobe durchaus weiter verbreitet gewesen sein. Die qualitativen Ergebnisse liefern damit mögliche Hinweise darauf, warum sich auf quantitativer Ebene ein tendenziell negativer, wenn auch nicht signifikanter Zusammenhang zwischen FC ($t_2$) und AUSAT zeigte. Zudem machen sie auch sichtbar, dass die Lernenden besonders dann mit der Lernsoftware unzufrieden waren, wenn die technischen Rahmenbedingungen nicht erfüllt waren. Diese inhaltliche Differenzierung ließ sich in der quantitativen Erhebung jedoch nur begrenzt abbilden, da die Skala zur Messung von FC ($t_2$) allgemeiner gefasst war und spezifische technische Probleme nicht differenziert erfasste.

**AUSAT → SLP**

In der Hauptanalyse der quantitativen Untersuchung zeigte sich ein negativer Zusammenhang zwischen der affektiven Nutzerzufriedenheit (AUSAT) und dem subjektiven Lernerfolg (SLP), welcher jedoch statistisch nicht signifikant war. In der Zusatzanalyse mit größerem Stichprobenumfang fiel der Zusammenhang signifikant aus, blieb in seiner Richtung jedoch weiterhin negativ. Die qualitativen Ergebnisse liefern hierzu keine direkte Erklärung, bieten jedoch Anhaltspunkte dafür, wie insbesondere emotionale Unzufriedenheit mit der Lernsoftware im Zusammenhang mit dem wahrgenommenen Lernerfolg stehen kann.

So berichteten Lernende, die aufgrund technischer Probleme besonders unzufrieden mit der Lernsoftware waren, von abnehmender Motivation und geringeren Lernfortschritten (Interview_7, Abs. 37; Interview_10, Abs. 42–43). Diese Aussagen legen nahe, dass Unzufriedenheit mit der Lernsoftware häufig gemeinsam mit geringerer Motivation und wahrgenommenen Lernschwierigkeiten genannt wurde.

Obwohl die qualitativen Ergebnisse keine Erklärung für den in der quantitativen Analyse beobachteten negativen Effekt liefern, machen sie nachvollziehbar, welche Erfahrungen dem Zusammenhang zwischen Zufriedenheit und Lernerfolg zugrunde liegen könnten und bietet damit eine Differenzierung, die sich in der quantitativen Untersuchung nur schwer erfassen ließ.

**DSU → SLP**

In der quantitativen Untersuchung zeigte sich ein signifikanter positiver Zusammenhang zwischen der vielfältigen Nutzung der Lernsoftware (DSU) und dem subjektiv wahrgenommenen Lernerfolg. Die qualitativen Ergebnisse liefern hierzu wertvolle Ergänzungen, indem sie zeigen, wie die Lernenden die Lernsoftware konkret nutzten und warum sie diese Nutzungsweisen als lernförderlich empfanden.

So beschrieben die interviewten Auszubildenden, dass sie die verschiedenen Materialien wie etwa die Videos, die PDF-Dateien und die Übungsaufgaben gezielt und teilweise in systematischer Abfolge nutzten, um sich auf unterschiedliche Weise mit den Lerninhalten auseinanderzusetzen (Interview_2, Abs. 58–59; Interview_11, Abs. 17). Besonders das wiederholte Durcharbeiten der Inhalte, das selbstbestimmte Lernen im eigenen Tempo sowie die Überprüfung des eigenen Verständnisses durch Quizze wurden als hilfreich erlebt. Diese intensive Auseinandersetzung mit den Lerninhalten führte zu einem tieferen Verständnis und trug dazu bei, dass sich die Auszubildenden gut auf die Prüfung vorbereitet fühlten und ihren Lernerfolg positiv einschätzten:

> Ich hab's gelesen, ich hab's gehört, ich hab's Jupyter Notebook bearbeitet. Ich habe die Fragen beantwortet. Ich habe gesehen: Okay, alle Fragen richtig beantwortet. Das bedeutet für mich: Okay, grundsätzlich verstehst du das Prinzip. (Interview_4, Abs. 85)

Auch Lernende, die sich primär auf ein bevorzugtes Format wie Videos konzentrierten, nahmen ihren Lernprozess produktiv wahr. Die Möglichkeit, komplexe Themen auf eine visuelle Weise zu erfassen und wiederholt anzusehen, trug zum besseren Verständnis bei und bestärkte die Lernenden in ihrer positiven Einschätzung des eigenen Lernerfolgs (Interview_10, Abs. 21, 51; Interview_11, Abs. 32–33).

Insgesamt zeigen die qualitativen Befunde, dass eine vielseitige und bedarfsorientierte Nutzung der Lernsoftware mit einem positiven Erleben des Lernprozesses verbunden war, was in der quantitativen Analyse als positiver Zusammenhang zwischen DSU und subjektivem Lernerfolg zum Ausdruck kam. Die qualitative Perspektive erweitert das Verständnis dieses Zusammenhangs, indem sie sichtbar macht, welche konkreten Funktionen der Software und Nutzungsstrategien diesem Effekt zugrunde liegen könnten.

## 8.2 Identifikation weiterer Einflussfaktoren

Ziel der zweiten Forschungsfrage war es, weitere Faktoren zu bestimmen, die die Akzeptanz der Lernsoftware und den subjektiv wahrgenommenen Lernerfolg beeinflussen könnten. Die Ergebnisse der Interviews mit den Auszubildenden ergaben keine neuen Einflussfaktoren auf die Akzeptanz. Jedoch wurden drei Faktoren ermittelt, die neben der Lernsoftware einen Einfluss auf den Lernerfolg der Auszubildenden hatten: das soziale Umfeld der Auszubildenden, der Einsatz von Lernstrategien und die Nutzung von digitalen Hilfsmitteln.

**Soziales Umfeld**

Die Interviews zeigen, dass das soziale Umfeld entscheidend für den subjektiven Lernerfolg der Auszubildenden war. So spielten die Lehrkräfte eine zentrale Rolle als Anlaufstelle für Fragen und Unklarheiten (Interview_1, Abs. 48; Interview_2, Abs. 106; Interview_3, Abs. 16; Interview_5, Abs. 21, 27; Interview_6, Abs. 29; Interview_7, Abs. 21; Interview_8, Abs. 27). Der nachfolgende Interviewausschnitt verdeutlicht, dass die Fähigkeit der Lehrkräfte auf Fragen adäquat zu reagieren sowie ihre umfangreichen Kenntnisse im Bereich KI dazu beitrugen, Verständnislücken der Auszubildenden zu schließen:

> Und dann habe ich meinen Lehrer gefragt […] und er hat sich das dann zu Hause angeguckt, und dann haben wir uns am nächsten Tag nochmal darüber unterhalten […]. Er […] hat [es] rausgefunden und hat mich darauf hingewiesen, was ich falsch gemacht habe, beziehungsweise wieso ich es nicht verstanden habe […]. (Interview_1, Abs. 17)

Auch die Art und Weise, wie die Lehrkräfte kommunizierten – ruhig, verständnisvoll und motivierend – trug dazu bei, ein positives und angenehmes Lernklima zu schaffen (Interview_1, Abs. 49; Interview_8, Abs. 27). Ebenso förderte die Bereitstellung von zusätzlichen Ressourcen wie etwa einem KI-Wörterbuch und die

Organisation regelmäßiger Online- und Präsenzveranstaltungen zur Besprechung von inhaltlichen Problemen den Lernerfolg. Die Auszubildenden hoben hervor, dass sie jederzeit Zugang zu Hilfe und Informationen hatten und sich hierdurch in ihrem Lernen unterstützt fühlten (Interview_7, Abs. 45; Interview_8, Abs. 73). Aus den Interviewaussagen einiger Auszubildender geht hervor, dass sie das Lernen in der Berufsschule gegenüber Online-Formaten bevorzugten, da sie den direkten Austausch mit Lehrkräften und Mitschüler:innen als besonders wertvoll für den Lernprozess erachteten (Interview_5, Abs. 53; Interview_10, Abs. 39):

> Was ich gut finden würde, wäre, dass man vielleicht mehr in der Schule ist. Also man ist ja wirklich gefühlt nur dreimal, viermal in der Schule, und dann kommt die Prüfung [...] Ich weiß nicht, wie das bei den anderen ist, aber zum Beispiel: die Schule ist 20 Kilometer weg von mir [...]. Aber ich würde wirklich gerne zur Schule fahren und da noch mal alles besprechen statt online. Also online ist zwar [...] besser als gar nichts, [...] aber in der Schule, wenn man die Lehrer direkt da hat und die Mitschüler [...], finde ich das eigentlich immer besser. (Interview_10, Abs. 47)

Die Lehrkräfte strukturierten den Lernprozess der Auszubildenden, indem sie den Online- und Präsenzunterricht anleiteten und während der ZQ regelmäßige Deadlines setzten. Dies schaffte eine verbindliche Lernstruktur, die es den Auszubildenden erleichterte, den Überblick zu behalten und ihren Lernfortschritt zu überwachen (Interview_4, Abs. 100; Interview_5, Abs. 21; Interview_6, Abs. 21; Interview_7, Abs. 41; Interview_10, Abs. 57).

Im Rahmen des sozialen Umfelds profitierten die Auszubildenden auch maßgeblich von der Interaktion und dem kollaborativen Lernen mit ihren Mitschüler:innen (Interview_2, Abs. 38; Interview_3, Abs. 42; Interview_9, Abs. 53; Interview_11, Abs. 39). Dies reichte von gegenseitiger Hilfe bei Verständnisproblemen über den Austausch von Lösungsansätzen bis hin zu einem gesunden Konkurrenzgefühl, das zur Leistungssteigerung anspornte:

> [...] dadurch, dass wir immer zu viert waren und immer so mitbekommen haben, wie weit einer ist, [...] hat das vielleicht einen immer noch ein bisschen angespornt. [...] Ja, das fand ich auch ganz gut, so wie ein kleiner Konkurrenzkampf, sag ich jetzt mal. (Interview_2, Abs. 67)

> [In den] Meetings [...] konnte man auch sehen, wo die anderen Probleme hatten [...], und dann konnte man auch noch mal die Ansichten von den anderen sehen, wie sie die Aufgaben vielleicht gelöst haben [...], und das fand ich auch ganz hilfreich, also Feedback sozusagen auch von den anderen. So wie in der Klasse, wenn man was nicht weiß, dann fragt man kurz dann Sitznachbar [...] und ja hat schon auch mitgeholfen. (Interview_3, Abs. 42)

Darüber hinaus zeigte sich, dass die Gruppenatmosphäre insbesondere in Präsenzveranstaltungen und auch das Engagement der Mitschüler:innen eine positive Lernumgebung förderten, in der sich die Auszubildenden gegenseitig motivierten und unterstützten (Interview_2, Abs. 67; Interview_7, Abs. 23, 51; Interview_10, Abs. 37; Interview_11, Abs. 39).

**Einsatz von Lernstrategien**

Die Interviewaussagen legen nahe, dass neben der Nutzung der Lernsoftware auch der gezielte Einsatz von Lernstrategien den subjektiven Lernerfolg positiv beeinflusste. Besonders effektiv waren Strategien, die die aktive Verarbeitung der Inhalte ermöglichten. Viele Auszubildende betonten daher, wie wichtig es für sie sei, während oder nach dem Ansehen der Erklärvideos aktiv Notizen zu machen, Relevantes in den PDF-Dateien zu markieren und Zusammenfassungen zu erstellen (Interview_1, Abs. 13; Interview_2, Abs. 18, 20; Interview_4, Abs. 78; Interview_7, Abs. 17; Interview_8, Abs. 21; Interview_9, Abs 35; Interview_11, Abs. 17, 19). Diese Techniken halfen ihnen, die umfangreichen Lerninhalte zu strukturieren und die Informationen besser zu verarbeiten und zu speichern, indem sie das Gelernte in eigene Worte fassen, was aus diesem Interviewausschnitt ersichtlich wird:

> Also, ich habe mir meistens immer diese Videos angeschaut [...]. Dann habe ich mir Aufschriebe dazu gemacht [...] klar, wenn man was hört, da bleibt es schon im Kopf. Aber wenn man es aufschreibt, bleibt es [...] schon mal besser im Kopf, und dann habe ich mir [...] einfach Notizen dazu gemacht. (Interview_2, Abs. 18)

Einige Auszubildende setzten sich zudem selbst Deadlines, um ihren Lernfortschritt zu überwachen, den Überblick zu bewahren und sich regelmäßig mit dem Lernmaterial zu beschäftigen (Interview_1, Abs. 14; Interview_7, Abs. 15). Zudem zeigten einige Interviewaussagen, dass die Auszubildenden fähig waren, kritisch zu reflektieren, welche Strategien für ihr Lernen und somit für ihren subjektiven Lernerfolg am effektivsten waren und passten ihren Lernprozess entsprechend an (Interview_1, Abs. 40; Interview_4, Abs. 77; Interview_7, Abs. 17).

**Nutzung digitaler Hilfsmittel**

Die Nutzung digitaler Hilfsmittel erwies sich ebenfalls als förderlich für den wahrgenommenen Lernerfolg der Auszubildenden. Aus den Interviews lässt sich ableiten, dass die Lernenden das Internet und speziell Suchmaschinen wie Google nutzten, um zusätzliche Informationen zu recherchieren, die ihnen halfen, Fragen zu klären und Übungsaufgaben zu lösen. Auf diese Weise hatten sie Zugang zu weiteren und unterschiedlichen Erklärungsansätzen, was wiederrum ihr Verständnis der Lerninhalte bereicherte (Interview_4, Abs. 51; Interview_9, Abs. 13, 55; Interview_1, Abs. 17; Interview_6, Abs. 65). Aber auch KI-basierte Tools wie ChatGPT wurden gezielt eingesetzt, um Fehlermeldungen bei Programmieraufgaben zu deuten und Lösungsansätze zu finden (Interview_2, Abs. 22, 27; Interview_9, Abs. 55).

> Ich persönlich habe ChatGPT benutzt. Aber klar, könnte ich auch meinen Lehrer [...] fragen, aber [ich] hab gedacht: KI-Schulung verbinde ich gleich mit KI [lachen]. Mit ChatGPT fand ich das sehr gut. Also, ich hab mein Code [...] genommen, hab dann nachgefragt, was falsch [war] oder wenn ich eine Fehlermeldung bekommen habe, [...] was für ein Fehler das ist und mit ChatGPT konnte ich die Aufgaben an sich sehr gut bearbeiten. (Interview_10, Abs. 31)

KI-Anwendungen boten insbesondere bei Verständnisschwierigkeiten und Unklarheiten schnelle Unterstützung und verhinderten längere Lernunterbrechungen:

> Ich [...] hatte vielleicht einmal oder zweimal ein Problem, dass ich nicht weitergekommen bin. Dann habe ich die gute KI gefragt, ChatGPT, wie sie mir denn da helfen kann, und dann bin ich eigentlich dann auch weitergekommen. (Interview_2, Abs. 22)

## 8.3 Zusammenfassung der qualitativen Untersuchung

Im achten Kapitel standen die Ergebnisse der qualitativen Untersuchungen im Mittelpunkt. Hierzu wurde zunächst überprüft, inwiefern das Forschungsmodell zur Analyse der Interviewdaten tragfähig war. Ziel war es dabei, zu ergründen, wie die einzelnen Konstrukte und die Zusammenhänge zwischen ihnen von den Auszubildenden erlebt wurden und inwiefern die qualitativen Daten die Befunde der quantitativen Untersuchung ergänzen konnten.

So verdeutlichten sie, welche individuellen Erfahrungen und Bedeutungszuschreibungen hinter den statistischen Zusammenhängen stehen könnten. Besonders abstrakte Konstrukte wie Cognitive User Satisfaction (CUSAT) oder Cognitive Absorption (CA) wurden durch die Interviewaussagen greifbarer. Auch theoretische Mechanismen, wie etwa der Einfluss früherer Erwartungen auf spätere Bewertungen im Sinne der Adaptationsleveltheorie, konnten durch einzelne Interviewbeispiele veranschaulicht werden. Auch wurde deutlich, welche Formate sie als besonders lernförderlich erlebten und wie sie Lernmaterialien gezielt kombinierten, um ein tieferes Verständnis zu erlangen. Solche differenzierten Nutzungsverläufe konnten durch die quantitative Erhebung nicht vollständig abgebildet werden.

Ziel der Interviews war es auch, neue Faktoren zu identifizieren, die die Akzeptanz oder den subjektiven Lernerfolg beeinflussen könnten. Während weitere Einflussfaktoren auf die Akzeptanz nicht identifiziert wurden, deuten die Interviews auf drei weitere Aspekte hin, die den wahrgenommenen Lernerfolg beeinflusst haben. Die fachliche Unterstützung durch Lehrkräfte sowie der Austausch mit anderen Teilnehmenden trugen zum Lernerfolg der Interviewten bei. Auch der Einsatz von Lernstrategien und digitaler Hilfsmittel wie ChatGPT wurde als lernunterstützend wahrgenommen.

# 9 Zusammenfassung und Diskussion

Das übergeordnete Ziel dieser Arbeit war, die Einflussfaktoren auf die Akzeptanz der Lernsoftware zu untersuchen, deren Zusammenhang mit dem subjektiven Lernerfolg zu analysieren und zugleich das Akzeptanzverständnis theoretisch weiterzuentwickeln. Im abschließenden Kapitel dieser Arbeit werden die Ergebnisse zusammenfassend dargestellt und diskutiert (9.1). Es folgt die Beantwortung der zentralen Forschungsfrage (9.2) und die kritische Auseinandersetzung mit der vorliegenden Arbeit (9.3). Dem schließen sich die Auswirkungen auf die Praxis an (9.4), sodass das Kapitel mit einem abschließenden Fazit zu den Implikationen für Theorie und Forschung endet (9.5).

## 9.1 Zusammenfassung und Interpretation der Ergebnisse

Im folgenden Kapitel werden die zentralen Befunde der Untersuchung zusammengeführt und vor dem Hintergrund der theoretischen Annahmen und des aktuellen Forschungsstands interpretiert. Als Ausgangspunkt für die Zusammenfassung und Interpretation dient die **Tabelle *9.1***, die die Hypothesen und Befunde zusammenfassend darstellt. Die Zusammenfassung und Interpretation der Ergebnisse erfolgt dabei entlang der Forschungsfragen.



L. Lao, *Technologieakzeptanz in der beruflichen Bildung*, Münchner Studien zur empirischen Bildungs- und Sozialisationsforschung,
https://doi.org/10.1007/978-3-658-51906-3_9

**Tabelle 9.1** Zusammenfassung der Hypothesentests

| Hypothese | | Ergebnis |
|---|---|---|
| H1a | PE ($t_2$) < PE ($t_0$) | Nicht unterstützt |
| H1b | EE ($t_2$) < EE ($t_0$) | Nicht unterstützt |
| H1c | SI ($t_2$) < SI ($t_0$) | Nicht unterstützt |
| **H2a** | **PE ($t_0$) → PE ($t_2$)** | **Unterstützt** |
| H2b | EE ($t_0$) → EE ($t_2$) | Nicht unterstützt |
| **H2c** | **SI ($t_0$) → SI ($t_2$)** | **Unterstützt** |
| **H3a** | **TTF → PE ($t_2$)** | **Unterstützt** |
| **H3b** | **TTF → EE ($t_2$)** | **Unterstützt** |
| H4a | PE ($t_2$) → AUSAT | Nicht unterstützt |
| H4b | EE ($t_2$) → AUSAT | Nicht unterstützt |
| H4c | SI ($t_2$) → AUSAT | Nicht unterstützt |
| H4d | FC ($t_2$) → AUSAT | Nicht unterstützt |
| H5a | PE ($t_2$) → CUSAT | Nicht unterstützt |
| H5b | EE ($t_2$) → CUSAT | Nicht unterstützt |
| H5c | SI ($t_2$) → CUSAT | Nicht unterstützt |
| H5d | FC ($t_2$) → CUSAT | Nicht unterstützt |
| H6a | PE ($t_2$) → CA | Nicht unterstützt |
| H6b | EE ($t_2$) → CA | Nicht unterstützt |
| H6c | SI ($t_2$) → CA | Nicht unterstützt |
| H6d | FC ($t_2$) → CA | Nicht unterstützt |
| H7a | PE ($t_2$) → DSU | Nicht unterstützt |
| H7b | EE ($t_2$) → DSU | Nicht unterstützt |
| H7c | SI ($t_2$) → DSU | Nicht unterstützt |
| H7d | FC ($t_2$) → DSU | Nicht unterstützt |
| **H8a** | **TTF → AUSAT** | **Unterstützt** |
| **H8b** | **TTF → CUSAT** | **Unterstützt** |
| **H8c** | **TTF → CA** | **Unterstützt** |
| H8d | TTF → DSU | Nicht unterstützt |
| H9a | AUSAT → SLP | Nicht unterstützt |
| **H9b** | **CUSAT → SLP** | **Unterstützt** |

(Fortsetzung)

**Tabelle 9.1** (Fortsetzung)

| Hypothese | | Ergebnis |
|---|---|---|
| H9c | CA → SLP | Nicht unterstützt |
| **H9d** | **DSU → SLP** | **Unterstützt** |

*Anmerkung*: $n$ = 109, PE ($t_0$) = Performance Expectancy Zeitpunkt $t_0$, EE ($t_0$) = Effort Expectancy Zeitpunkt $t_0$, SI ($t_0$) = Social Influence Zeitpunkt $t_0$, PE ($t_2$) = Performance Expectancy Zeitpunkt $t_2$, EE ($t_2$) = Effort Expectancy Zeitpunkt $t_2$, SI ($t_2$) = Social Influence Zeitpunkt $t_2$, FC ($t_2$) = Facilitating Conditions Zeitpunkt $t_2$, TTF = Task-Technology-Fit, AUSAT = Affective User Satisfaction, CUSAT = Cognitive User Satisfaction, CA = Cognitive Absorption, DSU = Deep Structure Usage, SLP = Self-reported Learning Performance

### 9.1.1 Veränderungen der UTAUT-Faktoren

Die Untersuchung zielte zunächst darauf ab zu analysieren, wie sich die kognitiven Überzeugungen des UTAUT-Modells durch die Nutzung der Lernsoftware verändern. Es wurde angenommen, dass die Wahrnehmung der Nützlichkeit (Performance Expectancy, PE), der Benutzerfreundlichkeit (Effort Expectancy, EE), des sozialen Einflusses (Social Influence, SI) sowie der Rahmenbedingungen (Facilitating Conditions, FC) nach der Nutzung abnehmen würden. FC ($t_0$) wurde aufgrund methodischer Mängel ausgeschlossen, sodass für die Veränderung dieses Konstrukts keine quantitativen Erkenntnisse vorliegen. Die qualitativen Befunde lassen an dieser Stelle jedoch vermuten, dass die Wahrnehmung der Rahmenbedingungen weitgehend stabil blieb, da die ZQ in einer vertrauten Lernumgebung, der Berufsschule, stattfand.

Die Ergebnisse der quantitativen Untersuchung zeigen, dass sich die kognitiven Überzeugungen durch die Nutzung der Lernsoftware tendenziell verändert haben, diese Veränderungen jedoch nicht signifikant waren und nur geringe Effektstärken zeigten. Damit konnten die Hypothesen H1a-c nicht unterstützt werden.

Konkret wurde festgestellt, dass die Auszubildenden die Nützlichkeit der Lernsoftware (**PE**) nach der Nutzung tendenziell geringer einschätzten als zuvor, wobei dieser Unterschied jedoch nicht signifikant ausfiel. Grundsätzlich stehen diese Befunde im Einklang mit dem theoretischen Hintergrund und früheren Studien, wonach die tatsächliche Nutzung einer Technologie zu einer kritischeren Einschätzung führen kann. Dabei werden idealisierte Überzeugungen relativiert, was eine Abnahme der wahrgenommenen Nützlichkeit zur Konsequenz hat (Bhattacherjee & Premkumar, 2004; Venkatesh et al., 2011; Xu et al., 2017).

Ähnlich könnte es sich in der vorliegenden Untersuchung zugetragen haben: viele Auszubildende hatten vor der Nutzung grobe Vorstellungen von den Funktionalitäten der Lernsoftware. Zwar war ihnen bewusst, dass die Software zentraler Bestandteil der ZQ war, konkrete Erwartungen an ihren Mehrwert für den eigenen Lernprozess blieben jedoch weitgehend vage. Diese unscharfen Vorstellungen führten zwar nicht zu stark idealisierten Erwartungen, waren aber auch nicht differenziert genug, um realistische Einschätzungen an die Lernsoftware zu entwickeln. Die qualitativen Befunde lassen vermuten, dass während der Nutzung nicht alle Erwartungen erfüllt wurden. So äußerten einige Auszubildenden, dass technische Störungen bei der Fortschrittsanzeige ihre Lernerfahrung beeinträchtigt hätten. Dabei wurde diese Anzeige als besonders hilfreich im Lernprozess beschrieben, sodass ihr Ausfall zu einer geringeren Einschätzung des Nutzens führte. Solche negativen Nutzungserfahrungen könnten in dieser Untersuchung den tendenziellen Rückgang des wahrgenommenen Nutzens erklären, auch wenn dieser statistisch nicht belegbar war.

Bei der wahrgenommenen Benutzerfreundlichkeit (**EE**) ergab sich ein Ergebnis, das im Widerspruch zu der theoretischen Annahme und dem bisherigen Forschungsstand steht (Venkatesh et al., 2011). Die Auszubildenden schätzten die Bedienbarkeit der Lernsoftware nach der Nutzung positiver ein als zuvor, wobei auch diese Veränderung statistisch nicht signifikant war. Zudem deutete die niedrige, nicht signifikante Korrelation darauf hin, dass sich die Wahrnehmung der Benutzerfreundlichkeit individuell sehr unterschiedlich entwickelte. Die qualitative Analyse ergänzte diese Befunde und legte nahe, dass die Einschätzung von EE abhängig von der Vorerfahrung mit digitalen Lernangeboten, der individuellen Frustrationstoleranz und dem Ausmaß der Unterstützung durch Lehrkräfte stark zwischen den Teilnehmenden variierte.

Die abweichenden Ergebnisse lassen sich vermutlich durch kontextuelle Unterschiede im Untersuchungsdesign erklären. Während in der Studie von Venkatesh et al. (2011) Technologien in einem komplexen und wenig unterstützten Nutzungskontext eingeführt wurden, war die Lernsoftware in der vorliegenden Erhebung in ein strukturiertes, pädagogisch begleitetes Setting eingebettet. Die Nutzung erfolgte somit im Rahmen eines didaktisch vorbereiteten Programms, in dem die Lernenden durch ihre Lehrkräfte begleitet wurden. Dies könnte dazu beigetragen haben, dass die Software nach der Nutzung als benutzerfreundlicher wahrgenommen wurde, auch wenn dieser Trend statistisch nicht abgesichert werden konnte.

Auch die Wahrnehmung des sozialen Einflusses (**SI**) nahm entgegen der ursprünglichen Annahme leicht zu. Jedoch fiel diese Veränderung nicht signifikant aus. In der Studie von Venkatesh et al. (2011) deutete die hohe, signifikante Korrelation zwischen den SI-Werten vor und nach der Nutzung auf eine sehr stabile Wahrnehmung der sozialen Einflussnahme hin. In der vorliegenden Untersuchung war die Korrelation zwischen den beiden Messzeitpunkten zwar ebenfalls signifikant, jedoch nur moderat ausgeprägt, was auf eine geringere Stabilität des Konstrukts hinweist.

Wie bereits bei EE lässt sich auch im Fall von SI der spezifische Nutzungskontext als mögliche Erklärung heranziehen. So war die Nutzung der Lernsoftware im Rahmen der ZQ faktisch verpflichtend, da die Lerninhalte ausschließlich über die Software zugänglich waren. Zwar wurde dies nicht explizit kommuniziert, doch die Auszubildenden erkannten im Verlauf zunehmend, dass die Nutzung durch implizite Impulse der Lehrkräfte und die Gestaltung des Unterrichts erwartet wurde. Die qualitativen Befunde ermöglichten eine vertiefte Einordnung dieser Vermutung. Sie zeigten, dass der soziale Einfluss durch die Lehrkräfte erst im Verlauf der Nutzung bewusst wahrgenommen wurde, indem z. B. klare Hinweise auf die Nutzung gegeben oder Lernphasen mit der Software in den Unterricht eingebunden wurden. Vermutlich haben die Lernenden diese Erwartungen erst im Verlauf der Nutzung deutlicher wahrgenommen. Dies könnte dazu beigetragen haben, dass die SI-Werte nicht abnahmen, sondern leicht anstiegen und eine mögliche Erklärung dafür liefern, warum sich die Wahrnehmung dynamischer entwickelte als in der Studie von Venkatesh et al. (2011).

Zusammenfassend lässt sich festhalten, dass sich für die UTAUT-Faktoren PE, EE und SI zwar tendenzielle Veränderungen zeigten, diese jedoch nicht signifikant waren und in Teilen vom bisherigen Forschungsstand abwichen. Diese Befunde könnten mit dem spezifischen Kontext dieser Untersuchung zusammenhängen. Die didaktische Einbettung der Lernsoftware in eine strukturierte ZQ, verbunden mit technischer Begleitung und sozialer Unterstützung durch Lehrkräfte, hat möglicherweise dazu beigetragen, dass sich besonders die Wahrnehmung der Bedienbarkeit und des sozialen Einflusses nicht verschlechterte, sondern tendenziell leicht verbesserte. Diese Ergebnisse legen insgesamt nahe, dass die Gestaltung des Lernkontextes eine Rolle für die Stabilität oder Veränderung der kognitiven Überzeugungen spielen könnte. Diese Interpretationen sind jedoch aufgrund der fehlenden Signifikanz mit Vorsicht zu betrachten.

### 9.1.2 Zusammenhang der Einflussfaktoren

Die Arbeit zielte auch darauf ab, herauszufinden, wie sich die Einflussfaktoren gegenseitig beeinflussen. Dazu wurden die Hypothesen formuliert, dass die Erwartungen an die Lernsoftware (PE, EE, SI, jeweils $t_0$) die spätere Wahrnehmung der Lernsoftware (PE, EE, SI, jeweils $t_2$) beeinflussen. Auch wurde angenommen, dass Task-Technology-Fit (TTF) einen positiven Einfluss auf die spätere Wahrnehmung der Nützlichkeit (PE, $t_2$) und Benutzerfreundlichkeit (EE, $t_2$) ausübt.

Die Ergebnisse zeigen, dass PE ($t_0$) und SI ($t_0$) jeweils einen signifikanten positiven Einfluss auf PE ($t_2$) und SI ($t_2$) hatten, während sich für den Zusammenhang zwischen EE ($t_0$) und EE ($t_2$) kein signifikanter Effekt nachweisen ließ. Damit fanden die Hypothesen H2a und H2c empirische Unterstützung, wohingegen H2b nicht gestützt wurde. Die qualitativen Ergebnisse lieferten an dieser Stelle eine vertiefende Perspektive, indem sie den theoretischen Mechanismus der Adaptationsleveltheorie veranschaulichten, der in der statistischen Modellprüfung nur eingeschränkt sichtbar wurde.

Die Ergebnisse dieser Untersuchung stehen überwiegend im Einklang mit bisherigen Studien (Bhattacherjee & Premkumar, 2004; Venkatesh et al., 2011; Xu et al., 2017), die ebenfalls nachgewiesen haben, dass Erwartungen die spätere Bewertung einer Technologie beeinflussen. Allerdings ergaben diese Studien übereinstimmend, dass die tatsächliche Nutzungserfahrung, die über die Variable Disconfirmation gemessen wurde, einen noch stärkeren Einfluss ausübte als die Erwartungen. So berichteten Bhattacherjee & Premkumar (2004) sowie Xu et al. (2017), dass sich die wahrgenommene Nützlichkeit (PE, $t_2$) insbesondere durch die Abweichung zwischen Erwartung und Erfahrung veränderte. Die ursprüngliche Erwartung (PE, $t_0$) stellte weiterhin den Bezugsrahmen für PE ($t_2$) dar, ausschlaggebend war jedoch, ob die Nutzungserfahrungen diese Erwartung bestätigte oder enttäuschte. Venkatesh et al. (2011) stellten fest, dass dieser Effekt besonders bei PE und EE auftrat, während die Bewertung des sozialen Einflusses (SI, $t_2$) weitgehend durch die anfängliche Erwartung bestimmt wurde (SI, $t_0$).

Obwohl die Variable Disconfirmation im vorliegenden Forschungsmodell nicht berücksichtigt wurde, legen die qualitativen Ergebnisse nahe, dass die tatsächlichen Nutzungserfahrungen auch in dieser Untersuchung eine größere Rolle für die spätere Bewertung gespielt haben könnte. So zeigt etwa das Beispiel eines Auszubildenden (Interview_8), dass die Lernsoftware zunächst lediglich als digitale Dateiablage wahrgenommen wurde, sich durch positive Nutzungserfahrungen jedoch deutlicher nützlicher erwies. Vor diesem Hintergrund erscheinen insbesondere die niedrigen bis moderaten $R^2$-Werte in den Modellen zu EE und SI plausibel. Sie lassen vermuten, dass neben den im Modell berücksichtigten Prädiktoren (ursprünglichen Erwartungen und TTF) weitere Einflussfaktoren wie etwa die Nutzungserfahrungen bzw. Disconfirmation zur Erklärung der späteren Bewertungen beitragen könnten.

Die Ergebnisse zeigen insgesamt, dass frühe Überzeugungen insbesondere bei PE und SI eine Rolle für spätere Bewertungen spielen. Gleichzeitig weisen die $R^2$-Werte im niedrigen bis mittleren Bereich sowie erste Hinweise aus den qualitativen Daten darauf hin, dass individuelle Erfahrungen während der Nutzung ebenfalls die kognitiven Überzeugungen ($t_2$) beeinflusst haben könnten. Der Einfluss früherer Erwartungen auf die späteren Bewertungen sollte daher nicht isoliert betrachtet werden, sondern stets im Zusammenspiel mit der tatsächlichen Nutzungserfahrung interpretiert werden.

Neben den Beziehungen zwischen den UTAUT-Faktoren wurde untersucht, inwiefern die wahrgenommene Passung zwischen der Lernsoftware und den Lernanforderungen (TTF) die spätere Wahrnehmung der Nützlichkeit (PE) und der Benutzerfreundlichkeit (EE) beeinflusst. Die Pfadkoeffizienten und Konfidenzintervalle zeigen, dass TTF einen robusten, signifikanten positiven Einfluss auf beide Konstrukte ausübte, sodass die Hypothesen H3a und H3b unterstützt werden konnten. Die Pfadkoeffizienten von TTF auf PE ($t_2$) und EE ($t_2$) lagen im mittleren bis hohen Bereich und fielen stärker aus als die Einflüsse der ursprünglichen Erwartungen. Damit weist die Untersuchung darauf hin, dass weniger die Erwartungshaltung vor der Nutzung entscheidend ist, sondern dass die erlebte Passung zwischen Technologie und Aufgabenanforderung eine zentralere Rolle bei der späteren Bewertung spielen könnte. Allerdings fiel die Effektstärke für den Zusammenhang zwischen TTF und PE ($t_2$) ungewöhnlich hoch aus, sodass die Ergebnisinterpretation mit Vorsicht betrachtet werden sollte.

Die Ergebnisse bestätigen die Befunde bisheriger Studien und machen die zentrale Rolle von TTF für die Bewertung digitaler Technologien im Lernkontext deutlich. So berichteten Rai und Selnes (2019) und Mokhtar et al. (2018) in ihren Untersuchungen im Bildungskontext ebenfalls von einem starken positiven Einfluss von TTF auf PE und EE. Interessant ist allerdings der Kontrast zur Arbeit von Wu und Chen (2016), die feststellten, dass TTF in ihrem Modell zwar einen signifikanten Einfluss auf PE und EE hatten, jedoch schwächer ausfiel als der Einfluss anderer Variablen. Die Autoren erklärten dies damit, dass die Teilnehmenden die eingesetzte Technologie bereits gut kannten. Dadurch spielte die wahrgenommene Passung zur Aufgabe eine geringere Rolle für die Bewertung der Technologie. In der vorliegenden Untersuchung war die Ausgangslage jedoch anders: die Lernsoftware war in die Moodle-Umgebung eingebettet, die vielen Teilnehmenden bekannt war, jedoch handelte es sich trotzdem um ein neues, interaktives Tool. Sie bot unmittelbares Feedback, passte sich dem individuellen Lernfortschritt an und ging damit über eine klassische Dateiablage hinaus. Viele Teilnehmende hatten daher vor der Nutzung nur grobe Vorstellungen davon, was die Software tatsächlich leisten würde. Erst im Verlauf der Nutzung wurde erkennbar, in welchem Maße die Lernsoftware ihre Anforderungen unterstützte, was erklären könnte, warum TTF in dieser Untersuchung eine besonders starke Rolle bei der späteren Bewertung von Nützlichkeit (PE) und Benutzerfreundlichkeit (EE) spielte.

Insgesamt unterstreichen die Ergebnisse die Bedeutung einer passgenauen didaktisch-technologischen Gestaltung: Je stärker Lernende das Gefühl haben, dass eine Technologie sie beim Erreichen ihrer Lernziele unterstützt, desto positiver bewerten sie deren Nützlichkeit und Benutzerfreundlichkeit.

### 9.1.3 Einfluss der Faktoren auf Akzeptanz

Ein weiteres Ziel der Arbeit war es, den Einfluss der Faktoren des UTAUT- und TTF-Modells auf die Akzeptanz der Lernsoftware zu untersuchen. Abweichend von klassischen UTAUT-Studien wurde Akzeptanz nicht entlang der linearen Verbindung von Nutzungsabsicht (Behavioral Intention) und tatsächlichem Nutzungsverhalten operationalisiert. Vielmehr wurde Akzeptanz als mehrdimensionales Gesamtkonstrukt verstanden, das über vier differenzierte Dimensionen erfasst wurde: Affective User Satisfaction (AUSAT), Cognitive User Satisfaction (CUSAT), Cognitive Absorption (CA) und Deep Structure Usage (DSU). Die differenzierte Operationalisierung zielte darauf ab, ein umfassenderes Verständnis von Akzeptanz im Bildungskontext zu ermöglichen. Allerdings erschwert diese Mehrdimensionalität auch die direkte Vergleichbarkeit mit bisherigen Studien, die Akzeptanz primär als Nutzungsabsicht operationalisieren.

Die Ergebnisse der Hauptanalyse stützen die Annahmen H4 bis H7 nicht. Keiner der UTAUT-Faktoren hatte einen signifikanten Einfluss auf die Akzeptanzkonstrukte und auch die Effektstärken lagen durchweg im sehr kleinen Bereich. Obwohl sich die vorliegenden differenzierten Akzeptanzdimensionen von der klassischen Operationalisierung unterscheiden, ist dennoch auffällig, dass sich insbesondere PE und EE, die in früheren Studien wiederholt als zentrale Prädiktoren für die Akzeptanz ermittelt wurden (z. B. Guggemos et al., 2020; Khechine & Lakhal, 2016; Mahande & Malago, 2020; Venkatesh et al., 2003; Venkatesh et al., 2011), in dieser Untersuchung nicht als signifikant erwiesen. Methodisch ist dabei zu berücksichtigen, dass in der Zusatzanalyse mit größerem Stichprobenumfang ein signifikanter Einfluss von PE ($t_2$) auf CUSAT und DSU festgestellt wurde.

Die Effektstärken lagen jedoch unverändert im kleinen bis moderaten Bereich und verdeutlichen, dass PE ($t_2$) für die Erklärung dieser beiden Akzeptanzdimensionen nur eine begrenzte Bedeutung hatte. Die in der Hauptanalyse ausbleibenden Effekte könnten somit auf die geringe Stichprobengröße zurückzuführen sein und waren daher möglicherweise nicht zuverlässig nachweisbar.

Neben dieser methodischen Erklärung ist es auch inhaltlich plausibel, dass die UTAUT-Faktoren in diesem Setting eine geringere Rolle für die Akzeptanz gespielt haben. Die Nutzung der Lernsoftware war faktisch verpflichtend und in eine stark strukturierte Lernumgebung eingebettet, wodurch PE und EE womöglich nicht als ausschlaggebende Faktoren für die Zufriedenheit oder Nutzungstiefe erlebt wurden (Baraslievska, 2019; Decman, 2015; Sarosa, 2019). So könnten Lernende die Software zwar als nützlich empfunden haben, sich aber nicht emotional angesprochen gefühlt haben. Ebenso könnte eine einfache Bedienbarkeit Nutzungsbarrieren reduziert haben, aber in einem vorgegebenen Nutzungskontext ohne echte Wahlfreiheit nicht ausreichend gewesen sein, um Flow-ähnliche Zustände, eine intensive Nutzung oder Zufriedenheit zu fördern. EE scheint in solchen Fällen eher eine notwendige, aber nicht hinreichende Bedingung für positive Erlebensreaktionen zu sein. Diese Interpretation muss jedoch mit Vorsicht betrachtet werden: Die fehlende statistische Signifikanz und die teilweise breiten Konfidenzintervalle verdeutlichen, dass die Schätzungen mit Unsicherheit behaftet sind (siehe **Tabelle** *7.12*). Effektstärken werden jedoch weniger stark von der Stichprobengröße beeinflusst und bieten daher eine hilfreiche Orientierung für die inhaltliche Einordung. In diesem Fall lagen sie durchweg im sehr kleinen Bereich, was darauf hindeutet, dass PE und EE in diesem Kontext tatsächlich nur eine begrenzte Rolle gespielt haben könnten.

Auch bei SI und FC zeigten sich keine signifikanten Einflüsse auf die Akzeptanzkonstrukte. Zudem waren die Pfadkoeffizienten häufig negativ gerichtet. Die Konfidenzintervalle waren jedoch überwiegend breit und verdeutlichten, dass die Schätzungen mit Unsicherheit behaftet waren und keine verlässliche Richtung erkennen ließen (siehe **Tabelle** *7.12*). Während die Effektstärken bei SI durchweg verschwindend klein waren, erreichten die $f^2$-Werte bei FC kleine Werte. Dies weist darauf hin, dass FC in diesen Fällen tendenziell einen gewissen Einfluss gehabt haben könnte, dieser aber statistisch nicht stabil nachweisbar war. Insgesamt legen die Ergebnisse nahe, dass diese Faktoren im untersuchten Setting nur wenig Relevanz für die Akzeptanz hatten. Möglich ist, dass die Lernenden die Nutzungsimpulse durch Lehrkräfte als Druck oder Kontrolle empfunden haben (SI), was sich negativ auf AUSAT oder DSU ausgewirkt haben könnte. Auch könnten viele Auszubildende FC ($t_2$) nicht bewusst wahrgenommen haben, da die Rahmenbedingungen in der vertrauten schulischen Lernumgebung als selbstverständlich erlebt wurden und somit kaum einen Einfluss auf die Akzeptanzkonstrukte hatten. Zudem zeigen frühere Studien, dass der Einfluss von SI und FC auf die Zufriedenheit oder CA generell eher gering ausfällt (Lallmahomed et al., 2013; Maillet et al., 2015; Wibowo, 2017). Diese Interpretation sollte jedoch vorsichtig betrachtet werden, da die Effekte von SI und FC in den vorliegenden Daten nicht stabil empirisch nachgewiesen werden konnten.

Demgegenüber fiel der Einfluss von TTF auf die Akzeptanz der Lernsoftware theoriekonform aus. TTF hatte mit Ausnahme von DSU auf alle Akzeptanzkonstrukte jeweils einen großen, signifikanten positiven Einfluss, sodass die Hypothesen H8a bis H8c empirische Unterstützung fanden. Die Konfidenzintervalle zeigten keine große Streuung und lagen jeweils deutlich im positiven Bereich (siehe **Tabelle** *7.12*), was auf eine robuste und präzise Schätzung hinweist. Bei der nachfolgenden Interpretation sollte jedoch die für den Zusammenhang zwischen TTF und CUSAT ungewöhnlich hohe Effektstärke berücksichtigt werden.

Die Gesamtergebnisse decken sich mit bisherigen Studien, wonach TTF ein zentraler Prädiktor sowohl für die affektive und rationale Nutzerzufriedenheit als auch für CA-ähnliche Konstrukte ist (Alyoussef, 2021; Chandra et al., 2012; Huang et al., 2017; Kim & Kim, 2017; Sun et al., 2016; Wan et al., 2020). Somit zeigte sich, dass sich eine positive Wahrnehmung der Passung zwischen Lernsoftware und Lernanforderungen in dreierlei Hinsicht positiv auswirkt: Sie führt zu positiven emotionalen Reaktionen (AUSAT), zu einer rationalen Bewertung der Lernsoftware als vorteilhaft und wertvoll (CUSAT) und fördert Flow-ähnliche Zustände bei der Nutzung (CA).

Keine empirische Unterstützung fand hingegen Hypothese H8d, wonach TTF auch die intensive Nutzungstiefe (DSU) beeinflusst. Zwar zeigte sich ein positiver Pfadkoeffizient, der auf einen theoretisch plausiblen Zusammenhang hindeuten würde, dieser war jedoch statistisch nicht signifikant. Zudem verdeutlicht das breite Konfidenzintervall, dass die Schätzung mit Unsicherheit behaftet war und keine verlässliche Aussage über Richtung und Stärke des Effekts zulässt (siehe **Tabelle** *7.12*). Auch wenn die Effektstärke im kleinen bis moderaten Bereich lag, sollte die Interpretation daher mit Vorsicht erfolgen. Eine mögliche Erklärung für den unsicheren Nachweis des Effekts könnte im stark strukturierten Einsatz der Lernsoftware liegen. Da die Nutzung der Lernsoftware durch die Kursstruktur, Fristen und Vorgaben der Lehrkräfte gelenkt war, blieb womöglich wenig Spielraum für freie Explorationen. Auch wenn die Technologie als passend wahrgenommen wurde, könnte dieser strukturierte Rahmen dazu geführt haben, dass sich die Nutzung auf die funktional notwendigen Aspekte beschränkte und eine eigenständige, explorative Nutzung weniger angeregt wurde.

Insgesamt legen die Ergebnisse auch nahe, dass die gewählte Definition und Operationalisierung von Akzeptanz maßgeblich bestimmt, welche Einflussfaktoren bedeutsam sind. Klassische UTAUT-Faktoren scheinen vermutlich stärker mit eindimensionalen und intentionalen Akzeptanzverständnissen wie z. B. der Nutzungsabsicht in Verbindung zu stehen. Wenn Akzeptanz differenzierter und erfahrungsbasiert im Sinne von subjektiver Zufriedenheit und starker Aufmerksamkeitsfokussierung auf die Lernsoftware verstanden wird, weist TTF im vorliegenden Modell auf eine zentralere Bedeutung für die Akzeptanz hin.

### 9.1.4 Einfluss der Akzeptanz auf Lernerfolg

Zur Untersuchung des Zusammenhangs zwischen den Akzeptanzkonstrukten und dem subjektiv wahrgenommenen Lernerfolg (Self-reported Learning Performance, SLP) wurden vier Hypothesen formuliert. Vor dem Hintergrund bestehender Forschungsbefunde wurde angenommen, dass alle vier Konstrukte einen positiven Einfluss auf den wahrgenommenen Lernerfolg ausüben würden.

Insgesamt zeigte sich, dass nur CUSAT und DSU einen signifikanten positiven Einfluss auf den subjektiven Lernerfolg hatten. Damit stützen die Ergebnisse die Hypothesen H9b und H9d. Die Effektstärken dieser Zusammenhänge lagen im kleinen bis mittleren Bereich. Die Konfidenzintervalle verdeutlichen jedoch, dass die Schätzung der Effektstärke mit Unsicherheit behaftet war: Während das Intervall bei CUSAT sehr breit ausfiel und damit eine gewisse Unsicherheit über die Stärke des Zusammenhangs anzeigt, lag das Intervall bei DSU zwar enger, schloss den Wert Null aber nur knapp aus. Dies stützt zwar grundsätzlich die theoretische Annahme, dass die rationale Zufriedenheit mit der Lernsoftware sowie eine tiefgehende Nutzung mit einer höheren Einschätzung des eigenen Lernerfolgs einhergehen. Die Befunde sollten dennoch aufgrund der breiten Intervalle vorsichtig interpretiert werden. Im Fall von CUSAT sollte der Befund zusätzlich differenziert betrachtet werden, da der Beta-Koeffizient ungewöhnlich hoch ausfiel und dies möglicherweise auf Multikollinearität zurückzuführen ist. Die vorliegenden Befunde sind insgesamt konsistent mit bisherigen Forschungsarbeiten (Al-Rahmi et al., 2018; Burton-Jones & Straub, 2006; Salam & Farooq, 2020; Sykes & Venkatesh, 2017).

Im Gegensatz dazu fanden die Hypothesen H9a und H9c keine empirische Unterstützung: weder AUSAT noch CA zeigten einen signifikanten Einfluss auf den subjektiven Lernerfolg. Während der Effekt von CA mit einer vernachlässigbaren Effektstärke nahe null lag, deutete sich bei AUSAT ein negativer Zusammenhang mit kleiner Effektstärke an. Allerdings zeigten die Konfidenzintervalle bei AUSAT und CA eine große Streuung, sodass die Schätzung mit Unsicherheit behaftet war. Die theoretisch unerwartet negative Richtung des Zusammenhangs erhielt weitere Relevanz durch eine Zusatzanalyse mit größerem Stichprobenumfang, die einen stabilen signifikanten negativen Zusammenhang mit mittlerer Effektstärke zeigte. Sie steht zudem im Widerspruch zum aktuellen Forschungsstand, die überwiegend einen positiven Zusammenhang zwischen affektiver Zufriedenheit und subjektiven Lernerfolg berichten (Alotaibi & Alshahrani, 2022; Salam & Farooq, 2020). Denkbar ist, dass Auszubildende, die sich beim Lernen besonders wohlfühlten, kognitiv wenig herausgefordert wurden. So zeigen Studien etwa, dass positive Emotionen nicht zwangsläufig zu tieferem Lernen führen, sondern in bestimmten Lernsituationen eher mit oberflächlichem Lernverhalten einhergehen können (Knörzer et al., 2016; Liang, 2025). Auch die qualitativen Aussagen der Befragten scheinen diese Vermutung zu stützen. Zwar riefen die Quizze meist positive emotionale Reaktionen hervor, gleichzeitig empfanden einige Auszubildende sie als zu einfach, was als wenig lernförderlich wahrgenommen wurde (Interview_4, Abs. 77; Interview_7, Abs. 36; Interview_10, Abs. 42).

Vor dem Hintergrund der Effektstärken, die in der Haupt- und Zusatzanalyse im Bereich von Null lagen, ist davon auszugehen, dass CA im vorliegenden Kontext keine nachweisbare Bedeutung für den Lernerfolg hatte. Es ist möglich, dass Lernende ihre Aufmerksamkeit auf die Lernsoftware gerichtet hatten, jedoch weniger inhaltlich fokussiert lernten. Aktuelle empirische Arbeiten legen nahe, dass bestimmte Designaspekte wie spielerische Elemente oder animierte Inhalte die Motivation erhöhen, jedoch den Lernprozess nicht immer unterstützen (Bender et al., 2021; Guinaliu-Blasco et al., 2019; Zhang & Yu, 2022). Auch hierzu liefern die qualitativen Daten ergänzende Hinweise, die diese Vermutung stützen könnten: einige Auszubildende gaben an, dass sie sich von den Gamification-Elementen abgelenkt fühlten und diese deaktivieren mussten (Interview_3, Abs. 12, 18; Interview_4, Abs. 23, 57; Interview_5, Abs. 35, 41, 43; Interview_11, Abs. 7, 21).

Zusammenfassend lässt sich festhalten, dass insbesondere die rationale Zufriedenheit sowie eine tiefgehende Nutzung der Lernsoftware mit einer positiven Einschätzung des eigenen Lernerfolgs einhergingen. Die Ergebnisse unterstreichen damit die Bedeutung der kognitiven und verhaltensbezogenen Dimension der Akzeptanz für den subjektiven Lernerfolg. Demgegenüber deuten die Befunde darauf hin, dass die emotionale Zufriedenheit und das Erleben von CA für den wahrgenommenen Lernerfolg im untersuchten Setting als nachrangig einzuschätzen ist.

### 9.1.5 Weitere Einflussfaktoren auf den subjektiven Lernerfolg

Zuletzt zielte die Arbeit im Rahmen der zweiten Subfragestellung der qualitativen Untersuchung darauf ab, weitere Einflussfaktoren zu identifizieren, die über die Modellkonstrukte hinaus den subjektiv wahrgenommenen Lernerfolg beeinflussten. Dabei konnten im Rahmen der qualitativen Untersuchung folgende drei Faktoren ermittelt werden: das soziale Umfeld, der Einsatz von Lernstrategien und die Nutzung digitaler Hilfsmittel.

Zunächst zeigt sich, dass das soziale Umfeld und besonders die Unterstützung durch Lehrkräfte sowie die Zusammenarbeit mit Mitschüler:innen maßgeblich zum subjektiven Lernerfolg beitrug. Dabei ist zu betonen, dass dieses soziale Umfeld nicht mit dem UTAUT-Konstrukt Social Influence (SI) gleichzusetzen ist. Während SI das Ausmaß beschreibt, in dem relevante Personen die Nutzung der Lernsoftware als wichtig ansehen, umfasst das soziale Umfeld konkrete Unterstützungsleistungen und Interaktionen, die den Lernprozess unmittelbar förderten.

Die Lehrkräfte unterstützten den Lernerfolg durch fachliche Hilfestellung, motivierende Kommunikation, klare didaktische Strukturierung sowie durch zusätzliche Materialien. Das Lernen mit Peers wurde aufgrund des Austausches, der gegenseitigen Unterstützung und des motivierenden Konkurrenzgefühls als hilfreich erlebt.

Diese Erkenntnisse spiegeln sich auch in den Ergebnissen der aktuellen Literatur wider. Sebastian et al. (2016) beschreiben Lehrkräfte als zentrale Bezugspersonen für viele Lernende, da sie nicht nur durch ihre fachliche Kompetenz, sondern auch durch die klare Strukturierung des Unterrichts und die motivierende Kommunikation das Klassenklima und damit den Lernerfolg beeinflussen können. Insbesondere in digital gestützten Lernumgebungen übernehmen Lehrkräfte laut Butera et al. (2021) eine zentrale Schlüsselrolle im Lernerfolg der Schüler:innen. Sie agieren sowohl als Vermittler:innen zwischen Technologie und Lernende, indem sie die Relevanz der Lerninhalte verdeutlichen und das Verständnis unterstützen, als auch als didaktische Gestalter:innen, die durch Struktur und gezielte Impulse die Motivation und den Lernerfolg stützen (Butera et al., 2021).

Auch die vorliegenden Erkenntnisse zum Peer-Support, wonach der Austausch mit anderen Teilnehmenden und die gegenseitige Hilfestellung ein produktives Konkurrenzgefühl anregte und als lernförderlich erlebt wurde, decken sich mit dem aktuellen Forschungsstand. Harris (2010) etwa beschreibt in seiner Arbeit die Wirkung von Behavioral Contagion: Lernende beeinflussen sich gegenseitig durch kooperative Verhaltensweisen, die sich sozial übertragen können etwa in Form von gegenseitiger Unterstützung oder diszipliniertem Lernverhalten. Die Ergebnisse dieser Untersuchung werden auch durch die Studie von Stigler et al. (2000) gestützt, die zeigen, dass insbesondere das Arbeiten in Gruppen den Lernerfolg fördern können, da Probleme durch gemeinsames Nachdenken und Diskutieren gelöst werden.

Die Interviews legen auch nahe, dass viele Auszubildenden unterschiedliche Lernstrategien eingesetzt haben. Diese Ergebnisse lassen sich gut in aktuelle theoretische und empirische Befunde zu Lernstrategien einordnen. Auf theoretischer Ebene wird zwischen kognitiven und metakognitiven Lernstrategien sowie Ressourcenmanagement unterschieden (Weinstein & Mayer, 1986). Die befragten Auszubildenden nutzten insbesondere kognitive Strategien wie Wiederholen (z. B. mehrmaliges Ansehen von Erklärvideos) und Organisieren (z. B. Zusammenfassen, Markieren und Notizen machen). Die Überwachung des eigenen Lernprozesses durch das Setzen von Fristen, die Kontrolle des Lernfortschritts oder die Reflexion über die Wirksamkeit der eingesetzten Strategien lässt sich den metakognitiven Lernstrategien zuordnen. Die selbstständige Strukturierung der Lernzeit und das Festlegen eigener Deadlines wiederrum weisen auf ein bewusstes Ressourcenmanagement hin. Studien zeigen, dass insbesondere metakognitive und kognitive Strategien bei Lernenden besonders verbreitet sind, was sich auch in den Ergebnissen dieser Untersuchung widerspiegelt (Masbirorotni & Fajaryani, 2020; Simsek & Balaban, 2010; Yuyun, 2018).

Die Einschätzung der Auszubildenden, dass Lernstrategien ihren Lernerfolg unterstützten, steht im Einklang mit der aktuellen Studienlage. So konnten Leopold und Leutner (2002) nachweisen, dass der zielgerichtete Einsatz kognitiver und metakognitiver Lernstrategien in konkreten Lernsituationen mittelstarke positive Korrelationen mit dem Lernerfolg aufweisen. Auch in den Interviews wurde deutlich, dass das Mitschreiben, das Zusammenfassen in eigenen Worten sowie die bewusste Reflexion über das eigene Lernverhalten den Lernprozess insgesamt effektiver gestalteten. Diese Strategien wurden meist direkt während konkreter Lernsituationen (z. B. beim Ansehen von Erklärvideos oder beim Bearbeiten von Aufgaben) eingesetzt, was auf eine zielgerichtete Anwendung hinweist und somit die Befunde von Leopold und Leutner (2002) stützt.

Auch Broadbent und Poon (2015) zeigten in ihrer Metaanalyse zu onlinebasierten Lernumgebungen, dass insbesondere metakognitive Strategien sowie Ressourcenmanagement signifikant mit dem akademischen Erfolg zusammenhängen. Die Interviewaussagen untermauern diese Erkenntnisse: das bewusste Planen, Strukturieren und Überwachen des Lernprozesses half den Auszubildenden, den Überblick zu behalten und ihre Motivation aufrechtzuerhalten.

Die Ergebnisse der vorliegenden Untersuchung legen insgesamt nahe, dass eine bewusste Kombination verschiedener Lernstrategien insbesondere in technologiegestützten und überwiegend selbstgesteuerten Lernumgebungen einen wichtigen Beitrag zum subjektiven Lernerfolg leisten kann.

Auch die Nutzung weiterer digitaler Hilfsmittel wurde von den Auszubildenden als lernförderlich beschrieben. Tools wie Google und insbesondere ChatGPT wurden genutzt, um Verständnisfragen zu klären, Programmierfehler zu beheben und komplexe Lerninhalte besser nachzuvollziehen. Sie ermöglichten den Lernenden einen schnellen und unkomplizierten Zugriff auf alternative Erklärungsansätze von Begriffen und Konzepten und trugen so zur Unterstützung des subjektiven Lernerfolgs bei. Die Nutzung externer digitaler Hilfsmittel verlief meist selbstorganisiert, bedarfsorientiert und pragmatisch.

Diese Erkenntnisse stützen bestehende Befunde in diesem Bereich, die zeigen, dass Berufsschüler:innen beim selbstgesteuerten Lernen überwiegend auf YouTube, Wikipedia oder soziale Netzwerke zurückgreifen (Initiative D21, 2016; Schmid et al., 2017). Auch die Nutzung von KI-Anwendungen wird laut aktueller Studienlage zunehmend Teil digitaler Lernroutinen. Dabei wird ChatGPT vorrangig zur Erklärung von Begriffen, zur Fehlersuche und zur Informationsrecherche genutzt (Initiative D21, 2025; Vodafone Stiftung, 2025). Diese Nutzungsmuster spiegeln sich auch in der vorliegenden Untersuchung wider.

Insgesamt unterstreichen die Ergebnisse dieser Arbeit, dass auch in einem technologiebasierten Lernkontext mit einem hohen Maß an Eigenverantwortung soziale Unterstützung, strategisches Lernverhalten und weiterführende digitale Ressourcen entscheidend zum Lernerfolg beitragen können.

## 9.2 Beantwortung der zentralen Forschungsfrage

Basierend auf den ermittelten Ergebnissen soll abrundend die zentrale Forschungsfrage beantwortet werden:

> Welche Faktoren haben einen Einfluss auf die Akzeptanz der Lernsoftware von Lernenden, die an der Zusatzqualifikation *Künstliche Intelligenz und maschinelles Lernen* des KI B3-Projekts teilnehmen, und wie beeinflusst diese Akzeptanz den subjektiv wahrgenommenen Lernerfolg?

Die Ergebnisse zeigen, dass insbesondere die wahrgenommene Passung zwischen Lernsoftware und Lernanforderungen (TTF) ein zentraler Prädiktor für die Akzeptanz der Lernsoftware war. Lernende, die die Passung positiv wahrnahmen, zeigten eher eine höhere affektive und rationale Zufriedenheit (AUSAT und CUSAT) sowie eine starke Aufmerksamkeitsfokussierung auf die Lernsoftware (CA). Überraschenderweise hatten die klassischen UTAUT-Faktoren in der Hauptanalyse keinen signifikanten Einfluss auf die Akzeptanzdimensionen und auch die Effektstärken lagen durchweg im sehr kleinen Bereich, während die Konfidenzintervalle überwiegend breit waren und damit auf unsichere Schätzungen hinwiesen.

Diese Befunde bedeuten nicht, dass die UTAUT-Faktoren grundsätzlich keinen Einfluss haben. Vielmehr deuten die sehr kleinen Effektstärken darauf hin, dass ihre Erklärungskraft in Kontexten, in denen die Technologie verpflichtend genutzt wird und in ein strukturiertes pädagogisches Setting eingebettet ist, nur begrenzt sichtbar wird. In solchen Lernszenarien gehen Lernende offenbar implizit davon aus, dass grundlegende Bedingungen wie Benutzerfreundlichkeit oder notwendige Rahmenbedingungen gegeben sind, da die Software z. B. im schulischen Kontext bereitgestellt wird. Daher werden sie vermutlich seltener bewusst reflektiert. In freiwilligen Nutzungsszenarien, in denen Akzeptanz häufig über Nutzungsintention und oberflächliches Nutzungsverhalten erfasst wird, könnten die UTAUT-Faktoren weiterhin eine stärkere Rolle spielen. Im untersuchten Setting trat ihre Bedeutung hinter TTF jedoch zurück. So erfasst TTF, wie gut die Lernsoftware zu den individuellen Lernzielen, -strategien und -anforderungen der Lernenden passt und kann gerade in institutionalisierten Kontexten, in denen Lerntechnologien integraler Bestandteil des didaktischen Formats sind, ausschlaggebend für das subjektive Nutzungserleben sein.

Die Untersuchung unterstreicht somit die Notwendigkeit, Akzeptanz in institutionalisierten Lernkontexten, in denen die Nutzung einer Technologie verpflichtend ist, breiter zu fassen. Differenziert operationalisierte Akzeptanzkonstrukte ermöglichen ein nuancierteres Verständnis des Zusammenhangs zwischen Akzeptanz und Lernerfolg.

Die Ergebnisse machen auch deutlich, dass nicht jede Form von Akzeptanz zwangsläufig mit einem höheren Lernerfolg einhergeht. Stattdessen zeigten sich zwei Aspekte als bedeutsam: Insbesondere die rationale Zufriedenheit mit der Software (CUSAT) und die intensive, tiefgehende Nutzung (DSU) gingen signifikant mit dem subjektiven Lernerfolg einher. Diese Befunde indizieren, dass die bewusste Auseinandersetzung mit der Qualität der Software (CUSAT) und die Nutzungstiefe (DSU) entscheidend für eine positive Einschätzung des eigenen Lernerfolgs sind. Die affektive Zufriedenheit mit der Lernsoftware (AUSAT) sowie ein Flow-ähnlicher Zustand bei der Nutzung (CA) zeigten in der Hauptanalyse hingegen keine signifikanten Effekte. Die signifikanten negativen Zusammenhänge zwischen AUSAT und Lernerfolg in der Zusatzanalyse lassen jedoch vermuten, dass emotionale Zustimmung allein nicht lernförderlich ist, sondern mit kognitiver Anstrengung und Herausforderung einhergehen sollte.

Es zeichnet sich ab, dass die Beziehung zwischen Akzeptanz und Lernerfolg nicht wie Venkatesh et al. (2003) vermutet linear ist. Vielmehr scheint im entscheidend zu sein, ob eine bestimmte Form der Akzeptanz funktional mit dem Lernprozess verknüpft ist, d. h. ob sie tatsächlich zur Auseinandersetzung mit dem Lerninhalt beiträgt. Weder ein rein positives Gefühl gegenüber der Software noch eine starke Aufmerksamkeitsfokussierung gehen notwendigerweise mit Lernerfolg einher, sofern beides nicht mit aktiver inhaltlicher Auseinandersetzung verbunden ist. Nur wenn die Akzeptanzdimension mit Lernrelevanz und aktiver inhaltlicher Verarbeitung verknüpft ist, wie dies bei CUSAT und DSU der Fall ist, kann sie einen bedeutsamen Beitrag zum subjektiv wahrgenommenen Lernerfolg leisten.

Insgesamt hat sich das entwickelte Forschungsmodell im vorliegenden Kontext als grundsätzlich tragfähig erwiesen. Dass die UTAUT-Konstrukte weder im Zeitverlauf noch in ihrer Wirkung auf die Akzeptanzdimensionen signifikante Effekte zeigten, relativiert nicht grundsätzlich ihre theoretische Relevanz. Die Befunde deuten aber auf ihre eingeschränkte Erklärungskraft in verpflichtenden, curricular eingebetteten Lernsettings hin. In solchen Kontexten scheint mit TTF die wahrgenommene Passung zwischen Technologie und Lernanforderungen in den Vordergrund zu rücken. Die klassischen UTAUT-Faktoren bleiben dennoch theoretisch anschlussfähig, sollten jedoch durch kontextspezifische Einflussfaktoren wie TTF ergänzt und gewichtet betrachtet werden.

Auch die gewählte Akzeptanzdefinition, die sich aus der affektiven und kognitiven Zufriedenheit (AUSAT und CUSAT) sowie intensiver Aufmerksamkeitsfokussierung und Nutzungstiefe (CA und DSU) zusammensetzt, hat sich als theoretisch fundiert und empirisch tragfähig erwiesen. Drei der vier Dimensionen konnten signifikant durch TTF erklärt werden, was auf die Anschlussfähigkeit des Akzeptanzmodells hinweist. Gleichzeitig wurde deutlich, dass nicht alle Facetten von Akzeptanz gleichermaßen lernwirksam sind. Nur CUSAT und DSU wiesen signifikante Zusammenhänge mit dem subjektiven Lernerfolg auf. Dies legt nahe, dass Akzeptanz nicht pauschal positiv wirkt, sondern mit aktiver inhaltlicher Auseinandersetzung einhergehen sollte.

Schließlich bestätigt sich die Entscheidung, Akzeptanz nicht als lineare Abfolge von Einstellungsakzeptanz und Verhaltensakzeptanz zu modellieren. Die parallele Erfassung verschiedener Akzeptanzfacetten ermöglichte eine nuancierte Analyse, welche Formen der Akzeptanz lernrelevant sind und trug damit zu einer realistischeren und kontextspezifischen Betrachtung von Technologieakzeptanz in institutionalisierten Lernkontexten bei.

## 9.3 Kritische Reflexion der Arbeit

Um die Aussagekraft der Ergebnisse einzuordnen, werden im Folgenden zentrale Limitationen aufgezeigt, die sich aus der Zusammensetzung der Stichprobe sowie aus methodischen Aspekten der Untersuchung ergeben.

### 9.3.1 Selbstselektion und eingeschränkte Generalisierbarkeit

Die Grundgesamtheit der vorliegenden Untersuchung umfasste rund 250 Auszubildende, die an der ZQ im Rahmen des Projekts KI B3 teilgenommen haben. Für die statistischen Analysen wurden die Daten von 109 Personen herangezogen, die sowohl an der ZQ mitgewirkt, als auch die Fragebögen beider Erhebungszeitpunkten ($t_0$ und $t_2$) ausgefüllt haben.

Da die Teilnahme an der ZQ auf freiwilliger Basis erfolgte, ist anzunehmen, dass sich insbesondere Auszubildende mit einem höheren Interesse am Thema KI, einer größeren Technikaffinität oder überdurchschnittlichen Leistungen für die Teilnahme entschieden haben. Auch die Teilnahme an den Befragungen war freiwillig, sodass davon auszugehen ist, dass v. a. motivierte und engagierte Auszubildende die Fragebögen ausgefüllt haben (Pötschke, 2010). Somit liegt ein potenzieller Selektionseffekt auf zwei Ebenen vor: zum einen bei der Zusammensetzung der ZQ-Teilnehmenden insgesamt, sodass die Ergebnisse der Untersuchung nicht ohne Weiteres auf die Gesamtheit aller Auszubildenden übertragbar sind. Zum anderen betrifft er die Teilgruppe von 109 Personen, die beide Befragungen ausgefüllt haben und damit möglicherweise keine repräsentative Teilgruppe der rund 250 ZQ-Teilnehmenden darstellen.

Ein möglicher Selektionseffekt ist auch im Rahmen der qualitativen Untersuchung zu berücksichtigen. Die Interviewpartner:innen wurden überwiegend auf freiwilliger Basis und unter dem Angebot eines Anreizes rekrutiert. Es ist daher wahrscheinlich, dass sich auch hier eher engagierte und interessierte Auszubildende zur Teilnahme bereit erklärten. Dies kann die Vielfalt der Perspektiven einschränken und zu einer positiven Verzerrung der Aussagen führen (Reinders, 2016). Allerdings ist das Risiko einseitig positiver Rückmeldungen hier eher als gering einzustufen, da viele der interviewten Auszubildenden durchaus auch kritische Einschätzungen äußerten.

Hinzu kommt, dass der Großteil der Befragten männlich war. Eine ungleiche Geschlechterverteilung innerhalb der Stichprobe kann die Aussagekraft der Ergebnisse insbesondere in technologiebezogenen Themenbereichen einschränken, da geschlechtsspezifische Unterschiede in der Wahrnehmung, Nutzung und Bewertung von digitalen Technologien bestehen können (Backhaus et al., 2021; Eid et al., 2017). Schlussfolgerungen zur Akzeptanz der Lernsoftware, die auf einer überwiegend männlich geprägten Stichprobe beruhen, könnten weibliche Perspektiven möglicherweise unzureichend abbilden.

### 9.3.2 Methodische Einschränkungen

In der vorliegenden Untersuchung wurden mehrere Second-Order-Konstrukte bei einer vergleichsweise kleinen Stichprobe ($n = 109$) modelliert. Obwohl sich die Anwendung des PLS-SEM aufgrund der Stichprobengröße als methodisch sinnvoll erweist, können bei diesem Verfahren bei komplexen Modellen Einschränkungen in der statistischen Power und Schätzpräzision auftreten. Deutlich wird dies bei der Zusatzanalyse: hier wurden erst mit größerer Fallzahl zuvor grenzwertige Effekte signifikant, was auf eine begrenzte Schätzgenauigkeit in der Hauptanalyse hinweist.

Auch konnte bei der Modellierung der Second-Order-Konstrukte keine Redundanzanalyse zur Überprüfung der konvergenten Validität durchgeführt werden, da keine alternative Messung des subjektiven Lernerfolgs und der einzelnen Akzeptanzkonstrukte vorlag. Daneben ließ sich die diskriminante Validität zwischen TTF und CUSAT im Rahmen der Modellprüfung nicht eindeutig nachweisen. Vor diesem Hintergrund sind die Ergebnisse und die Interpretation mit entsprechender Vorsicht zu betrachten.

Darüber hinaus können Reaktivitätseffekte nicht ausgeschlossen werden (Echterhoff, 2013). Da den Teilnehmenden bewusst war, dass sie Teil einer Untersuchung im Rahmen eines öffentlich geförderten Forschungsprojekts sind, könnten sie ihr Antwortverhalten bewusst oder unbewusst angepasst haben, z. B. im Sinne sozialer Erwünschtheit. Um solche Effekte zu reduzieren, wurde den befragten

Auszubildenden Anonymität ihrer Daten zugesichert. Ein Reaktivitätseffekt ist auch für die qualitative Untersuchung denkbar, da die Interviews von der Autorin dieser Arbeit durchgeführt wurden, die zugleich Mitarbeiterin in diesem Projekt war. Dies könnte das Antwortverhalten im Interview beeinflusst haben.

Die quantitative Datenerhebung erfolgte über standardisierte Selbstauskünfte auf Likert-Skalen. Diese setzen voraus, dass die Teilnehmenden sowohl einen bewussten Zugang zu den jeweils thematisierten kognitiven Prozessen haben, als auch in der Lage sind, diese in die vorgegebenen Antwortformate zu übertragen (Echterhoff, 2013). Obwohl die Items sprachlich zielgruppengerecht formuliert und einem Pretest unterzogen wurden, kann nicht ausgeschlossen werden, dass einzelne Teilnehmende Schwierigkeiten bei der Selbstbeobachtung oder Interpretation einzelner Items hatten.

## 9.4 Praktische Implikationen

Die Ergebnisse deuten darauf hin, dass klassische Einflussfaktoren wie der wahrgenommene Nutzen oder die Benutzerfreundlichkeit in der ZQ eine geringere Rolle spielten. Stattdessen war für die Akzeptanz der Lernsoftware v. a. entscheidend, ob sie funktional und inhaltlich mit den individuellen Lernzielen und -anforderungen der Teilnehmenden übereinstimmte. Daraus ergeben sich wichtige Implikationen für die weitere Durchführung der ZQ *Künstliche Intelligenz und Maschinelles Lernen.*

Da die Lernsoftware nach Projektende nicht mehr weiterentwickelt werden kann, können inhaltliche oder funktionale Anpassungen nicht mehr durch das Projektteam vorgenommen werden. Umso bedeutender ist daher die didaktische Integration der Lernsoftware durch die Lehrkräfte. So sollten Lehrkräfte insbesondere während der Einführung der Software klar kommunizieren, wie diese zur Erreichung der Lernziele beiträgt, indem etwa zentrale Funktionen aufgezeigt oder konkrete Szenarien beschrieben werden, wie die Lernsoftware für spezifische Lernaufgaben genutzt werden kann.

Die Ergebnisse zeigen auch, dass die rationale Zufriedenheit und eine vertiefte Nutzung der Lernsoftware stärker mit dem subjektiven Lernerfolg zusammenhingen als affektive Reaktionen und ein Flow-ähnlicher Zustand bei der Nutzung. Lernende, die sich bewusst und tiefgehend mit der Lernsoftware und damit ihren Inhalten auseinandersetzten, bewerteten ihren Lernerfolg deutlich positiver. Lehrkräfte der ZQ sollten daher gezielt zur aktiven inhaltlichen Auseinandersetzung mit der Lernsoftware anregen. Dies gilt besonders für die Onlinephasen, in denen die Lernenden selbstgesteuert mithilfe der Lernsoftware lernen sollen und keine direkte Betreuung erfolgt. In diesen Phasen der ZQ besteht ein höheres Risiko einer oberflächlichen Nutzung. Um dem entgegenzuwirken, sollten Lehrkräfte regelmäßige Reflexions- oder Feedbackeinheiten in Präsenzveranstaltungen oder Live-Online-Treffen integrieren. Solche Einheiten können z. B. durch Transferaufgaben zu den beruflichen Anwendungssituationen, komplexere Arbeitsaufträge oder Diskussionen gestaltet werden. Auch der Einsatz von Lerntagebüchern kann helfen, eine höhere kognitive Aktivierung zu fördern (Varner & Peck, 2003; Yan & Mendoza, 2025). Da die rationale Bewertung und die Nutzungstiefe als stärkste Prädiktoren für den Lernerfolg identifiziert wurden, liegt es in der Verantwortung der Lehrkräfte, diese gezielt zu fördern. Dies kann u. a. durch kritische Diskussionen über Vor- und Nachteile der Software oder durch Impulse zur bewussteren Nutzung bestimmter Funktionen geschehen.

Insgesamt ist eine rein technikzentrierte Bereitstellung der Lernsoftware nicht ausreichend, entscheidend ist ihre didaktisch sinnvolle Integration in das Blended-Learning-Konzept der ZQ. Angesichts der begrenzten technischen Optimierung der Software nach Projektende kommt den Lehrkräften eine zentrale Rolle zu. Um sie in dieser Rolle zu stärken, wären strukturierte Erfahrungsaustausche oder Netzwerke zwischen Lehrkräften sinnvoll, die die ZQ bereits umgesetzt haben oder künftig umsetzen. Der Austausch von Best-Practice-Beispielen, ergänzenden Materialien oder didaktischen Strategien kann wesentlich zur Qualitätssicherung und Weiterentwicklung der ZQ und des Softwareeinsatzes beitragen.

Über die spezifische Durchführung der ZQ hinaus lassen sich aus den Ergebnissen auch weiterführende Implikationen für ähnliche Lernkontexte ableiten, auch wenn deren Gültigkeit empirisch zu prüfen wäre. Insbesondere für institutionalisierte Lernsettings, in denen die Nutzung einer eingesetzten Bildungstechnologie verpflichtend ist, können folgende grundsätzliche Empfehlungen formuliert werden:

Bei der Konzeption und Implementierung von Lernsoftwares oder vergleichbaren Technologien sollten die Lernziele und Lernbedarfe der Zielgruppe frühzeitig ermittelt und die Software inhaltlich, funktional und didaktisch daran ausgerichtet werden. Darüber hinaus ist es auch in vergleichbaren Kontexten zentral, dass die Lehrpersonen den Lernenden transparent vermitteln, wie die eingesetzte Technologie sie beim Erreichen ihrer Lernziele unterstützt.

Auch wenn typische Einflussfaktoren des UTAUT-Modells in institutionalisierten und verpflichtenden Settings eine untergeordnetere Rolle spielen, bleiben sie dennoch grundlegende Voraussetzungen für eine erfolgreiche Nutzung und Akzeptanz. Aspekte wie Benutzerfreundlichkeit oder unterstützende Rahmenbedingungen stellen die Basisanforderungen dar, auf deren Grundlage sich

Lernende mit einer Technologie sinnvoll auseinandersetzen und tiefergehende Akzeptanzprozesse entstehen können (Koppel, 2021).

Auch für den Befund, dass rationale Zufriedenheit und Nutzungstiefe mit dem subjektiven Lernerfolg zusammenhingen, lassen sich praktische Empfehlungen für ähnliche formalisierte Lernkontexte ableiten. Besonders in Lernsettings, in denen die Nutzung digitaler Technologien wie eine Lernsoftware vorgegeben ist und die Lernenden weitgehend selbstständig damit arbeiten, sollte sie so gestaltet sein, dass sie gezielt zur aktiven Auseinandersetzung mit dem Lernstoff anregt. Statt einfache Multiple-Choice-Tests einzusetzen, könnten problemorientierte Aufgaben oder gezielte Reflexionsfragen nach jedem Kapitel integriert werden. Fragen wie „Was war neu für dich?" oder „Wie kannst du das Gelernte in deinem Berufsalltag nutzen?" können ein tieferes Verständnis fördern. Damit die Lerninhalte in einer Lernsoftware nicht passiv konsumiert werden, wären regelmäßige Zwischenfragen zur Selbstkontrolle hilfreich. Fehler sollten als Lerngelegenheiten genutzt werden. Durch Simulationen oder fehlertolerante Aufgabenformate sollten Lernende sich ausprobieren und experimentieren dürfen. Außerdem sollte eine Lernsoftware nicht nur zurückmelden, ob etwas falsch ist, sondern erklären, warum eine Lösung nicht korrekt ist. Auch in anderen Kontexten als der ZQ kann der Einsatz von Lerntagebüchern sinnvoll sein. Diese könnten direkt in die Software integriert werden, um zentrale Erkenntnisse oder „Aha-Erlebnisse" festhalten zu können.

Darüber hinaus sollten Lehrkräfte didaktisch darin geschult werden, wie sie digitale Tools nicht nur technisch bedienen, sondern auch pädagogisch wirksam einsetzen können. Dazu gehört insbesondere Lernsoftwares oder ähnliche digitale Tools so anzuleiten, zu strukturieren und in den Unterricht zu integrieren, dass sie tiefes Lernen ermöglichen. Notwendig ist es daher, Technik- und Fachdidaktik verzahnt zu vermitteln. Um dies zu ermöglichen, sind entsprechende zeitliche und finanzielle Ressourcen beispielsweise über Programme der Kultusministerien oder durch die Unterstützung der Schulträger bereitzustellen.

## 9.5 Fazit und Ausblick für Theorie und Forschung

Ziel dieser Arbeit war es herauszufinden, welche Faktoren die Akzeptanz der Lernsoftware bei Teilnehmenden der ZQ beeinflussen und wie sich diese Akzeptanz auf den subjektiv wahrgenommenen Lernerfolg auswirkt. Hierzu wurde basierend auf dem UTAUT- und dem TTF-Modell ein Forschungsmodell entwickelt und die Akzeptanzdefinition theoretisch und empirisch angepasst: Die Einstellungsakzeptanz wurde nicht wie üblich als Nutzungsintention, sondern als affektive und rationale Zufriedenheit mit der Lernsoftware definiert und operationalisiert. Die Verhaltensakzeptanz wurde als Flow-ähnlicher Zustand bei der Nutzung sowie als Nutzungstiefe neu operationalisiert. Das Modell wurde in einer Mixed-Methods-Untersuchung analysiert, mit Schwerpunkt auf der quantitativen Erhebung. Ergänzend wurden qualitative Interviews durchgeführt, um die quantitativen Befunde vertiefend zu betrachten.

Das postulierte Modell konnte quantitativ teilweise gestützt werden. Insbesondere die wahrgenommene Passung zwischen Lernsoftware und Lernanforderungen erwies sich als zentraler Einflussfaktor auf die Akzeptanz. Klassische UTAUT-Faktoren zeigten hingegen keinen signifikanten Einfluss. Darüber hinaus ging die rationale Zufriedenheit mit der Lernsoftware sowie die Nutzungstiefe mit einer positiven Einschätzung des eigenen Lernerfolgs einher.

Die vorliegende Arbeit liefert praxisnahe Empfehlungen und gibt aufgrund ihres explorativen Charakters zugleich Impulse für die Weiterentwicklung bestehender Theorien sowie für weiterführende Forschungsarbeiten. Theoretisch legt sie nahe, dass klassische Modelle wie UTAUT in bestimmten Kontexten eingeschränkte Erklärungskraft besitzen. Auch zeigen sie, dass Technologieakzeptanz nicht zwingend als lineare Abfolge von Einstellungs- und Verhaltensakzeptanz zu verstehen ist, sondern auch parallel auftreten kann. Das hier entwickelte mehrdimensionale Verständnis berücksichtigt die affektive und kognitive Nutzerzufriedenheit sowie die Aufmerksamkeitsfokussierung und vertiefte Nutzung einer Lernsoftware. Gerade in didaktisch strukturierten Lernumgebungen mit verpflichtender Technologienutzung erscheint dieser erfahrungs- und kognitivorientierte Zugang theoretisch wie empirisch passender als das verbreitete Intention-Behavior-Paradigma. Zukünftige Forschung sollte Akzeptanz in institutionellen und verpflichtenden Lernsettings kontextspezifisch definieren und insbesondere die kognitive Nutzerzufriedenheit und Nutzungstiefe berücksichtigen.

Ein ergänzender Modellvergleich zeigte, dass sich die vier Akzeptanzkonstrukte sinnvoll zu zwei übergeordneten Dimensionen, Einstellungs- und Verhaltensakzeptanz, zusammenfassen ließen. Während die Einstellungsakzeptanz signifikant mit dem subjektiven Lernerfolg zusammenhing, zeigte die Verhaltensakzeptanz keinen Effekt. Dies legt nahe, dass die vereinfachte Modellierung theoretisch sinnvoll sein kann, jedoch empirisch systematisch weiter geprüft werden sollte.

Offen bleibt zudem, ob sich das entwickelte Akzeptanzverständnis auch für freiwillige Nutzungskontexte eignet. Ein systematischer Vergleich beider Akzeptanzverständnisse könnte zeigen, unter welchen Bedingungen welches Konzept eine höhere Erklärungskraft besitzt und praxistauglicher ist. Dies würde nicht nur zur Weiterentwicklung bestehender Akzeptanztheorien beitragen, sondern auch helfen, die theoretische Tragfähigkeit und praktische Relevanz verschiedener Akzeptanzkonzepte besser einzuordnen.

Die Ergebnisse verdeutlichen zudem theoretische Spannungsfelder. Die diskriminante Validität zwischen TTF und CUSAT konnte nicht eindeutig belegt werden, was weitere konzeptuelle Präzisierungen nahelegt. Gleichzeitig deuten die Befunde darauf hin, dass die Bedeutung der UTAUT-Faktoren in formalen Lernkontexten mit verpflichtender Technologienutzung möglicherweise geringer ausfällt als in freiwilligen Nutzungsszenarien. Künftige Forschung sollte daher ihren Stellenwert in diesen Kontexten näher prüfen.

Deep Structure Usage hing zwar signifikant mit dem subjektiven Lernerfolg zusammen, ließ sich jedoch durch keine der untersuchten Einflussgrößen erklären. Mögliche Prädiktoren wie digitale Selbstwirksamkeitserwartungen oder Motivation könnten hier Aufschluss geben und näher untersucht werden (Marakas et al., 2007). Schließlich wäre es bedeutsam, neben subjektive auch objektive Lernerfolgsmaße (z. B. Noten) einzubeziehen, um den Beitrag akzeptierter Technologien zum Lernerfolg differenzierter prüfen und einordnen zu können.

Mixed-Methods-Designs haben sich zudem als besonders wertvoll erwiesen. Qualitative Daten machten insbesondere abstrakte Konstrukte wie CUSAT oder CA greifbarer. Weitere Forschungsarbeiten sollten qualitative Perspektiven stärker einbeziehen, um quantitative Befunde zu vertiefen und die Technologieakzeptanz umfassender zu untersuchen.

Zusammenfassend wurde in dieser Arbeit ein neues theoretisches Modell entwickelt und empirisch geprüft, das Einflussgrößen verschiedener Theorien integriert und ein alternatives Verständnis von Akzeptanz zugrunde legt. Damit greift die Arbeit den von Venkatesh et al. (2016) geforderten theoretischen Fortschritt auf und setzt erste wichtige Impulse, das Forschungsgebiet der Technologieakzeptanz weiterzuentwickeln.

# Literaturverzeichnis

Agarwal, R., & Karahanna, E. (2000). Time Flies When You're Having Fun: Cognitive Absorption and Beliefs about Information Technology Usage. *MIS Quarterly,24*(4), 665–694. https://doi.org/10.2307/3250951

Agudo-Peregrina, A. F., Hernandez-Garcia, A., & Pascual-Miguel, F. J. (2014). Behavioral intention, use behavior and the acceptance of electronic learning systems: Differences between higher education and lifelong learning. *Computers in Human Behavior,34*, 301–314. https://doi.org/10.1016/j.chb.2013.10.035

Aguilera-Hermida, A. P., Quiroga-Garza, A., Gómez-Mendoza, S., Villanueva, C. A. D. R., Alecchi, B. A., & Avci, D. (2021). Comparison of students' use and acceptance of emergency online learning due to COVID-19 in the USA, Mexico, Peru, and Turkey. *Education and Information Technologies*, 1–23. https://doi.org/10.1007/s10639-021-10473-8

Ajzen, I. (1991). The theory of planned behavior. *Organizational Behavior and Human Decision Processes,50*(2), 179–211. https://doi.org/10.1016/0749-5978(91)90020-T

Ajzen, I. (2020). The theory of planned behavior: Frequently asked questions. *Human Behavior and Emerging Technologies,2*(4), 314–324. https://doi.org/10.1002/hbe2.195

Ajzen, I., & Fishbein, M. (1980). *Understanding attitudes and predicting social behaviour*. Prentice-Hall, Inc.

Al-Khowaiter, W. A. A., Dwivedi, Y. K., & Williams, M. D. (2015). Examining the Role of Social Influence, Usefulness and Ease of Use for Determining the Mandatory Use of a Human Resource Information System in the Context of Saudi Ministries. *International Journal of Electronic Government Research,11*(3), 24–42. https://doi.org/10.4018/IJEGR.2015070102

Al-Maatouk, Q., Othman, M. S., Aldraiweesh, A., Alturki, U., Al-Rahmi, W. M., & Aljeraiwi, A. A. (2020). Task-Technology Fit and Technology Acceptance Model Application to Structure and Evaluate the Adoption of Social Media in Academia. *IEEE Access,99*, 78427–78440. https://doi.org/10.1109/ACCESS.2020.2990420

Al-Rahmi, W. M., Alias, N., Othman, M. S., Marin, V. I., & Tur, G. (2018). A Model of Factors Affecting Learning Performance through the Use of Social Media in Malaysian Higher Education. *Computers & Education,121*, 59–72. https://doi.org/10.1016/j.compedu.2018.02.010





L. Lao, *Technologieakzeptanz in der beruflichen Bildung*, Münchner Studien zur empirischen Bildungs- und Sozialisationsforschung,
https://doi.org/10.1007/978-3-658-51906-3

Alajmi, M. A., & Alotaibi, J. H. (2020). Reconceptualization of system use in the context of the digital library: what are the roles of UTAUT and IS success models? *Journal of Electronic Resources Librarianship,32*(3), 151–181. https://doi.org/10.1080/1941126X.2020.1790943

Alkraiji, A. I. (2020). An examination of citizen satisfaction with mandatory e-government services: comparison of two information systems success models. *Transforming Government: People, Process and Policy,15*(1), 1–23. https://doi.org/10.1108/TG-01-2020-0015

Alotaibi, R., & Alshahrani, S. (2022). An extended DeLone and McLean's model to determine the success factors of e-learning platform. *PeerJ. Computer science,8*, e876. https://doi.org/10.7717/peerj-cs.876

Alyoussef, I. Y. (2021). E-Learning Acceptance: The Role of Task–Technology Fit as Sustainability in Higher Education. *Sustainability,13*, 1–15. https://doi.org/10.3390/su13116450

Ameen, A., Al Ali, D., Isaac, O., & Mohammed, F. (2020). Examining relationship between service quality, user satisfaction, and performance impact in the context of smart government in UAE. *International Journal of Electrical and Computer Engineering,10*, 6026–6033. https://doi.org/10.11591/ijece.v10i6.pp6026-6033

Annen, S., & Paulini-Schlottau, H. (2009). Kodifizierte Zusatzqualifikationen in anerkannten Ausbildungsberufen. Erstmalig im Ausbildungsberuf Musikfachhändler/- in umgesetzt. *Berufsbildung in Wissenschaft und Praxis,38*(3), 23–26.

Asadollahi, F., Zagami, S. E., & Roudsari, R. L. (2025a). Designing, validation and evaluation of an mHealth app for prenatal health promotion based on the unified theory of acceptance and use of technology: A mixed methods study protocol. *Scientific Reports,15*(1), 27603. https://doi-org.emedien.ub.uni-muenchen.de/10.1038/s41598-025-05609-6

Asadollahi, F., Zagami, S. E., & Roudsari, R. L. (2025b). Understanding pregnant women's intention to use mobile health apps and its determinants: applying the UTAUT model in a mixed-methods study. *BMC Primary Care,26*(1), 252. https://doi-org.emedien.ub.uni-muenchen.de/10.1186/s12875-025-02950-7

Backhaus, K., Erichson, B., Gensler, S., Weiber, R., & Weiber, T. (2021). *Multivariate Analysemethoden*. Springer.

Bagozzi, R. P. (2007). The Legacy of the Technology Acceptance Model and a Proposal for a Paradigm. *Journal for the Association for Information System,8*(4), 244–254. https://doi.org/10.17705/1jais.00122

Bagozzi, R. P., Gopinath, M., & Nyer, P. U. (1999). The role of emotions in marketing. *Journal of the Academy of Marketing Science,27*(2), 184–206. https://doi.org/10.1177/0092070399272005

Bagozzi, R. P., & Yi, Y. (1991). Multitrait-Multimethod Matrices in Consumer Research. *Journal of Consumer Research,17*(4), 426–439. https://doi.org/10.1086/208568

Baker, D. S., Underwood, J., & Thakur, R. (2017). Factors contributing to cognitive absorption and grounded learning effectiveness in a compettitive business marketing simulation. *Marketing Education Review,27*(3), 127–140. https://doi.org/10.1080/10528008.2017.1306710

Ball, C. (2020). Bildungstechnologie in der beruflichen Aus- und Weiterbildung. In H. Niegemann & A. Weinberger (Eds.), *Handbuch Bildungstechnologie* (pp. 667–676). Springer.

Bamufleh, D., Hussain, R., Sheikh, E., & Khodary, K. (2020). Students' Acceptance of Simulation Games in Management Courses: Evidence from Saudi Arabia. *Journal of Education and Learning,9*(4), 55–71. https://doi.org/10.5539/jel.v9n4p55

Bandura, A. (1986). The explanatory and predictive scope of self-efficacy theory. *Journal of Social and Clinical Psychology,4*(3), 359–373. https://psycnet.apa.org/doi/10.1521/jscp.1986.4.3.359

Baraslievska, N. (2019). *Factors affecting employee acceptance of electronic shelf labels in a mandatory business environment – a study applying the UTAUT-Model in a Swedish organization* [Master Thesis, Blekinge Institute of Technology].

Barclay, D., Thompson, R., & Higgins, C. (1995). The Partial Least Squares (PLS) Approach to Causal Modeling: Personal Computer Use as an Illustration. *Technology Studies,2.*

Barhoumi, C. (2016). User acceptance of the e-information service as information resource. A new extension of the technology acceptance model. *New Library World,117*(9/10), 626–643. https://doi.org/10.1108/NLW-06-2016-0045)

Bender, L., Renkl, A., & Eitel, A. (2021). When and how seductive details harm learning. A study using cued retrospective reporting. *Applied Cognitive Psychology,35*(4), 948–959. https://doi.org/10.1002/acp.3822

Bere, A. (2018). Applying an Extended Task-Technology Fit for Establishing Determinants of Mobile Learning: An Instant Messaging Initiative. *Journal of Information Systems Education,29*(4), 239–252.

Bhattacharjee, A., & Sanford, C. (2009). The intention–behaviour gap in technology usage: the moderating role of attitude strength. *Behavior & Information Technology,28*(4), 389–401. https://doi.org/10.1080/01449290802121230

Bhattacherjee, A. (2001). Understanding Information Systems Continuance: An Expectation-Confirmation Model. *MIS Quarterly,25*(3), 351–370. https://doi.org/10.2307/3250921

Bhattacherjee, A., Davis, C. J., Connolly, A. J., & Hikmet, N. (2018). User response to mandatory IT use: a coping theory perspective. *European Journal of Information Systems,27*(4), 395–414. https://doi.org/10.1057/s41303-017-0047-0

Bhattacherjee, A., & Premkumar, G. (2004). Understanding Changes in Belief and Attitude toward Information Technology Usage: A Theoretical Model and Longitudinal Test. *MIS Quarterly,28*(2), 229–254. https://doi.org/10.2307/25148634

bitkom. (2023). *KI gilt in der deutschen Wirtschaft als Zukunftstechnologie – wird aber selten genutzt*. Retrieved 08.02.2023 from https://www.bitkom.org/Presse/Presseinformation/Kuenstliche-Intelligenz-2022

Bloom, B. S. (1974). *Taxonomie von Lernzielen im kognitiven Bereich.* Beltz.

Bloom, B. S., Engelhart, M. D., Furst, E. J., Hill, W. H., & Krathwohl, D. R. (1956). *Taxonomy of educational objectives: The classification of educational goals. Handbook I: Cognitive domain.* McKay Company.

Blut, M., Chong, A., Tsigna, Z., & Venkatesh, V. (2022). Meta-Analysis of the Unified Theory of Acceptance and Use of Technology (UTAUT): Challenging its Validity and Charting a Research Agenda in the Red Ocean. *Journal of the Association for Information Systems,23*, 13–95. https://doi.org/10.17705/1jais.00719

Bock, M. (1992). Das halbstrukturierte-leitfadenorientierte Tiefeninterview. Theorie und Praxis der Methode am Beispiel von Paarinterviews. In J. Hoffmeister-Zlotnik (Ed.),

*Analyse verbaler Daten. Über den Umgang mit qualitativen Daten* (pp. 90–109). Westdeutscher Verlag.

Boedec, K. L. (2016). Sensitivity and specificity of normality tests and consequences on reference interval accuracy at small sample size: a computer-simulation study. *Veterinary clinical pathology,45*(4), 648–656. https://doi.org/10.1111/vcp.12390

Bommer, W. H., Johnson, L. J., Rich, G. A., Podsakoff, P. M., & Mackenzie, S. B. (1995). On the interchangeability of objective and subjective measures of employee performance: a meta-analysis. *Personell Psychology,48*, 587–605. https://doi.org/10.1111/j.1744-6570.1995.tb01772.x

Borowski, A., Neuhaus, B. J., Tepner, O., Wirth, J., Fischer, H. E., Leutner, D., Sandmann, A., & Sumfleth, E. (2010). Professionswissen von Lehrkräften in den Naturwissenschaften (ProwiN) – Kurzdarstellung des BMBF-Projekts. *Zeitschrift für Didaktik der Naturwissenschaften,16*, 341–349. https://doi.org/10.25656/01:31679

Bortz, J., & Döring, N. (2016). *Forschungsmethoden und Evaluation in den Sozial- und Humanwissenschaften.* Springer.

Borusiak, B., Szymkowiak, A., Kucharska, B., Gálová, J., & Mravcová, A. (2022). Predictors of intention to reduce meat consumption due to environmental reasons – Results from Poland and Slovakia. *Meat Science,184*, 108674–108674. https://doi.org/10.1016/j.meatsci.2021.108674

Bowman, N. A. (2010). Can 1st-Year College Students Accurately Report Their Learning and Development? *American Educational Research Journal,47*(2), 466–496. https://doi.org/10.3102/0002831209353595

Bressolles, G., Durrieu, F., & Senecal, S. (2014). A consumer typology based on e-service quality and e-satisfaction. *Journal of Retailing and Consumer Services,21*(6), 889–896. https://doi.org/10.1016/j.jretconser.2014.07.004

Broadbent, J., & Poon, W. L. (2015). Self-regulated learning strategies & academic achievement in online higher education learning environments: A systematic review. *The Internet and Higher Education,27*, 1–13. https://doi.org/10.1016/j.iheduc.2015.04.007

Brown, S. A., Massey, A. P., Montoya-Weiss, M. M., & Burkman, J. R. (2002). Do I really have to? User acceptance of mandated technology. *European Journal of Information Systems,11*, 283–295. https://doi.org/10.1057/palgrave.ejis.3000438

Brown, T. A.,. (2015). *Confirmatory Factor Analysis for Applied Research.* The Guilford Press.

Buche, M., W., Davis, L. R., & Vician, C. (2012). Does Technology Acceptance Affect E-learning in a Non-Technology-Intensive Course? *Journal of Information Systems Education,23*(1), 41–50.

Bundesministerium für Wirtschaft und Energie. (2018). *Monitoring-Report Wirtschaft DIGITAL 2018. Der IKT-Standort Deutschland und seine Position im internationalen Vergleich. Kurzfassung.* Retrieved 08.02.2023 from https://www.bmwk.de/Redaktion/DE/Publikationen/Digitale-Welt/monitoring-report-wirtschaft-digital-2018-ikt-standort-deutschland-kurzfassung.pdf?__blob=publicationFile&v=8

Bundesministerium für Wirtschaft und Energie. (2019). *Einsatz von Künstlicher Intelligenz in der Deutschen Wirtschaft Stand der KI-Nutzung im Jahr 2019.* Retrieved 08.02.2023 from https://www.bmwk.de/Redaktion/DE/Publikationen/Wirtschaft/einsatz-von-ki-deutsche-wirtschaft.pdf?__blob=publicationFile&v=8

Bürg, O., Rösch, S., & Mandl, H. (2005). *Die Bedeutung von Merkmalen des Individuums und Merkmalen der Lernumgebung für die Akzeptanz von E-Learning in Unternehmen. (Forschungsbericht Nr. 173).*

Burnham, K. P., & Anderson, D. R. (2004). Multimodel inference: Understanding AIC and BIC in model selection. *Sociological Research Methods*(2), 261–304. https://doi.org/10.1177/0049124104268644

Burton-Jones, A., & Gallivan, M. J. (2007). Toward a Deeper Understanding of System Usage in Organizations: A Multilevel Perspective. *MIS Quarterly,31*(4), 657–679. https://doi.org/10.2307/25148815

Burton-Jones, A., & Straub, D. W. (2006). Reconceptualizing System Usage: An Approach and Empirical Test. *Information Systems Research,17*(3), 228–246. https://doi.org/10.1287/isre.1060.0096

Butera, F., Batruch, A., Autin, F., Mugny, G., Quiamzade, A., & Pulfrey, C. (2021). Teaching as Social Influence: Empowering Teachers to Become Agents of Social Change. *Social Issues & Policy Review,15*(1), 323–355. https://doi.org/10.1111/sipr.12072

Cane, S., & McCarthy, R. (2009). Analyzing the Factors That Affect Information Systems Use: A Task-Technology Fit Meta-Analysis. *Journal of Computer Information Systems,50*(1), 108–123. https://doi.org/10.1080/08874417.2009.11645368

Carle, A. C., Jaffee, D., Vaughan, N. W., & Eder, D. (2009). Psychometric Properties of Three New National Study of Student Engagement Based Engagement Scales: An Item Response Theory Analysis. *Research in Higher Education,50*(8), 775–794. https://doi.org/10.1007/s11162-009-9141-z

Carter, M. (2012). *Information Technology (IT) Identity: A Conceptualization, Proposed Measures, and Research Agenda* [Dissertation, Graduate School of Clemson University].

Caruana, A., La Rocca, A., & Snehota, I. (2016). Learner Satisfaction in Marketing Simulation Games: Antecedents and Influencers. *Journal of Marketing Education,38*(2), 107–118. https://doi.org/10.1177/0273475316652442

Caspersen, J., & Smeby, J.-C. (2018). The relationship among learning outcome measures used in higher education. *Quality in Higher Education,24*(2), 117–135. https://doi.org/10.1080/13538322.2018.1484411

Caspersen, J., Smeby, J.-C., & Aamondt, P. O. (2017). Measuring learning outcomes. *European Journal of Education,52*, 20–30. https://doi.org/10.1111/ejed.12205

Çelik, K., & Ayaz, A. (2022). Validation of the Delone and McLean information systems success model: a study on student information system. *Education and Information Technologies,27*(4), 4709–4727. https://doi.org/10.1007/s10639-021-10798-4

Chandra, S., Srivastava, S. C., & Theng, Y.-L. (2012). Cognitive Absorption and Trust for Workplace Collaboration in Virtual Worlds: An Information Processing Decision Making Perspective. *Journal of the Association for Information Systems,13*(10), 797–835. https://doi.org/10.17705/1jais.00310

Chang, C.-C. (2013). Library mobile applications in university libraries. *Library Hi Tech,31*(3), 478–492. https://doi.org/10.1108/LHT-03-2013-0024

Chang, H. H. (2010). Task-technology fit and user acceptance of online auction. *International Journal of Human-Computer Studies,68*, 69–89. https://doi.org/10.1016/j.ijhcs.2009.09.010

Chang, I. C., Hwang, H. G., Hung, W. F., & Li, Y. C. (2007). Physicians' acceptance of pharmacokinetics-based clinical decision support systems. *Expert Systems with Applications,33*(2), 296–303. https://doi.org/10.1016/j.eswa.2006.05.001

Chao, C.-M. (2019). Factors Determining the Behavioral Intention to Use Mobile Learning: An Application and Extension of the UTAUT Model. *Frontiers in Psychology,10*, 1–14. https://doi.org/10.3389/fpsyg.2019.01652

Chatterjee, S., & Bhattacharjee, K. K. (2020). Adoption of artificial intelligence in higher education: a quantitative analysis using structural equation modelling. *Education and Information Technologies,25*, 3443–3463. https://link.springer.com/article/10.1007/s10639-020-10159-7

Chen, C.-Y., & Li, Y.-H. (2010). A Study on Cognitive-Affective Model of Sport Consumer Satisfaction in the Event of Taipei 101 Run-Up Race. *Journal of Venue and Event Management,1*(2), 45–62.

Chen, M. F. (2016). Extending the theory of planned behavior model to explain people's energy savings and carbon reduction behavioral intentions to mitigate climate change in Taiwan–moral obligation matters. *Journal of Cleaner Production,112*(2), 1746–1753.

Cheng, Y.-M. (2020). Will robo-advisors continue? Roles of task-technology fit, network externalities, gratifications and flow experience in facilitating continuance intention. *Kybernetes,50*(6), 1751–1783. https://doi.org/10.1108/K-03-2020-0185

Chin, W. W. (2010). How to write up and report PLS analyses. In V. E. Vinzi, W. W. Chin, J. Henseler, & H. Wang (Eds.), *Handbook of partial least squares: Concepts, methods and applications in marketing and related fields* (pp. 655–690). Springer.

Choi, D., & Kim, J. (2004). Why people continue to play online games: in search of critical design factors to increase customer loyalty to online contents. *Cyberpsychol Behav,7*(1), 11–24. https://doi.org/10.1089/109493104322820066

Clasen, H. (2009). *Die Messung von Lernerfolg: Eine grundsätzliche Aufgabe der Evaluation von Lehr- bzw. Trainingsinterventionen* [Dissertation, Technische Universität Dresden]. Dresden.

Cohen, J. (1992). A power primer. *Psychological Bulletin,112*(1), 155–159. https://doi.org/10.1037/0033-2909.112.1.155

Collins, D. (2003). Pretesting Survey Instruments: An Overview of Cognitive Methods. *Quality of Life Research,12*(3), 229–238. https://doi.org/10.1023/a:1023254226592

Compeau, D. R., & Higgins, C. A. (1995). Computer Self-Efficacy: Development of a Measure and Initial Test. *MIS Quarterly,19*(2), 189–211. https://doi.org/10.2307/249688

Conein, S., & Zinke, G. (2019). Berufsbildung und Digitalisierung – Optionen zur flexiblen Anpassung von Ausbildungsberufen. *Berufsbildung in Wissenschaft und Praxis,48*(5), 40–42.

Creswell, J. W. (2015a). *A concise introduction to mixed methods research.* SAGE Publications Inc.

Cronin, J. J., Brady, M. K., & Hult, G. T. M. (2000). Assessing the effects of quality, value, and customer satisfaction on consumer behavioral intentions in service environments. *Journal of Retailing,76*(2), 193–218. https://doi.org/10.1016/S0022-4359(00)00028-2

Csikszentmihalyi, M. (1990). *Flow: The Psychology of Optimal Experience.* Harper and Row.

Curran, P. J., West, S. G., & Finch, J. F. (1996). The robustness of test statistics to nonnormality and specification error in confirmatory factor analysis. *Psychological Methods,1*(1), 16–29. https://psycnet.apa.org/doi/10.1037/1082-989X.1.1.16

D'Ambra, J., Wilson, C. S., & Akter, S. (2013). Application of the Task-Technology Fit Model to Structure and Evaluate the Adoption of E-Books by Academics. *Journal of the American Society for Information Science and Technology,64*(1), 48–64. https://doi.org/10.1002/asi.22757

Dalcher, I., & Shine, J. (2003). Extending the New Technology Acceptance Model to Measure the End User Information Systems Satisfaction in a Mandatory Environment: A Bank's Treasury. *Technology Analysis & Strategic Management,15*(4), 441–455. https://doi.org/10.1080/0953732030001360033

Danks, N. P., Sharma, P. N., & Sarstedt, M. (2020). Model selection uncertainty and multimodel inference in partial least squares structural equation modeling (PLS-SEM). *Journal of Business Research,113*, 13–24. https://doi.org/10.1016/j.jbusres.2020.03.019

Davis, F. D. (1986). *A Technology Acceptance Model for Empirically Testing New End-User Information Systems: Theory and Results* [Doctoral dissertation, Massachusetts Institute of Technology].

Davis, F. D. (1989). Perceived Usefulness, Perceived Ease of Use, and User Acceptance of Information Technology. *MIS Quarterly,13*(3), 319–340. https://doi.org/10.2307/249008

Davis, F. D., Bagozzi, R. P., & Warshaw, P. R. (1989). User Acceptance of Computer Technology: A Comparison of Two Theoretical Models. *Management Science,35*, 982–1003. https://doi.org/10.1287/mnsc.35.8.982

Davis, F. D., Bagozzi, R. P., & Warshaw, P. R. (1992). Extrinsic and intrinsic motivation to use computers in the workplace. *Journal of Applied Social Psychology,22*(14), 1111–1132. https://doi.org/10.1111/j.1559-1816.1992.tb00945.x

de Jong, T., & Ferguson-Hessler, M. G. M. (1996). Types and Qualities of Knowledge. *Educational Psychologist,31*(2), 105–113. https://doi.org/10.1207/s15326985ep3102_2

Decman, M. (2015). Modeling the acceptance of e-learning in mandatory environments of higher education: The influence of previous education and gender. *Computers in Human Behavior,49*, 272–281. https://doi.org/10.1016/j.chb.2015.03.022

DeSanctis, G., & Poole, M. S. (1994). Capturing the Complexity in Advanced Technology Use: Adaptive Structuration Theory. *Organization Science,5*(2), 121–147. https://doi.org/10.1287/orsc.5.2.121

DeVellis, R. F. (2003). *Scale development. Theory and Applications*. SAGE.

Dishaw, M. T., & Strong, D. M. (1998). Assessing Software Maintenance Tool Utilization using Task–technology Fit and Fitness-for-use Models. *Software Maintenance: Research And Practice,10*, 151–179. https://doi.org/10.1002/(SICI)1096-908X(199805/06)10:3%3C151::AID-SMR165%3E3.0.CO;2-%23

Dishaw, M. T., & Strong, D. M. (1999). Extending the technology acceptance model with task technology fit constructs. *Information & Management,36*, 9–21. https://doi.org/10.1016/S0378-7206(98)00101-3

Dishaw, M. T., Strong, D. M., & Bandy, D. B. (2002). *Extending the Task-Technology Fit Model with Self-Efficacy Constructs* Eighth Americas Conference on Information Systems,

Dorsch. (2011). *Lernerfolg*. Retrieved 18.12.2023 from https://dorsch.hogrefe.com/stichwort/lernerfolg

Dorsch. (2022). *Nutzerakzeptanz*. Retrieved 04.08.2022 from https://dorsch.hogrefe.com/stichwort/nutzerakzeptanz

Dubé, L., & Schmitt, B. H. (1991). The Processing of Emotional and Cognitive Aspects of Product Usage in Satisfaction Judgments. *Advances in Consumer Research,18*(1), 52–56. https://research.ebsco.com/linkprocessor/plink?id=4646ba0b-5c1c-3f07-a2f5-7fa59cfef25e

Dwivedi, Y. K., Rana, N. P., Jeyaraj, A., Clement, M., & Williams, M. D. (2019). Re-examining the Unified Theory of Acceptance and Use of Technology (UTAUT): Towards a Revised Theoretical Model. *Information Systems Frontiers,21*(3), 719–734. https://link.springer.com/article/10.1007/s10796-017-9774-y

Echterhoff, G. (2013). Quantitative Erhebungsmethoden. In W. Hussy, M. Schreier, & G. Echterhoff (Eds.), *Forschungsmethoden in Psychologie und Sozialwissenschaften für Bachelor* (pp. 55–114). Springer.

Eid, M., Gollwitzer, M., & Schmitt, M. (2017). *Statistik und Forschungsmethoden.* Beltz.

Erpenbeck, J., & Sauter, W. (2013). *So werden wir lernen! Kompetenzentwicklung in einer Welt fühlender Computer, kluger Wolken und sinnsuchender Netz.* Springer Gabler.

Field, A. (2009). *Discovering Statistics Using SPSS.* SAGE.

Fishbein, M., & Ajzen, I. (1975). *Belief, Attitude, Intention and Behavior. An Introduction to Theory and Research.* Addison Wesley.

Fishbein, M., & Ajzen, I. (2010). *Predicting and changing behavior: The reasoned action approach.* Psychology Press.

Fleck, P., Müller, M., & Schmidt-Hertha, B. (2021). Konstruktion von Lernerfolg – Ergebnisse der Begleitforschung einer medienpädagogischen Lehrerfortbildung. In N. Beck, T. Bohl, & S. Meissner (Eds.), *Forschungs- und Entwicklungsfelder der Lehrerbildung auf dem Prüfstand. Ergebnisse der ersten Förderphase der Qualitätsoffensive Lehrerbildung an der Tübingen School of Education* (pp. 259–272). Tübingen University Press.

Fornell, C., & Larcker, D. F. (1981). Evaluating Structural Equation Models with Unobservable Variables and Measurement Error. *Journal of Marketing Research,18*(1), 39–50. https://doi.org/10.2307/3151312

Frank, B., Herbas Torrico, B., Enkawa, T., & Schvaneveldt, S. (2014). Affect versus cognition in the chain from perceived quality to customer loyalty: The roles of product beliefs and experience. *Journal of Retailing,90*, 567–586. https://doi.org/10.1016/j.jretai.2014.08.001

Franzen, A. (2014). Antwortskalen in standardisierten Befragungen. In N. Baur & J. Blasius (Eds.), *Handbuch Methoden der empirischen Sozialforschung* (pp. 701–711). Springer VS.

Friebertshäuser, B., & Langer, A. (2013). Interviewformen und Interviewpraxis. In B. Friebertshäuser, A. Langer, & A. Prengel (Eds.), *Handbuch Qualitative Forschungsmethoden in der Erziehungswissenschaft.* Beltz.

Gaber, H. R. (2021). What drives customers to continue using ride-sharing apps during the COVID-19 pandemic? The case of Uber in Egypt. *Cogent Business & Management,8*(1), 1944009. https://doi.org/10.1080/23311975.2021.1944009

Gallarza, M. G., Ruiz-Molina, M. E., & Gil-Saura, I. (2016). Stretching the value-satisfaction-loyalty chain by adding value dimensions and cognitive and affective satisfactions: A causal model for retailing. *Management Decision,54*(4), 981–1003. https://doi.org/10.1108/MD-07-2015-0323

Gana, K., & Broc, G. (2019). *Structural Equation Modeling with lavaan.* Wiley.

Gao, B. (2023). Understanding smart education continuance intention in a delayed benefit context: An integration of sensory stimuli, UTAUT, and flow theory. *Acta Psychologica,234*, 103856. https://doi.org/10.1016/j.actpsy.2023.103856

Ghanbarzadeh, R., & Ghapanchi, A. H. (2020). Antecedents and consequences of user acceptance of three-dimensional virtual worlds in higher education. *Journal of Information Technology Education: Research,19*, 855–889. https://doi.org/10.28945/4660

Giannakos, M. N., & Vlamos, P. (2013). Educational webcasts' acceptance: Empirical examination and the role of experience. *British Journal of Educational Technology,44*(1), 125–143. https://doi.org/10.1111/j.1467-8535.2011.01279.x

Gläser-Zikuda, M., Hofmann, F., Bonitz, M., & Lippert, N. (2018). Methodische Zugänge zu Emotionen in Schule und Unterricht. In M. Huber & S. Krause (Eds.), *Bildung und Emotion*. Springer Fachmedien.

Gläser, J., & Laudel, G. (2010). *Experteninterviews und qualitative Inhaltsanalyse*. Springer Verlag.

Goel, L., Johnson, N. A., Junglas, I., & Ives, B. (2013). How cues of what can be done in a virtual world influence learning: An affordance perspective. *Information & Management,50*, 197–206. https://doi.org/10.1016/j.im.2013.01.003

Göller, R. (2020). *Studien zur Hochschuldidaktik und zum Lehren und Lernen mit digitalen Medien in der Mathematik und in der Statistik*. Springer Spektrum.

Goodhue, D. L., & Thompson, R. L. (1995). Task-Technology Fit and Individual Performance. *MIS Quarterly,19*(2), 213–236. https://doi.org/10.2307/249689

Graham, M. A., Stols, G., & Kapp, R. (2020). Teacher Practice and Integration of ICT: Why Are or Aren't South African Teachers Using ICTs in Their Classrooms. *International Journal of Instruction,13*(2), 749–766.

Gruzd, A., Staves, K., & Wilk, A. (2012). Connected scholars: Examining the role of social media in research practices of faculty using the UTAUT model. *Computers in Human Behavior,28*, 2340–2350. https://doi.org/10.1016/j.chb.2012.07.004

Guggemos, J., Seufert, S., & Sonderegger, S. (2020). Humanoid robots in higher education: Evaluating the acceptance of Pepper in the context of an academic writing course using the UTAUT. *British Journal of Educational Technology,51*(5), 1864–1883. https://doi.org/10.1111/bjet.13006

Guinaliu-Blasco, M., Hernandez-Ortega, B., & Franco, J. L. (2019). The effect of cognitive absorption on marketing learning performance. *Spanish Journal of Marketing,23*(2), 249–271. https://doi.org/10.1108/SJME-10-2018-0048

Guo, X., & Zhang, N. (2010). User Attitude towards Mandatory use of Information Systems: A chinese cultural Perspective. *Journal of Global Information Management,18*(4), 1–18. https://doi.org/10.4018/978-1-61350-480-2.ch001

Gupta, B., Dasgupta, S., & Gupta, A. (2008). Adoption of ICT in a Government Organization in a Developing Country: An Empirical Study. *Journal of Strategic Information Systems,17*(2), 140–154. https://doi.org/10.1016/j.jsis.2007.12.004

Gutschow, K., & Lorig, B. (2022). Kodifizierte Zusatzqualifikationen – Ziele, Modelle und Verbreitung. *Berufsbildung in Wissenschaft und Praxis,51*(3), 27–30.

Hagenauer, G., Gegenfurtner, A., & Gläser-Zikuda, M. (2023). *Grundlagen und Anwendung von Mixed Methods in der empirischen Bildungsforschung.* Springer VS.

Hähn, K., & Ratermann-Busse, M. (2020). Digitale Medien in der Berufsbildung – eine Herausforderung für Lehrkräfte und Ausbildungspersonal? In A. Wilmers, C. Anda, C. Keller, & M. Rittberger (Eds.), *Bildung im digitalen Wandel. Die Bedeutung für das pädagogische Personal und für die Aus- und Fortbildung.* (pp. 129–158). Waxmann.

Hair, J., Hult, G. T. M., Ringle, C., Sarstedt, M., Danks, N., & Ray, S. (2021). *Partial Least Squares Structural Equation Modeling (PLS-SEM) Using R: A workbook.* Springer Gabler.

Hair, J. F., Hult, G. T. M., Ringle, C. M., & Sarstedt, M. (2017). *A Primer on Partial Least Squares Structural Equation Modeling (PLS-SEM).* SAGE Publications.

Hair, J. F., Hult, G. T. M., Ringle, C. M., & Sarstedt, M. (2022). *PLS-SEM Book: A Primer on PLS-SEM (3rd Ed.).* SAGE.

Hair, J. F., Sarstedt, M., Hopkins, L., & Kuppelwieser, V. G. (2014). Partial least squares structural equation modeling (PLS-SEM). An emerging tool in business research. *European Business Review,26*(2), 106–121. https://doi.org/10.1108/EBR-10-2013-0128

Han, H. (2015). Travelers' pro-environmental behavior in a green lodging context: Converging value-belief-norm theory and the theory of planned behavior. *Tourism Management,47*, 164–177.

Han, J., & Conti, D. (2020). The Use of UTAUT and Post Acceptance Models to Investigate the Attitude towards a Telepresence Robot in an Educational Setting. *Robotics,9*(34), 1–19.

Händel, M., & Fritzsche, E. (2015). Students' confidence in their performance judgements: a comparison of different response scales. *Educational Psychology,35*. https://doi.org/10.1080/01443410.2014.895295

Harris, D. N. (2010). How Do School Peers Influence Student Educational Outcomes? Theory and Evidence from Economics and Other Social Sciences. *Teachers College Record,112*(4), 1163–1197. https://doi.org/10.1177/016146811011200404

Harris, M. M., & Schaubroeck, J. (1988). A metaanalysis of self-supervisor, self-peer, and peer-supervisor ratings. *Personell Psychology,41*(1), 43–62. https://doi.org/10.1111/j.1744-6570.1988.tb00631.x

Härtel, M., Brüggemann, M., Sander, M., Breiter, A., Howe, F., & Kupfer, F. (2018b). *Digitale Medien in der betrieblichen Berufsausbildung. Medienaneignung und Mediennutzung in der Alltagspraxis von betrieblichem Ausbildungspersonal.* Bundesinstitut für Berufsbildung. https://www.bibb.de/dienst/dapro/daprodocs/pdf/eb_32305.pdf

Helbig, C., Egloffstein, M., Hofhues, S., & Ifenthaler, D. (2020). Förderung beruflicher Medienkompetenzen in einer vernetzten Bildungsorganisation: Konzeption und Perspektiven aus der wissenschaftlichen Begleitung des Verbundprojekts #ko.vernetzt. In B. Ziegler & R. Tenberg (Eds.), *Berufsbildung 4.0. Steht die berufliche Bildung vor einem Umbruch?* (pp. 74–90). Verlag Barbara Budrich.

Helfferich, C. (2011). *Die Qualität qualitativer Daten. Manual für die Durchführung qualitativer Interviews.* VS Verlag.

Helland, H. (2007). How Does Social Background Affect the Grades and Grade Careers of Norwegian Economics Students? *British Journal of Sociology of Education,28*(4), 489–504. https://doi.org/10.1080/01425690701369582

Helson, H. (1964). *Adaptation-level theory: an experimental and systematic approach to behavior*. Harper and Row.

Henseler, J. (2005). Einführung in die PLS-Pfadmodellierung. *WiSt – Wirtschaftswissenschaftliches Studium,34*(2), 70–75. https://doi.org/10.15358/0340-1650-2005-2

Henseler, J., Hubona, G., & Ray, P. A. (2016). Using PLS path modeling in new technology research: updated guidelines. *Industrial Management & Data Systems,116*(1), 2–20. https://doi.org/10.1108/IMDS-09-2015-0382

Hidayat, D., Pangaribuan, C., Bayu Putra, O., & Irawan, I. (2021). *Contemporary Studies of Task-Technology Fit: A Review of the Literature.* https://doi.org/10.1109/ICIMTech53080.2021.9535028

Hippach-Schneider, U., Krause, M., & Woll, C. (2007). *Berufsbildung in Deutschland. Kurzbeschreibung*. Cedefop.

Horton, R. P., Buck, T., Waterson, P. E., & Clegg, C. W. (2001). Explaining intranet use with the technology acceptance model. *Journal of Information Technology,16*(4), 237–249. https://doi.org/10.1080/02683960110102407

Hsieh, C.-C., & Chiu, F.-Y. (2019). *The UTAUT Model Applied to Examine the STEM in Hight School Robot Subject Instruction* International Congress on Education and Technology in Sciences. CISETC 2019: Education and Technology in Sciences, Arequipa, Peru.

Hsieh, J. J. P.-A., & Wang, W. (2007). Explaining Employees' Extended Use of Complex Information Systems. *European Journal of Information Systems,16*, 216–227. https://doi.org/10.1057/palgrave.ejis.3000663

Hsu, C.-W., & Peng, C.-C. (2022). What drives older adults' use of mobile registration apps in Taiwan? An investigation using the extended UTAUT model. *Informatics for Health and Social Care,47*(3), 258–273. https://doi.org/10.1080/17538157.2021.1990299

Huang, L.-C., Shiau, W.-L., & Lin, Y.-H. (2017). What factors satisfy e-book store customers? Development of a model to evaluate e-book user behavior and satisfaction. *Internet Research,27*(3), 563–585. https://doi.org/10.1108/IntR-05-2016-0142

Hüsing, B., Bierhals, R., Bührlen, B., Friedewald, M., Kimpeler, S., Menrad, K., Wengel, K., Zimmer, R., & Zoche, P. (2002). *Technikakzeptanz und Nachfragemuster als Standortvorteil. Abschlussbericht.* https://publica.fraunhofer.de/entities/publication/2b2f069a-8754-4cba-bcca-b402d8f4fd0b

Hwang, Y., Al-Arabiat, M., & Shin, D.-H. (2015). Understanding technology acceptance in a mandatory environment: A literature review. *Information Development,32*(4), 1266–1283. https://doi.org/10.1177/0266666915593621

Hwang, Y., Chung, J.-Y., Shin, D.-H., & Lee, Y. (2017). An empirical study on the integrative pre-implementation model of technology acceptance in a mandatory environment. *Behaviour & Information Technology,36*(8), 861–874. https://doi.org/10.1080/0144929X.2017.1306751

Ifenthaler, D., & Schweinbenz, V. (2013). The acceptance of Tablet-PCs in classroom instruction: The teachers' perspectives. *Computers in Human Behavior,29*, 525–534. https://doi.org/10.1016/j.chb.2012.11.004

Ifenthaler, D., & Schweinbenz, V. (2016). Students' Acceptance of Tablet PCs in the Classroom. *Journal of Research on Technology in Education,48*(4), 306–321. https://doi.org/10.1080/15391523.2016.1215172

Igbaria, M., & Tan, M. (1997). The consequences of information technology acceptance on subsequent individual performance. *Information & Management,32*(3), 113–121. https://doi.org/10.1016/S0378-7206(97)00006-2

IHK Reutlingen. (2024). *KI $B^3$– Künstliche Intelligenz in die berufliche Bildung bringen. Rahmenlehrplan für die Zusatzqualifikation. „Künstliche Intelligenz und maschinelles Lernen" für Auszubildende aller Fachrichtungen.* IHK Reutlingen. https://www.ki-fortbildung.de/fileadmin/user_upload/www.reutlingen.ihk.de/Ausbildung/InnoVET/2024-02-14_RLP_ZQ_KI_ML.pdf

IHK Reutlingen. (2025). *Für Auszubildende.* Retrieved 17.08.2025 from https://www.ki-fortbildung.de/fuer-auszubildende

Initiative D21. (2016). *Sonderstudie »Schule Digital«. Lehrwelt, Lernwelt, Lebenswelt: Digitale Bildung im Dreieck SchülerInnen-Eltern-Lehrkräfte.* Retrieved 07.05.2025 from https://initiatived21.de/uploads/03_Studien-Publikationen/Schule-digital/d21_sonderstudie-schule_digital2016.pdf

Initiative D21. (2025). *D21-Digital-Index 2024/2025: Jährliches Lagebild zur Digitalen Gesellschaft.* Retrieved 07.05.2025 from https://initiatived21.de/publikationen/d21-digital-index/2024-25

Isaac, O., Abdullah, Z., Aldholay, A. H., & Ameen, A. A. (2019). Antecedents and outcomes of internet usage within organisations in Yemen: An extension of the Unified Theory of Acceptance and Use of Technology (UTAUT) model. *Asia Pacific Management Review,24*, 335–354. https://doi.org/10.1016/j.apmrv.2018.12.003

Isaac, O., Abdullah, Z., Thurasamy, R., & Mutahar, A. M. (2017). Internet usage, user satisfaction, task-technology fit, and performance impact among public sector eamployees in Yemen. *The International Journal of Information and Learning Technology,34*(3), 1–28.

Islam, A. K. M. N., Mäntymäki, M., & Bhattacherjee, A. (2017). Towards a Decomposed Expectation Confirmation Model of IT Continuance: The Role of Usability. *Communications of the Association for Information Systems,40*(23), 502–523. https://doi.org/10.17705/1CAIS.04023

Islam, A. Y. M., Leng, C. H., & Singh, D. (2015). Efficacy of the Technology Satisfaction Model (TSM): An Empirical Study. *International Journal of Technology and Human Interaction,11*(2), 45–60. https://doi.org/10.4018/ijthi.2015040103

IT-Service.Network. (2025). *Plug-in.* Retrieved 07.10.2025 from https://it-service.network/it-lexikon/plug-in/

Jäger, P., Kieffer, A., Lorenz, A., & Nistor, N. (2014). Der Einfluss der didaktischen Gestaltung auf die Akzeptanz und Nutzung von moodle in der Hochschullehre. In K. Rummler (Ed.), *Lernräume gestalten – Bildungskontexte vielfältig denken* (pp. 485–495). Waxmann.

Jarupathirun, S., & Zahedi, F. (2007). Exploring the influence of perceptual factors in the success of web-based spatial DSS. *Decision Support Systems,43*, 933–951. https://doi.org/10.1016/j.dss.2005.05.024

Jo, D. (2018). Exploring the Determinants of MOOCs continuance intention. *KSII Transactions on Internet and Information Systems,12*(8), 3992–4005. https://doi.org/10.3837/tiis.2018.08.024

Jones, C., Miguel-Cruz, A., & Brémault-Phillips, S. (2021). Technology Acceptance and Usability of the BrainFx SCREEN in Canadian Military Members and Veterans With Posttraumatic Stress Disorder and Mild Traumatic Brain Injury: Mixed Methods UTAUT Study. *JMIR Rehabil Assist Technol,8*(2), e26078. https://doi.org/10.2196/26078

Jönsson, B., Baker, S. R., Lindberg, P., Oscarson, N., & Öhrn, K. (2012). Factors influencing oral hygiene behaviour and gingival outcomes 3 and 12 months after initial periodontal treatment: an exploratory test of an extended Theory of Reasoned Action. *Journal of Clinical Periodontology,39*(2), 138–144. https://doi.org/10.1111/j.1600-051x.2011.01822.x

Kan, M. P. H., & Fabrigar, L. R. (2017). Theory of Planned Behavior. In V. Zeigler-Hill & T. K. Shackelford (Eds.), *Encyclopedia of Personality and Individual Differences* (pp. 5476–5483). Springer International Publishing.

Kang, J. H., Jang, J. C., & Jeong, C. (2017). Understanding museum visitor satisfaction and revisit intentions through mobile guide system: moderating role of age in museum mobile guide adoption. *Asia Pacific Journal of Tourism Research,23*(2), 1–14. https://doi.org/10.1080/10941665.2017.1410190

Karabel, J., & Halsey, A. H. (1997). Educational research: a review and interpretation. In J. Karabel & A. H. Halsey (Eds.), *Power and Ideology in Education* (pp. 1–85). Oxford University Press.

Kerres, M. (2018). *Mediendidaktik. Konzeption und Entwicklung digitaler Lernangebote.* deGruyter.

Khechine, H., & Lakhal, S. (2016). A meta-analysis of the UTAUT model: Eleven years later. *Canadian Journal of Administrative Sciences,33*, 138–152. https://doi.org/10.1002/cjas.1381

Kim, M.-K., Park, M.-C., Park, J.-H., J., K., & Kim, E. (2018). The role of multidimensional switching barriers on the cognitive and affective satisfaction-loyalty link in mobile communication services: Coupling in moderating effects. *Computers in Human Behavior,87*, 212–223. https://doi.org/10.1016/j.chb.2018.05.024

Kim, N. G., & Kim, S. K. (2017). How User's Participation in Feasibility Study Enhances Use of Business Intelligence Systems. *Journal of Information Technology Applications and Management,24*(3), 1–21. https://doi.org/10.21219/jitam.2017.24.3.001

Kim, S., Jeong, S.-H., & Hwang., Y. (2012). Predictors of Pro-Environmental Behaviors of American and Korean Students: The Application of the Theory of Reasoned Action and Protection Motivation Theory. *Science Communication,35*(2), 168–188. https://doi.org/10.1177/1075547012441692

King, W. R., & He, J. (2006). A meta-analysis of the technology acceptance model. *Information & Management,43*, 740–755. https://doi.org/10.1016/j.im.2006.05.003

Kirkpatrick, D. L., & Kirkpatrick, J. D. (2006). *Evaluating Training Programs. The Four Levels.* Berrett-Koehler Publishers.

Kissi, P. S., Nat, M., & Armah, R. B. (2018). The effects of learning–family conflict, perceived control over time and task-fit technology factors on urban–rural high school students' acceptance of video-based instruction in flipped learning approach. *Educational Technology Research and Development,,66*, 1547–1569. https://doi.org/10.1007/s11423-018-9623-9

Kline, R. B. (2011). *Principles and Practice of Structural Equation Modeling.* Guilford Press.

Knörzer, L., Brünken, R., & Park, B. (2016). Emotions and multimedia learning: the moderating role of learner characteristics. *European Journal of Education,32*(6), 618–631. https://doi.org/10.1111/jcal.12158

Koh, C. E., Prybutok, V. R., Ryan, S. D., & Wu, Y. (2010). A Model for Mandatory Use of Software Technologies: An Integrative Approach by Applying Multiple Levels of

Abstraction of Informing Science. *Informing Science: the International Journal of an Emerging Transdiscipline,13*, 177–203. https://doi.org/10.28945/1326

Koppel, I. (2021). Gelingensbedingungen für den Einsatz digitaler Medien: Eine qualitative Studie in der Alphabetisierung und Grundbildung. *MedienPädagogik: Zeitschrift für Theorie und Praxis der Medienbildung,16*(Jahrbuch Medienpädagogik), 51–78. https://doi.org/10.21240/mpaed/jb16/2021.01.12.X

Kruse, J. (2015). *Qualitative Interviewforschung. Ein integrativer Ansatz.* Beltz Juventa.

Kuckartz, U. (2014). *Mixed Methods. Methodologie, Forschungsdesigns und Analyseverfahren.* Springer VS.

Kultusminister Konferenz. (2007). *Handreichung für die Erarbeitung von Rahmenlehrplänen der Kultusministerkonferenz für den berufsbezogenen Unterricht in der Berufsschule und ihre Abstimmung mit Ausbildungsordnungen des Bundes für anerkannte Ausbildungsberufe.* Retrieved 18.12.2023 from https://www.kmk.org/fileadmin/veroeffentlichungen_beschluesse/2007/2007_09_01-Handreich-Rlpl-Berufsschule.pdf

Kultusminister Konferenz. (2011). *Handreichung für die Erarbeitung von Rahmenlehrplänen der Kultusministerkonferenz (KMK) für den berufsbezogenen Unterricht in der Berufsschule und ihre Abstimmung mit den Ausbildungsordnungen des Bundes für anerkannte Ausbildungsberufe.* Retrieved 18.12.2023 from https://www.kmk.org/fileadmin/veroeffentlichungen_beschluesse/2021/2021_06_17-GEP-Handreichung.pdf

Kultusminister Konferenz. (2017). *Bildung in der digitalen Welt. Strategie der Kultusministerkonferenz.* Retrieved 11.10.2024 from https://www.kmk.org/fileadmin/Dateien/veroeffentlichungen_beschluesse/2016/2016_12_08-Bildung-in-der-digitalen-Welt.pdf

Ladhari, R., Souiden, N., & Dufour, B. (2017). The role of emotions in utilitarian service settings: The effects of emotional satisfaction on product perception and behavioral intentions. *Journal of Retailing and Consumer Services,34*, 10–18. https://doi.org/10.1016/j.jretconser.2016.09.005

Lallmahomed, M. Z. I., Rahim, N. Z. A., Ibrahim, R., & Rahman, A. A. (2013). Predicting different conceptualizations of system use: Acceptance in hedonic volitional context (Facebook). *Computers in Human Behavior,29*, 2776–2787. https://doi.org/10.1016/j.chb.2013.07.018

Lamnek, S., & Krell, C. (2016). *Qualitative Sozialforschung.* Beltz.

Langer, A. (2010). Transkribieren – Grundlagen und Regeln. In B. Friebertshäuser, A. Langer, & A. Prengel (Eds.), *Handbuch Qualitative Forschungsmethoden in der Erziehungswissenschaft* (pp. 515–526). Juventa Verlag.

Lao, L., Petridou, E., Knautz, K., Rott, K. J., & Schmidt-Hertha, B. (2024). *Evaluationsbericht. Ergebnisse und Schlussfolgerungen der Evaluation der Zusatzqualifikation „KI und maschinelles Lernen" im Rahmen des Projekts „Künstliche Intelligenz in die berufliche Bildung bringen (KI $B^3$)".* https://www.ki-fortbildung.de/fileadmin/user_upload/www.reutlingen.ihk.de/Ausbildung/InnoVET/Evaluationsbericht_ZQ_KIB3.pdf

Lee, D. Y., & Lehto, M. R. (2013). User acceptance of YouTube for procedural learning: An extension of the Technology Acceptance Model. *Computers & Education,61*, 193–208. https://doi.org/10.1016/j.compedu.2012.10.001

Lee, T. M., & Park, C. (2008). Mobile technology usage and B2B market performance under mandatory adoption. *Industrial Marketing Management,37*, 833–840. https://doi.org/10.1016/j.indmarman.2008.02.008

Legris, P., Ingham, J., & Collerette, P. (2003). Why do people use information technology? A critical review of the technology acceptance model. *Information & Management,40*, 191–204. https://doi.org/10.1016/S0378-7206(01)00143-4

Lenzner, T., Neuert, C., & Otto, W. (2015). Kognitives Pretesting. *Mannheim, GESIS Leibniz-Institut für Sozialwissenschaften (GESIS Survey Guidelines)*. https://doi.org/10.15465/gesis-sg_010

Leong, L. W., Ibrahim, O., Dalvi-Esfahani, M., Shahbazi, H., & Nilashi, M. (2018). The moderating effect of experience on the intention to adopt mobile social network sites for pedagogical purposes: An extension of the technology acceptance model. *Education and Information Technologies,23*(6), 2477–2498. https://doi.org/10.1007/s10639-018-9726-2

Leopold, C., & Leutner, D. (2002). Der Einsatz von Lernstrategien in einer konkreten Lernsituation bei Schülern unterschiedlicher Jahrgangsstufen. *Zeitschrift für Pädagogik,45*, 240–258. https://doi.org/10.25656/01:3950

Leung, S. O., & Xu, M. L. (2013). Single-Item Measures for Subjective Academic Performance, Self-Esteem, and Socioeconomic Status. *Journal of Social Service Research,39*, 511–520. https://doi.org/10.1080/01488376.2013.794757

Li, B., Sun, J., & Oubibi, M. (2022). The Acceptance Behavior of Blended Learning in Secondary Vocational School Students: Based on the Modified UTAUT Model. *Sustainability,14*(23), 15897. https://doi.org/10.3390/su142315897

Li, H., & Johnson, T. (2014). Wilcoxon's signed-rank statistic: what null hypothesis and why it matters. *Pharmaceutical Statistics,13*(5), 281–285. https://doi.org/10.1002/pst.1628

Liang, C. (2025). Affective Responses to Difficulty English Learning in the Chinese Cultural Context: A Qualitative Case Analysis of College Students. *Journal of Cultural Inquiry and Creative Arts,1*, 1. https://www.esdpub.com/jcic/article/view/9

Lin, W.-S. (2012). Perceived fit and satisfaction on web learning performance:IS continuance intention and task-technology fit perspectives. *International Journal of Human-Computer Studies,70*, 498–507.

Lin, W.-S., & Wang, C.-H. (2012). Antecedences to continued intentions of adopting e-learning system in blended learning instruction: A contingency framework based on models of information system success and task-technology fit. *Computers & Education,58*, 88–89.

Lindell, M., & Whitney, D. (2001). Accounting for Common Method Variance in Cross-Sectional Research Design. *The Journal of applied psychology,86*, 114–121. https://doi.org/10.1037/0021-9010.86.1.114

Liu, H., Wang, L., & Koehler, M. J. (2019). Exploring the intention-behavior gap in the technology acceptance model: A mixed-methods study in the context of foreign-language teaching in China. *British Journal of Educational Technology,50*(5), 2536–2556. https://doi.org/10.1111/bjet.12824

Liu, Y., Pu, B., Guan, Z., & Yang, Q. (2016). Online Customer Experience and Its Relationship to Repurchase Intention: An Empirical Case of Online Travel Agencies in China. *Asia Pacific Journal of Tourism Research,21*(10), 1085–1099. https://doi.org/10.1080/10941665.2015.1094495

Lovaglio, P. G., & Vittadini, G. (2014). Structural Equation Models in a Redundancy Analysis Framework With Covariates. *Multivariate Behavioral Research,49*(5), 486–501. https://doi.org/10.1080/00273171.2014.931798

Lucke, D. (1995). *Akzeptanz. Legitimität in der „Abstimmungsgesellschaft"*. Springer Fachmedien.

Ma, Q., & Liu, L. (2004). The Technology Acceptance Model: A Meta-Analysis of Empirical Findings. *Journal of Organizational and End User Computing,16*(1), 59–72. https://doi.org/10.4018/978-1-59140-474-3.ch006

Mahande, R. D., & Malago, J. D. (2020). An E-Learning Acceptance Evaluation through UTAUT Model in a postgraduate Program. *Journal of Educators Online,16*(2), 1–10. https://doi.org/10.9743/JEO.2019.16.2.7

Maillet, E., Mathieu, L., & Sicotte, C. (2015). Modeling factors explaining thea cceptance, actual use and satisfaction of nurses using an Electronic Patient Record in acute care settings: An extension of the UTAUT. *International Journal of Medical Informatics,84*, 36–47. https://doi.org/10.1016/j.ijmedinf.2014.09.004

Mamun, M. R. A., Senn, W. D., Peak, D. A., Prybutok, V. R., & Torres, R. A. (2020). Emotional Satisfaction and IS Continuance Behavior: Reshaping the Expectation-Confirmation Model. *International Journal of Human-Computer Interaction,36*(15), 1–11. https://doi.org/10.1080/10447318.2020.1752478

Marakas, G. M., Johnson, R. D., & Clay, P. F. (2007). The Evolving Nature of the Computer Self-Efficacy Construct: An Empirical Investigation of Measurement Construction, Validity, Reliability and Stability Over Time. *Journal of the Association for Information Systems,8*(1), 16–46. https://doi.org/10.17705/1jais.00112

Martínez Caro, L., & Martínez García, J. A. (2007). Cognitive–affective model of consumer satisfaction. An exploratory study within the framework of a sporting event. *Journal of Business Research,60*(2), 108–114. https://doi.org/10.1016/j.jbusres.2006.10.008

Masbirorotni, M., & Fajaryani, N. (2020). In Search of Commonly Used Language Learning Strategies by EFL students. *Indonesian Research Journal in Education |IRJE,4*(1), 171–187. https://doi.org/10.22437/irje.v4i1.7990

Mayring, P. (2015). *Qualitative Inhaltsanalyse. Grundlagen und Techniken.* Beltz Verlag.

Mayring, P., & Brunner, E. (2010). Qualitative Inhaltsanalyse. In B. Friebertshäuser, A. Langer, & A. Prengel (Eds.), *Handbuch Qualitative Forschungsmethoden in der Erziehungswissenschaft* (pp. 323–334). Juventa Verlag.

McGill, T. J., & Klobas, J. E. (2009). A task–technology fit view of learning management system impact. *Computers & Education,52*, 496–508. https://doi.org/10.1016/j.compedu.2008.10.002

Miller, K. (2014). Introduction. In K. Miller, S. Willson, V. Chepp, & J. e.-L. Padilla (Eds.), *Cognitive Interviewing Methodology* (pp. 1–6). Wiley.

Miller, K., Willson, S., Chepp, V., & Ryan, J. M. (2014). Analysis. In K. Miller, S. Willson, V. Chepp, & J. e.-L. Padilla (Eds.), *Cognitive Interviewing Methodology* (pp. 35–50). Wiley.

Ministerium für Schule und Weiterbildung des Landes Nordrhein-Westfalen. (2017). *Handreichung zum Erwerb von Zusatzqualifikationen und erweiterten Zusatzqualifikationen in Fachklassen des dualen Systems.* https://broschuerenservice.nrw.de/files/download/pdf/handreichung-zq-pdf_von_handreichung-zum-erwerb-von-zusatzqualifikationen-und-erweiterten-zusatzqualifikationen-in-fachklassen-des-dualen-systems_vom_staatskanzlei_2502.pdf

Mohamed, M. J., & Hassan, S. A. (2023). Studying the Factors that Influence the Adoption of Educational Technology in Mogadishu Secondary Schools Using UTAUT Model. *International Journal of Information and Education Technology,13*(7), 1070–1077. https://doi.org/10.18178/ijiet.2023.13.7.1906

Mokhtar, S. A., Katan, H., & Rehman, I. H. (2018). Instructors' Behavioural Intention to Use Learning Management System: An Integrated TAM Perspective. *TEM Journal,7*(3), 513–525. https://doi.org/10.18421/TEM73-07

Montes de Oca, A. M., & Nistor, N. (2014). Non-significant intention–behavior effects in educational technology acceptance: A case of competing cognitive scripts? *Computers in Human Behavior,34*, 333–338. https://doi.org/10.1016/j.chb.2014.01.026

Mpinganjira, M. (2019). Cognitive absorption and behavioural intentions in virtual health communities: A focus on content posters. *Journal of Systems and Information Technology,21*(1), 122–145. https://doi.org/10.1108/jsit-06-2017-0044

Müller-Böling, D., & Müller, M. (1986). *Akzeptanzfaktoren der Bürokommunikation*. Oldenbourg Verlag.

Nah, F. F.-H., Tan, X., & Teh, S. H. (2004). An Empirical Investigation on End-Users' Acceptance of Enterprise Systems. *Information Resources Management Journal,17*(3), 32–53. https://doi.org/10.4018/irmj.2004070103

Nahm, F. S. (2016). Nonparametric statistical tests for the continuous data: the basic concept and the practical use. *kja,69*(1), 8–14. https://doi.org/10.4097/kjae.2016.69.1.8

Negahban, A., & Chung, C.-H. (2014). Discovering determinants of users perception of mobile device functionality fit. *Computers in Human Behavior,35*, 75–84. https://doi.org/10.1016/j.chb.2014.02.020

Nistor, N. (2014). When technology acceptance models won't work: Non-significant intention-behavior effects. *Computers in Human Behavior,34*, 299–300. https://doi.org/10.1016/j.chb.2014.02.052

Nistor, N. (2018). Akzeptanz von Bildungstechnologien. In H. Niegemann & A. Weinberger (Eds.), *Lernen mit Bildungstechnologien* (pp. 1–11). Springer.

Nistor, N., Gögus, A., & Lerche, T. (2013). Educational technology acceptance across national and professional cultures: a European study. *Educational Technology Research and Development,,61*, 733–749. https://doi.org/10.1007/s11423-013-9292-7

Nistor, N., Stanciu, D., Lerche, T., & Kiel, E. (2019). I am fine with any technology, as long as it doesn't make trouble, so that I can concentrate on my study": A case study of university students' attitude strength related to educational technology acceptance. *British Journal of Educational Technology,50*(5), 2557–2571. https://doi.org/10.1111/bjet.12832

Nistor, N., Wagner, M., Istvanffy, E., & Dragotă, M. (2010). The Unified Theory of Acceptance and Use of Technology: verifying the model from a European perspective. *International Journal of Knowledge and Learning,6*(2/3), 185–199. https://doi.org/10.1504/IJKL.2010.034753

Norzaidi, M. D., & Salwani, M. I. (2009). Evaluating technology resistance and technology satisfaction on students' performance. *Campus-Wide Information Systems,26*(4), 298–312. https://doi.org/10.1108/10650740910984637

Nunnally, J. C., & Bernstein, I. H. (1994). *Psychometric Theory*. McGraw-Hill.

Olbrecht, T. (2010). *Akzeptanz von E-Learning: eine Auseinandersetzung mit dem Technologieakzeptanzmodell zur Analyse individueller und sozialer Einflussfaktoren* Jena. https://www.db-thueringen.de/receive/dbt_mods_00017183

Oliveira, T., Faria, M., Thomas, M. A., & Popovic, A. (2014). Extending the understanding of mobile banking adoption: When UTAUT meets TTF and ITM. *International Journal of Information Management,34*, 689–703. https://doi.org/10.1016/j.ijinfomgt.2014.06.004

Oliver, R. L. (1977). Effect of Expectation and Disconfirmation on Postexposure Product Evaluations: An Alternative Interpretation. *Journal of Applied Psychology,62*(4), 480–486. https://psycnet.apa.org/doi/10.1037/0021-9010.62.4.480

Oliver, R. L. (1980). A Cognitive Model of the Antecedents and Consequences of Satisfaction Decisions. *Journal of Marketing Research,17*(4), 460–469. https://doi.org/10.2307/3150499

Oliver, R. L. (1981). Measurement and Evaluation of Satisfaction Processes in Retail Settings. *Journal of Retailing,57*(3), 25–48.

Osang, F. B. (2015). Task Technology Fit and Lecturers Performance Impacts: The Technology Utilization, Satisfaction and Performance (TUSPEM) Dimension. *International Journal of Computer Science Issues,12*(3), 232–239.

Ouyang, Y., Tang, C., Rong, W., Zhang, L., Yin, C., & Xiong, Z. (2017). Task-technology fit aware expectation-confirmation model towards understanding of MOOCs continued usage. Proceedings of the 50th Hawaii International Conference on System Sciences, Hawaii, USA.

Oyyappan, D., & Mathew, A. (2019). A Study on Relationship between Cognitive Absorption, Deep Structure Use and Job Performance among Bank Employees. *International Journal of Scientific Research,8*(3), 55–57.

Palací, F., Salcedo, A., & Topa, G. (2019). Cognitive and Affective Antecedents of Consumers' Satisfaction: A Systematic Review of Two Research Approaches. *Sustainability,11*(2), 1–35.

Panschar, M., Steinmeier, F., Berding, F., Kastrup, J., Rebmann, K., & Slopinski, A. (2020). *Zusatzqualifikationen als Angebote beruflicher Identitätsentwicklung junger Menschen – eine Analyse am Beispiel des Projekts „Nachhaltiges Wirtschaften im Lebensmittelhandwerk"*. https://www.bwpat.de/ausgabe38/panschar_etal_bwpat38.pdf

Park, B., Knörzer, L., Plass, J., & Brünken, R. (2015). Emotional design and positive emotions in multimedia learning: An eyetracking study on the use of anthropomorphisms. *Computers & Education,86*, 30–42. https://doi.org/10.1016/j.compedu.2015.02.016

Pascarella, E. T., Seifert, T. A., & Blaich, C. (2010). How Effective Are the NSSE Benchmarks in Predicting Important Educational Outcomes? *Change,42*(1), 16–22. https://doi.org/10.1080/00091380903449060

Pätzold, G. (2000). Lernfeldstrukturierte Lehrpläne – Berufsschule im Spannungsfeld zwischen Handlungs- und Fachsystematik. *Zeitschrift für Berufs- und Wirtschaftspädagogik,15*, 72–86.

Paulssen, M., Temme, D., & Hildebrandt, L. (2009). Common Method Variance: Ursachen, Auswirkungen und Kontrollmöglichkeiten. *Die Betriebswirtschaft,69*, 123–146.

Peterson, R. (2001). On the Use of College Students in Social Science Research: Insights From a Second-Order Meta-Analysis. *Journal of Consumer Research,28*, 450–461. https://doi.org/10.1086/323732

Petko, D. (2014). *Einführung in die Mediendidaktik. Lehren und Lernen mit digitalen Medien.* Beltz Verlag.

Pike, G. (2011). Using College Students' Self-Reported Learning Outcomes in Scholarly Research. *New Directions for Institutional Research (Special Issue: Validity and Limitations of College Student Self-Report Data),2011*(150), 41–58. https://doi.org/10.1002/ir.388

Plano Clark, V. L., & Ivankova, N. V. (2016). *Mixed methods research. A guide to the field*. SAGE Publications, Inc.

Podsakoff, P., MacKenzie, S., Lee, J.-Y., & Podsakoff, N. (2003). Common Method Biases in Behavioral Research: A Critical Review of the Literature and Recommended Remedies. *The Journal of applied psychology,88*, 879–903. https://doi.org/10.1037/0021-9010.88.5.879

Podsakoff, P., & Organ, D. (1986). Self-Report in Organizational Research. *Journal of Management – J MANAGE,12*, 531–544. https://doi.org/10.1177/014920638601200408

Pötschke, M. (2010). Datengewinnung und Datenaufbereitung. In C. Wolf & H. Best (Eds.), *Handbuch der sozialwissenschaftlichen Datenanalyse* (pp. 41–64). VS Verlag für Sozialwissenschaften.

PricewaterhouseCoopers International. (2018). *Auswirkungen der Nutzung von künstlicher Intelligenz in Deutschland*. Retrieved 08.02.2023 from https://www.forum-institut.de/de/media/B3/Content/PwC%20Deutschland_Auswirkungen%20der%20Nutzung%20von%20k%C3%BCnstlicher%20Intelligenz%20in%20Deutschland.pdf

Pynoo, B., Devolder, P., Tondeur, J., van Braak, J., Duyck, W., & Duyck, P. (2011). Predicting secondary school teachers' acceptance and use of a digital learning environment: A cross-sectional study. *Computers in Human Behavior,27*(1), 568–575. https://doi.org/10.1016/j.chb.2010.10.005

Quiring, O. (2006). *Methodische Aspekte der Akzeptanzforschung bei interaktiven Medientechnologien* (Münchener Beiträge zur Kommunikationswissenschaft, Issue.

Rahman, M. F., Persada, S. F., Nadlifatin, R., Redi, A. A. N. P., Chin, J., Razif, M., & Belgiawan, P. F. (2020). Measuring The Consumers' Satisfaction And Behavior Intention On Games Marketplace Technology Platform: A Perspective Of Two Combination Behavior Models. *International Journal of scientific & technology research,9*(1), 193–197.

Rai, R. S., & Selnes, F. (2019). Conceptualizing task-technology fit and the effect on adoption – A case study of a digital textbook service. *Information & Management,56*, 1–10. https://doi.org/10.1016/j.im.2019.04.004

Rauner, F., Grollmann, P., & Martens, T. (2007). *Messen beruflicher Kompetenz(entwicklung)*.

Reinders, H. (2016). *Qualitative Interviews mit Jugendlichen führen*. Walter de Gruyter GmbH.

Reychav, I., & Wu, D. (2014). Are your users actively involved? A cognitive absorption perspective in mobile training. *Computers in Human Behavior,44*, 335–346. https://doi.org/10.1016/j.chb.2014.09.021

Riedl, A. (2004). *Didaktik der beruflichen Bildung*. Steiner.

Ringle, C. M., Sarstedt, M., & Straub, D. W. (2012). Editor's Comments: A Critical Look at the Use of PLS-SEM in „MIS Quarterly". *MIS Quarterly,36*(1), iii-xiv. https://doi.org/10.2307/41410402

Robey, D. (1979). User attitudes and management information system use. *Academy of Management Jounral,22*(3), 527–538. https://doi.org/10.2307/255742

Rodríguez-Ardura, I., & Meseguer-Artola, A. (2014). What leads people to keep on e-learning? An empirical analysis of users' experiences and their effects on continuance intention. *Interactive Learning Environments,24*(6), 1030–1053. https://doi.org/10.1080/10494820.2014.926275

Rogers, E. M. (1995). *Diffusion of innovations*. Free Press.

Royston, J. (1982). An Extension of Shapiro and Wilk's W Test for Normality to Large Samples. *Applied statistics,31*, 115–124. https://doi.org/10.2307/2347973

Royston, P. (1992). Approximating the Shapiro-Wilk W-test for non-normality. *Statistics and Computing,2*, 117–119. https://doi.org/10.1007/BF01891203

Salam, M., & Farooq, M. S. (2020). Does sociability quality of web-based collaborative learning information system influence students' satisfaction and system usage? *International Journal of Educational Technology in Higher Education,17*(26), 1–39. https://doi.org/10.1186/s41239-020-00189-z

Sanchez-Franco, M. J., & Roldan, J. L. (2005). Web acceptance and usage model: a comparison between goal-directed and experiential web users. *Internet Research,15*(1), 21–48. https://doi.org/10.1108/10662240510577059

Sarosa, S. (2019). *The Acceptance of Compulsory Use of iPad Mini: „Original" UTAUT Perspective*. 12th IADIS International Conference Information Systems 2019, Utrecht, Netherlands.

Sarstedt, M., & Mooi, E. (2019). *A Concise Guide to Market Research: The Process, Data, and Methods Using IBM SPSS Statistics*. Springer-Verlag GmbH.

Sayginer, C. (2023). Acceptance and Use of Cloud-Based Virtual Platforms by Higher Education Vocational School Students: Application of the UTAUT Model with a PLS-SEM Approach. *International Journal of Technology and Educational Innovation,9*(1), 24–38. https://doi.org/10.24310/innoeduca.2022.v8i1.11144.

Schäfer, M., & Keppler, D. (2013). Modelle der technikorientierten Akzeptanzforschung. Überblick und Reflexion am Beispiel eines Forschungsprojekts zur Implementierung innovativer technischer Energieeffizienz-Maßnahmen. *Discussion paper / Zentrum Technik und Gesellschaft, Technische Universität Berlin,34*. https://doi.org/10.14279/depositonce-4461

Schlicht, J. (2014). Wie können Lernerfolge sichtbar gemacht werden und was sind sie wert? *Berufsbildung in Wissenschaft und Praxis,43*(3), 48–50.

Schmid, U., Goertz, L., & Behrens, J. (2017). *Monitor Digtiale Bildung. Berufliche Ausbildung im digitalen Zeitalter*. Retrieved 11.10.2024 from https://www.bertelsmann-stiftung.de/fileadmin/files/BSt/Publikationen/GrauePublikationen/Studie_Monitor-Digitale-Bildung_Berufliche-Ausbildung-im-digitalen-Zeitalter_IFT_2016.pdf

Schoua-Glusberg, A., & Villar, A. (2014). Assessing Translated Questions via Cognitive Interviewing. In K. Miller, S. Willson, V. Chepp, & J. e.-L. Padilla (Eds.), *Cognitive Interviewing Methodology* (pp. 51–68). Wiley.

Schuberth, F., Rademaker, M. E., & Henseler, J. (2020). Estimating and assessing second-order constructs using PLS-PM: the case of composites of composites. *Industrial Management & Data Systems,120*(12), 2211–2241. https://doi.org/10.1108/IMDS-12-2019-0642

Schulmeister, R. (2005). *Lernplattformen für das virtuelle Lernen. Evaluation und Didaktik*. Oldenbourg Wissenschaftsverlag GmbH.

Schultz, R. L., & Slevin, D. P. (1975). *Implementing operations research/management science Hardcover*. American Elsevier.

Schwarz, A. (2019). Prüfen von Zusatzqualifikationen in der Ausbildung. Die industriellen Metall- und Elektroberufe als Stresstest? *Berufsbildung in Wissenschaft und Praxis,48*(6), 33–35.

Schwarz, G. (1978). Estimating the Dimension of a Model. *The Annals of Statistics,6*(2), 461–464. https://doi.org/10.1214/aos/1176344136

Sebastian, J., Allensworth, E., & Huang, H. (2016). The Role of Teacher Leadership in How Principals Influence Classroom Instruction and Student Learning. *American Journal of Education,123*(1), 69–108. https://doi.org/10.1086/688169

Seifert, T. A., & Asel, A. M. (2011). The Tie That Binds: The Role of Self-Reported High School Gains in Self-Reported College Gains. *New Directions for Institutional Research (Special Issue: Validity and Limitations of College Student Self-Report Data),2011*(150), 59–72. https://doi.org/10.1002/ir.389

Seufert, S., & Scheffler, N. (2016). Medienkompetenzen in der Berufsschule: Neue Medienkurse für Lehrpersonen oder neue Ansätze der Lehrerbildung? In K. Mayrberger, J. Fromme, P. Grell, & T. Hug (Eds.), *Jahrbuch Medienpädagogik 13. Vernetzt und entgrenzt – Gestaltung von Lernumgebungen mit digitalen Medien* (pp. 97–116). Springer VS.

Sharma, R., & Mishra, R. (2014). A Review of Evolution of Theories and Models of Technology Adoption. *Indore Management Journal,6*, 17–29.

Sheeran, P., & Webb, T. L. (2016). The Intention–Behavior Gap. *Social and Personality Psychology Compass,10*(9), 503–518. https://doi.org/10.1111/spc3.12265

Sheppard, B. H., Hartwick, J., & Warshaw, P. R. (1988). The theory of reasoned action: a meta-analysis of past research with recommendations for modifications and future research. *Journal of Consumer Research,15*, 325–343. https://psycnet.apa.org/doi/10.1086/209170

Shmueli, G., Sarstedt, M., Hair, J. F., Cheah, J.-H., Ting, H., Vaithilingam, S., & Ringle, C. M. (2019). Predictive model assessment in PLS-SEM: guidelines for using PLSpredict. *European Journal of Marketing,53*(11), 2322–2347. https://doi.org/10.1108/EJM-02-2019-0189

Sidik, D., & Syafar, F. (2019). Exploring the factors influencing student's intention to use mobile learning in Indonesia higher education. *Education and Information Technologies,25*, 3781–4796. https://doi.org/10.1007/s10639-019-10018-0

Simsek, A., & Balaban, J. (2010). Learning Strategies of Successful and Unsuccessful University Students. *Contemporary Educational Technology,1*(1), 36–45. https://doi.org/10.30935/cedtech/5960

Singh, P., & Anthonysamy, L. (2023). The dichotomization of objective and subjective outcome measures of academic performance in an online learning environment. *Malaysian Journal of Learning & Instruction,20*(1), 63–92. https://doi.org/10.32890/mjli2023.20.1.3

Söhnchen, F. (2007). Common Method Variance und Single Source Bias. In S. Albers, D. Klapper, U. Konradt, A. Walter, & J. Wolf (Eds.), *Methodik der empirischen Forschung* (pp. 135–150). Gabler. https://doi.org/10.1007/978-3-8349-9121-8_10

Solomon, M. R. (2013). *Konsumentenverhalten*. Pearson.

Stigler, J. W., Ronald, G., & and Hiebert, J. (2000). Using Video Surveys to Compare Classrooms and Teaching Across Cultures: Examples and Lessons From the TIMSS

Video Studies. *Educational Psychologist,35*(2), 87–100. https://doi.org/10.1207/S15326985EP3502_3

Straub, D., & Burton-Jones, A. (2007). Veni, vidi, vici: Breaking the TAM logjam. *J. AIS,8*. https://doi.org/10.17705/1jais.00124

Straub, E. (2009). Understanding Technology Adoption: Theory and Future Directions for Informal Learning. *Review of Educational Research,79*, 625–649. https://doi.org/10.3102/0034654308325896

Strong, D. M., Dishaw, M. T., & Bandy, D. B. (2006). Extending Task Technology Fit with Computer Self-Efficacy. *The Data Base for Advances in Information Systems,37*(2/3), 96–107. https://doi.org/10.1145/1161345.1161358

Sumak, B., Hericko, M., & Pusnik, M. (2011). A meta-analysis of e-learning technology acceptance: The role of user types and e-learning technology types. *Computers in Human Behavior,27*, 2067–2077. https://doi.org/10.1016/j.chb.2011.08.005

Sun, H., Fang, Y., & Zou, H. (2016). Choosing a Fit Technology: Understanding Mindfulness in Technology Adoption and Continuance. *Journal of the Association for Information Systems,17*(6), 377–412. https://doi.org/10.17705/1jais.00431

Sun, H., & Zhang, P. (2006). The role of moderating factors in user technology acceptance. *International Journal of Human-Computer Studies,64*(1), 53–78. https://doi.org/10.1016/j.ijhcs.2005.04.013

Sykes, T. A., & Venkatesh, V. (2017). Explaining Post-Implementation Employee System Use and Job Performance: Impacts of the Content and Source of Social Network Ties. *MIS Quarterly,41*(3), 917–936.

Tan, J., Mao, J., Jiang, Y., & Gao, M. (2021). The Influence of Academic Emotions on Learning Effects: A Systematic Review. *International Journal of Environmental Research and Public Health,18*(18). https://doi.org/10.3390/ijerph18189678

Tappe, E.-H. (2019). Prädiktoren der Intention zum didaktischen Einsatz von digitalen Medien im Unterricht – Überführung der Unified Theory of Acceptance and Use of Technology (UTAUT) in ein schulisches Untersuchungssetting. In T. Knaus (Ed.), *Projekt, Theorie, Methode. Spektrum medienpädagogischer Forschung* (pp. 999–1027). kopaed.

Taylor, S., & Todd, P. (1995a). Assessing IT Usage: The Role of Prior Experience. *MIS Quarterly,19*(4), 561–570. https://doi.org/10.2307/249633

Tellegen, A., & Atkinson, G. (1974). Openness to Absorbing and Self-Altering Experiences („Absorption"), a Trait Related to Hypnotic Susceptibility. *Journal ofAbnormal Psychology,83*, 268–277. https://psycnet.apa.org/doi/10.1037/h0036681

Temme, D., Paulssen, M., & Hildebrandt, L. (2009). Common Method Variance: Ursachen, Auswirkungen und Kontrollmöglichkeiten. *Die Betriebswirtschaft,69*, 123–146.

Tenorth, H.-E., & Tippelt, R. (2007). *Beltz Lexikon Pädagogik*. Beltz.

Terhart, E. (2005). *Lehr-Lern-Methoden*. Juventa.

Thatcher, J. B., Wrigth, R. T., Sun, H., Zagenczyk, T. J., & Klein, R. (2018). Mindfulness in information technology use: definitions, distinctions, and a new measure. *MIS Quarterly,42*(3), 831–847. https://doi.org/10.25300/MISQ/2018/11881

Thompson, C., Adams, J., & Vidgen, H. A. (2021). Progressing the development of a food literacy questionnaire using cognitive interviews. *Public Health Nutrition,24*(7), 1968–1978. https://doi.org/10.1017/S1368980021004560

Thompson, R. L., Higgins, C. A., & Howell, J. M. (1994). Influence of Experience on Personal Computer Utilization: Testing a Conceptual Model. *Journal of Management Information Systems,11*(1), 167–187. https://doi.org/10.1080/07421222.1994.11518035

Tolba, E. G., & Youssef, N. H. (2022). High school science teachers' acceptance of using distance education in the light of UTAUT. *EURASIA Journal of Mathematics, Science and Technology Education,18*(9), 1–18. https://doi.org/10.29333/ejmste/12365

Tosuntaş, Ş. B., Karadağ, E., & Orhan, S. (2015). The factors affecting acceptance and use of interactive whiteboard within the scope of FATIH project: A structural equation model based on the Unified Theory of acceptance and use of technology. *Computers & Education,81*, 169–178. https://doi.org/10.1016/j.compedu.2014.10.009

Trigwell, K., Ellis, R. A., & Han, F. (2012). Relations between students' approaches to learning, experienced emotions and outcomes of learning. *Studies in Higher Education,37*(7), 811–824. https://doi.org/10.1080/03075079.2010.549220

Tulodziecki, G., Herzig, B., & Grafe, S. (2019). *Medienbildung in Schule und Unterricht. Grundlagen und Beispiele.* Verlag Julius Klinkhardt.

Turner, M., Kitchenham, B., Brereton, P., Charters, S., & Budgen, D. (2010). Does the technology acceptance model predict actual use? A systematic literature review. *Information and Software Technology,52*, 463–479. https://doi.org/10.1016/j.infsof.2009.11.005

Umbach, P. D., & Kuh, G. D. (2006). Student experiences with diversity at liberal arts colleges: Another claim for distinctiveness. *Journal of Higher Education,77*, 169–192. https://doi.org/10.1080/00221546.2006.11778923

Vallerand, R. J. (1997). Toward a hierarchical model of intrinsic and extrinsic motivation. In M. Zanna (Ed.), *Advances in experimental social psychology* (pp. 271–360). Academic Press.

van Uum, M. S. J., & Pepin, B. (2022). Students' self-reported learning gains in higher engineering education. *European Journal of Engineering Education,48*(1), 42–58. https://doi.org/10.1080/00221546.2006.11778923

Varner, D., & Peck, S. R. (2003). Learning From Learning Journals: The Benefits And Challenges Of Using Learning Journal Assignments. *Journal of Management Education,27*(1), 52–77. https://doi.org/10.1177/1052562902239248

Venkatesh, V. (2000). Determinants of Perceived Ease of Use: Integrating Control, Intrinsic Motivation, and Emotion into the Technology Acceptance Model. *Information Systems Research,11*(4), 342–365. https://doi.org/10.1287/isre.11.4.342.11872

Venkatesh, V. (2022). Adoption and use of AI tools: a research agenda grounded in UTAUT. *Annals of Operations Research,308*, 641–652. https://doi.org/10.1007/s10479-020-03918-9

Venkatesh, V., & Bala, H. (2008). Technology Acceptance Model 3 and a Research Agenda on Interventions. *Decision Sciences,39*(2), 273–315. https://doi.org/10.1111/j.1540-5915.2008.00192.x

Venkatesh, V., & Davis, F. D. (2000). A Theoretical Extension of the Technology Acceptance Model: Four Longitudinal Field Studies. *Management Science,46*(2), 186–204. https://doi.org/10.1287/mnsc.46.2.186.11926

Venkatesh, V., Morris, M. G., Davis, F. D., & Davis, G. B. (2003). User Acceptance of Information Technology: Toward a Unified View. *MIS Quarterly,27*(3), 425–478. https://doi.org/10.2307/30036540

Venkatesh, V., Thong, J. Y. L., Chan, F. K. Y., Hu, P. J.-H., & Brown, S. A. (2011). Extending the two-stage information systems continuance model: incorporating UTAUT predictors and the role of context. *Information Systems Journal,21*(6), 527–555. https://doi.org/10.1287/mnsc.46.2.186.11926

Venkatesh, V., Thong, J. Y. L., & Xu, X. (2012). Consumer Acceptance and Use of Information Technology: Extending the Unified Theory of Acceptance and Use of Technology. *MIS Quarterly,36*(1), 157–178. https://doi.org/10.2307/41410412

Venkatesh, V., Thong, J. Y. L., & Xu, X. (2016). Unified Theory of Acceptance and Use of Technology: A Synthesis and the Road Ahead. *Journal for the Association for Information System,17*(5), 328–376. https://doi.org/10.17705/1jais.00428

Venkatesh, V., & Zhang, X. (2010). Unified theory of acceptance and use of technology: US vs. China. *Journal of Global Information Technology Management,13*(1), 5–27. https://doi.org/10.1080/1097198X.2010.10856507

Vodafone Stiftung. (2025). *KI an europäischen Schulen. Deutscher Bericht zur Befragung von 12- bis 17-jährigen Schüler:innen in sieben Ländern.* https://www.vodafone-stiftung.de/europaeische-schuelerstudie-kuenstliche-intelligenz/

Vongjaturapat, S. (2018). Application of the Task-Technology Fit Model to Structure and Evaluation of the Adoption of Smartphones for Online Library Systems. *Science and Technology Asia,23*(2), 39–56. https://doi.org/10.14456/scitechasia.2018.6

Waldhausen, V., & Werner, D. (2005). *Innovative Ansätze in der Berufsausbildung Höhere Durchlässigkeit und Flexibilität durch Zusatzqualifi kationen und duale Studiengänge.* https://www.econstor.eu/bitstream/10419/181773/1/iw-analysen-bd012.pdf

Wan, L., Xie, S., & Shu, A. (2020). Toward an Understanding of University Students' Continued Intention to Use MOOCs: When UTAUT Model Meets TTF Model. *SAGE Open,10*(3), 1–15. https://doi.org/10.1177/2158244020941858

Wang, Q., Khan, M. S., & Khan, M. K. (2021). Predicting user perceived satisfaction and reuse intentions toward Massive Open Online Courses (MOOCs) in the Covid-19 pandemic: An application of the UTAUT model and quality factors. *Research in Business & Social Science,10*(2), 2147–4478. https://doi.org/10.20525/ijrbs.v10i2.1045

Wang, W., & Hsieh, J. J. P.-A. (2006). Beyond routine: symbolic adoption, extended use, and emergent use of complex information systems in the mandatory organizational context. ICIS 2006 Proceedings,

Wang, Y.-S., Wu, M.-C., & Wang, H.-Y. (2009). Investigating the determinants and age and gender differences in the acceptance of mobile learning. *British Journal of Educational Technology,40*(1), 92–118. https://doi.org/10.1111/j.1467-8535.2007.00809.x

Webster, J., & Ho, C.-H. (1997). Audience Engagement in Multi-Media Presentations. *Data Base forthe Advances in Information System,28*(2), 63–77. https://doi.org/10.1145/264701.264706

Weinstein, C., & Mayer, R. (1986). The Teaching of Learning Strategies. In M. Wittrock (Ed.), *Handbook of Research on Teaching* (pp. 315–327). Macmillan.

Weiterer, B., Dietrich, S., & Soja, E.-M. (2017). Karriere fängt mit guter Ausbildung an. Externes Ausbildungsmanagement unterstützt KMU bei der Suche nach und Entwicklung von Nachwuchskräften. *Berufsbildung in Wissenschaft und Praxis,46*(5), 36–37.

Wibowo, T. (2017). Study of User Acceptance and Satisfaction of a Mandatory Government-Regulated Information System. *Communication and Information Technology,11*(1), 41–44. https://doi.org/10.21512/commit.v11i1.3896

Wilbers, K. (2012). Entwicklung der Kompetenzen von Lehrkräften berufsbildender Schulen für digitale Medien. *Berufsbildung in Wissenschaft und Praxis,3*, 38–41.

Williams, K. H., Childers, C., & Kemp, E. A. (2013). Stimulating and Enhancing Student Learning Through Positive Emotions. *Journal of Teaching in Travel & Tourism,13*(3), 209–227. https://doi.org/10.1080/15313220.2013.813320

Williams, M. D., Rana, N. P., & Dwivedi, Y. K. (2014). The unified theory of acceptance and use of technology (UTAUT): a literature review. *Journal of Enterprise Information Management,28*(3), 443–488. https://doi.org/10.1108/JEIM-09-2014-0088

Willis, G. B. (2015). *Analysis of the Cognitive Interview in Questionnaire Design*. Oxford University Press.

Willis, G. B., & Artino, A. R. (2013). What Do Our Respondents Think We're Asking? Using Cognitive Interviewing to Improve Medical Education Surveys. *Journal of Graduate Medical Education,5*(3), 353–356. https://doi.org/10.4300/JGME-D-13-00154.1

Willson, S., & Miller, K. (2014). Data Collection. In K. Miller, S. Willson, V. Chepp, & J. e.-L. Padilla (Eds.), *Cognitive Interviewing Methodology* (pp. 15–34). Wiley.

Wong, K.-T., Teo, T., & Russo, S. (2013). Interactive Whiteboard Acceptance: Applicability of the UTAUT Model to Student Teachers. *The Asia-Pacific Education Researcher,22*(1), 1–10. https://doi.org/10.1007/s40299-012-0001-9

Wu, B., & Chen, X. (2016). Continuance intention to use MOOCs: Integrating the technology acceptance model (TAM) and task technology fit (TTF) model. *Computers in Human Behavior,67*, 1–12. https://doi.org/10.1016/j.chb.2016.10.028

Wu, J., & Du, H. (2012). Toward a better understanding of behavioral intention and system usage constructs. *European Journal of Information Systems,21*, 680–698. https://doi.org/10.1057/ejis.2012.15

Xu, J., Abdinnour, S., & Chaparro, B. (2017). An Integrated Temporal Model of Belief and Attitude Change: An Empirical Test With the iPad. *Journal of the Association for Information Systems,18*(2), 113–140. https://doi.org/10.17705/1jais.00450

Yan, J., & Wakefield, R. (2018). The freemium (two-tiered) model for individual cloud services: factors bridging the free tier and the paying tier. *Journal of Information Technology Management,29*(1), 47–61.

Yan, Z., & Mendoza, N. B. (2025). Learning and practicing simultaneously: the synergistic effect of online self-assessment diaries and teacher self-assessment instruction on learning and growth mindset. *Assessment in Education: Principles, Policy & Practice,32*(3), 276–298. https://doi-org.emedien.ub.uni-muenchen.de/10.1080/0969594X.2025.2534134

Yen, D. C., Wu, C.-S., Cheng, F.-F., & Huang, Y.-W. (2010). Determinants of users' intention to adopt wireless technology: An empirical study by integrating TTF with TAM. *Computers in Human Behavior,26*, 906–915. https://doi.org/10.1016/j.chb.2010.02.005

Yoo, S. J., Han, S.-H., & Huang, W. (2012). The roles of intrinsic motivators and extrinsic motivators in promoting e-learning in the workplace: A case from South Korea. *Computers in Human Behavior,28*, 942–950. https://doi.org/10.1016/j.chb.2011.12.015

Yorke, M. (2009). Grading student achievement in higher education. In T. Malcolm, K. H. Mok, J. Huisman, & C. Morphew (Eds.), *The Routledge International Handbook of Higher Education* (pp. 211–224). Routledge.

Yu, Y.-T., & Dean, A. (2001). The contribution of emotional satisfaction to consumer loyalty. *International Journal of Service Industry Management,12*(3), 234–250. https://doi.org/10.1108/09564230110393239

Yuan, S., Liu, Y., Yao, R., & Liu, J. (2016). An investigation of users' continuance intention towards mobile banking in China. *Information Development,32*(1), 20–34. https://doi.org/10.1177/0266666914522140

Yushairi, M. H., Samrin, A. S., Nasir, N. I., & Samad, S. N. (2023). UTAUT Model, Pleasure, and Arousal of MySejahtera App Use in Malaysian Tourist Attractions. *International Journal of Academic Research in Business and Social Sciences,13*(2), 1290–1308. https://doi.org/10.6007/IJARBSS/v13-i2/16347

Yuyun, S. R. (2018). Learning Strategies used by the Students of English Department of Stain Palopo. *IDEAS: Journal of English Language Teaching and Learning, Linguistics and Literature,6*(1), 66–76. https://doi.org/10.24256/ideas.v6i1.19

Zhang, K., & Yu, Z. (2022). Effects of Gamification on Learning Outcomes, Satisfaction, Engagement, and Motivation in Virtual Learning Environments Between 2020 and 2022 [Article]. *International Journal of Online Pedagogy and Course Design (IJOPCD),12.* https://doi.org/10.4018/IJOPCD.306684

Zhang, Y., Zhang, L., Chen, T., Lin, H., Ye, S., Du, J., Yu, T., & Chen, C. (2022). *Acceptance and Use of Mobile-Assisted Language Learning for Vocational College Students* International Conference on 5G for Future Wireless Networks. 6GN 2021: 6GN for Future Wireless Networks, Huizhou, China.

Zhang, Y., Zhang, L., Wu, Y., Feng, L., Liu, B., Han, G., Du, J., & Yu, T. (2021). *Factors Affecting Students' Flow Experience of E-Learning System in Higher Vocational Education Using UTAUT and Structural Equation Modeling Approaches* International Conference on Artificial Intelligence for Communications and Networks. AICON 2020: Artificial Intelligence for Communications and Networks, Hiroshima, Japan.

Zhao, X., Kelly, A. B., Rowland, B., Williams, J., Kremer, P., Mohebbi, M., Carter, R., Abraham, C., Abimanyi-Ochom, J., & Toumbourou, J. W. (2020). Intention to drink and alcohol use before 18 years among Australian adolescents: An extended Theory of Planned Behavior. *Addictive Behaviors,111*, 106545–106545. https://doi.org/10.1016/j.addbeh.2020.106545

Zhao, Y., & Bacao, F. (2020). What factors determining customer continuingly using food delivery apps during 2019 novel coronavirus pandemic period? *International Journal of Hospitality Management,91*, 102683. https://doi.org/10.1016/j.ijhm.2020.102683

Zhou, T. (2011). Understanding mobile Internet continuance usage from the perspectives of UTAUT and flow. *Information Development,27*(3), 207–218. https://doi.org/10.1177/0266666911414596

Zhou, T., Lu, Y., & Wang, B. (2010). Integrating TTF and UTAUT to explain mobile banking user adoption. *Computers in Human Behavior,26*, 760–767. https://doi.org/10.1016/j.chb.2010.01.013

Zhu, Z., & Huang, W. (2023). A meta-analysis of mobile learning adoption using extended UTAUT. *Information Development,41*(2), 512–528. https://doi.org/10.1177/02666669231176428

FSC
www.fsc.org
MIX
Papier | Fördert gute Waldnutzung
FSC® C083411

Kolibri 360 GmbH
Ferdinand-Jühlke-Straße 7
99095 Erfurt, Deutschland
produktsicherheit@kolibri360.de